U0112026

大展好書　好書大展

品嘗好書　冠群可期

大展好書　好書大展
品嘗好書　冠群可期

休閒娛樂
22

住宅修補DIY

吉田徹／著
李久霖／譯

大展
出版社有限公司

前　言

在住宅用品賣場，擺滿了各種的修繕用具與材料，看到這些物品時，可能許多人都會想要「自己動手ＤＩＹ」吧！

修繕住宅當然需要專業技術，無法完全採用ＤＩＹ的方式進行。例如敷水泥等，外行人因為不知道如何使用鏝刀，所以，會造成表面凹凸不平。但是，即使最初做不好，只要慢慢嘗試，就能掌握訣竅。本書雖然沒有談及敷水泥的技巧，不過也值得挑戰。

儘管外行人缺乏專業技術，但是，只要多花一點時間慢慢的進行，最後也能夠擁有職業級的水準。

外行人不夠專精，因此，在實際作業之前如果能夠熟記作業的順序，那麼，就可以彌補技巧之不足。例如，預測「必須預留擺放這個物品的空間」，或是「這裡應該鋪上墊子較好」等。

本書以「期待父親做的家事」為主，探討住家修繕相關問題。雖然「將整條魚分解」或「洗衣」等與修繕沒有直接關係，但是，可以「期待父親嘗試」，因此，在本書中也附帶探討。

目錄

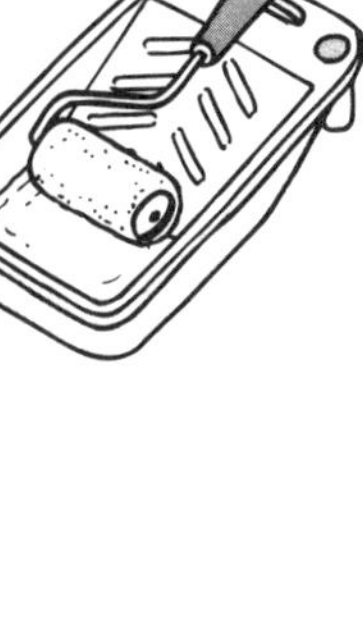

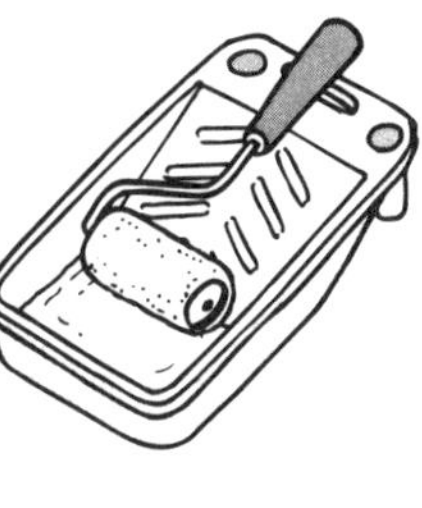

●修理水龍頭、抽水馬桶等 77

家具的修補及自行製作擱板 113

廚房周邊的修補與清潔 127

住宅的修補

室內篇

重新修補陷凹或燒焦的地板

修補陷凹改善燒焦狀態

家庭地板有些是素面板，有些則貼上薄薄的裝飾板。

無論哪一種地板，都有可能不慎被煙蒂燒焦，或因為重物掉落而產生凹洞。燒焦或凹洞不僅不美觀，同時凹洞可能會滲水，甚至造成木板翹起或歪斜。這時只要利用地板用修補劑，就能輕易的修補。一旦發現問題時，務必盡快處理。

基本上，只要埋入地板用修補劑就可以了。想要隱藏修補部分時，可以在陷凹周圍以相似的顏色著色，再埋入修補劑。

準備用具

- ●地板用修補劑（蠟筆型）
- ●地板用著色修補劑（筆型）
- ●吹風機
- ●雕刻刀或美工刀（燒焦時使用）

1 如果深陷凹處和地板表面的顏色明顯不同，則該處的顏色較透明，首先要塗抹接近表面顏色的著色修補劑。

2 用吹風機加熱地板用修補劑的前端，使其柔軟，然後再用刮板取出必要量使用。

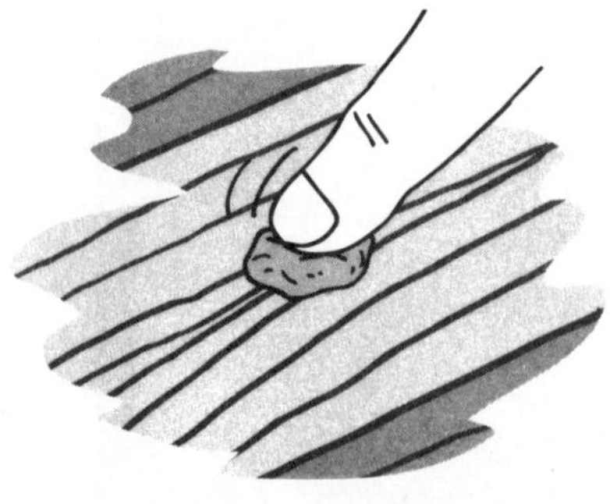

3 用刮板或手指將修補劑押入陷凹處，填平。

陷凹

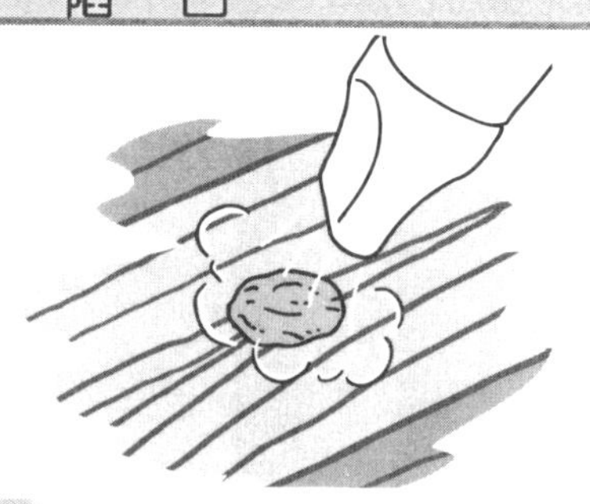

4 再次用吹風機加熱，使修補劑軟化。

5 用刮板慢慢的刮除露出於陷凹處以外的修補劑，使表面平坦。

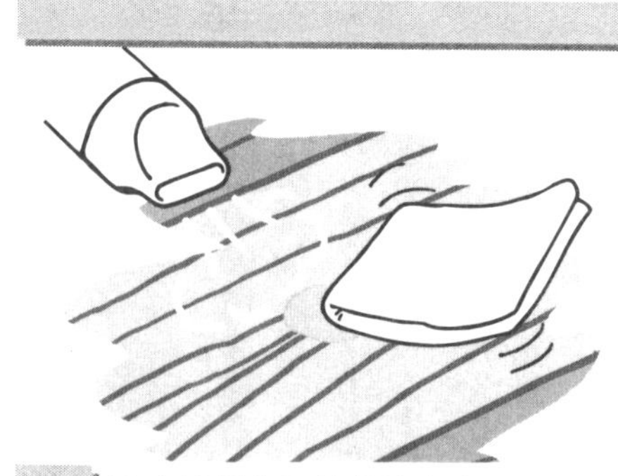

6 用吹風機在距離較遠處吹一下，然後再用乾布磨光即可。

7 地板表面有木紋時，將著色修補劑畫在木紋上，可以減少差異性。

！重點

地板因廠牌與商品不同，顏色有微妙的差距。各廠牌都備有搭配的塗料，想要使用完全相同的顏色時，可以向廠商洽詢。即使沒有完全同色的地板修補劑，也可以利用顏色接近的產品。

將修補劑擺在湯匙裡用火烤，再加入其他修補劑調色，也是不錯的方法。

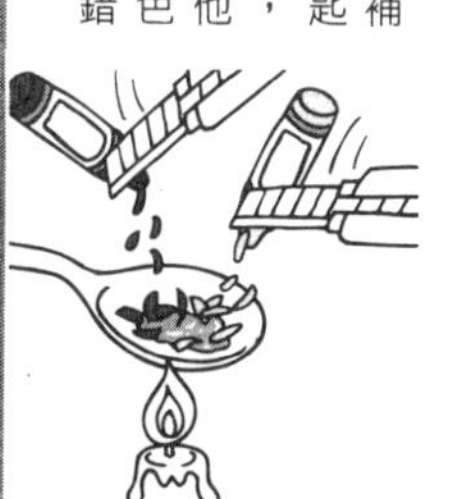

燒焦部分

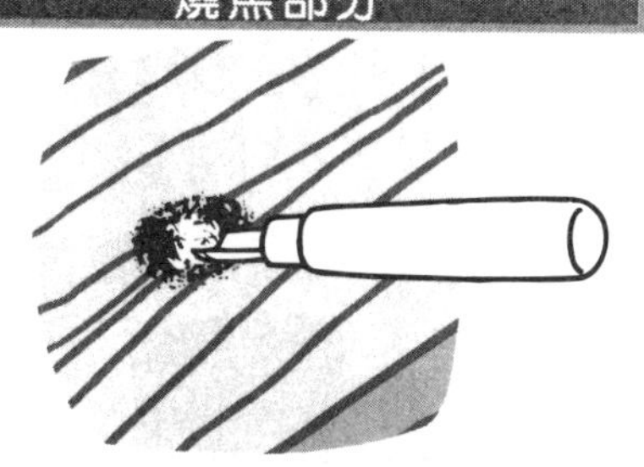

用雕刻刀（或美工刀）削除燒焦的部分，等到表面完全乾淨之後，進行與陷凹處同樣的作業。祕訣是只削中心部，盡量不要讓洞擴大。

修補地板刮痕

重點是塗抹較淡的顏色

地板上因為直接擺放桌椅等家具，所以可能會形成摩擦痕或是刮痕。

產生深的刮痕時，則與處理陷凹時進行同樣的作業。如果產生淺刮痕時，則只要塗抹地板用著色修補劑就可以了。重點在於要塗比地板更淺的顏色。

準備用具

- 地板用著色修補劑（筆型）

刮痕

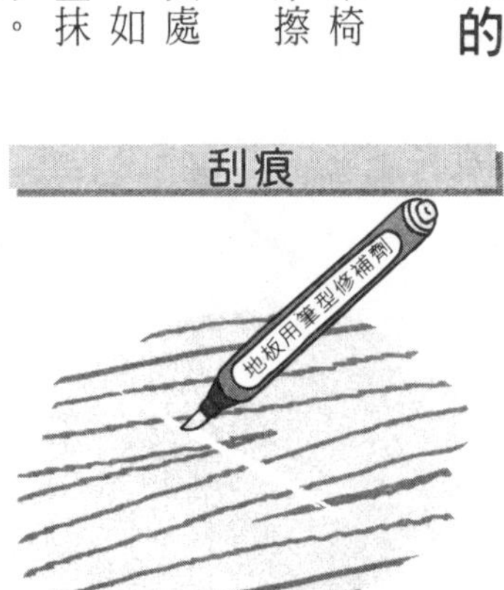

1 首先用顯色型修補劑讓刮痕浮現，接著塗抹適合地板顏色的著色修補劑。

2 如果木紋部分的塗抹痕跡變得太明顯，可以直接將著色修補劑畫在木紋上。

廣泛摩擦傷痕

首先塗抹顯色型修補劑。在摩擦痕跡消失之前，趕緊塗抹搭配地板顏色的著色修補劑。秘訣是沿著木紋塗抹。

！重點

不要直接將修補劑塗抹在刮痕上。先利用房間角落等不顯眼處試塗，看看顏色是否搭配。只要選擇比地板稍淡的顏色就不會失敗了。

塗抹地板亮光漆

1～2年塗抹一次就夠了

保養地板的基本條件是打蠟。每一～二個月用抹布打蠟一次。方法是乾擦，做法簡單且保護效果較高。

但是，剛打過蠟的地板具有獨特的氣味，而且也容易導致滑倒，因此，有些人不喜歡打蠟。

另一種選擇是，塗抹亮光漆。雖然比起打蠟而言比較費事，不過，每一～二年塗抹一次亮光漆就夠了。

但是，在經常活動的場所亮光漆容易脫落，因此，像廚房等處就不適合使用亮光漆。

準備用具

- 地板用亮光漆（水性）
- 家庭用洗劑
- 除蠟劑（地板上殘留地板蠟時使用）
- 交叉用刷（白色毛水性用油漆刷）
- 抹子刷
- 托盤
- 掩蔽膠帶
- 砂紙（240號）和墊木
- 免洗筷
- 毛巾

事前準備

1 用家庭用洗劑擦拭地板上骯髒的部分，使其乾燥。殘留地板蠟時，用除蠟劑擦拭乾淨。

2 將砂紙捲成適當大小，包住墊木。除了使用市售的墊木之外，也可以利用魚板形的木板來代替。

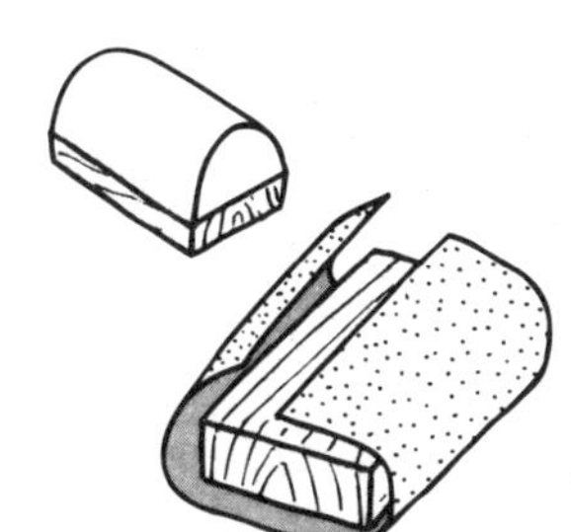

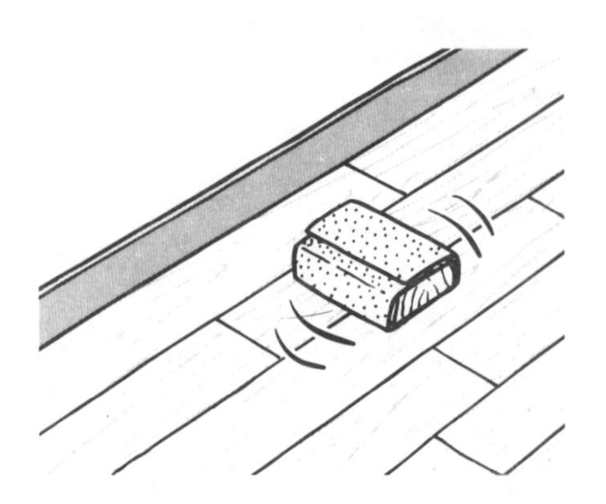

3 用砂紙(240號)摩擦整個地板。不要過度用力摩擦，以免表面的裝飾板剝落。秘訣是以產生粉屑的強度來摩擦。

4 用吸塵器吸除粉屑，再用毛巾乾擦。先使用砂紙摩擦，是為了容易上漆。

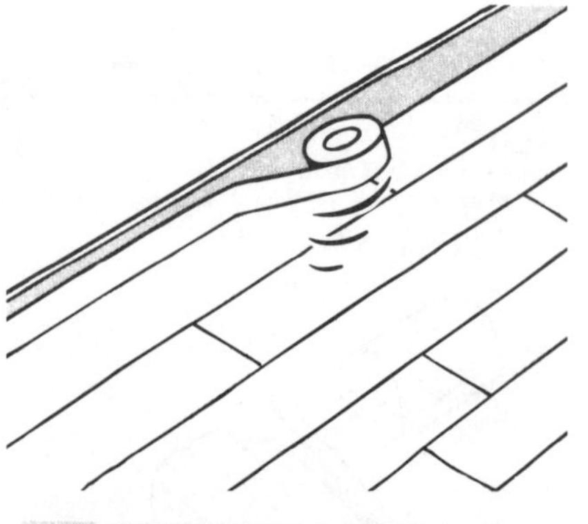

5 不想讓牆壁下方的裝飾板沾上亮光漆時，必須先貼上掩蔽膠帶。

6 雙手夾住交叉用刷旋轉，去除脫落的毛。再用手撫摸，去除容易掉落的毛。

7 亮光漆的底部較濃稠，因此要先搖晃油漆罐，再用免洗筷充分攪拌，使上下的濃度均勻。

8 將亮光漆倒入托盤中，再加入亮光漆10%的水稀釋，充分攪拌。

塗　抹

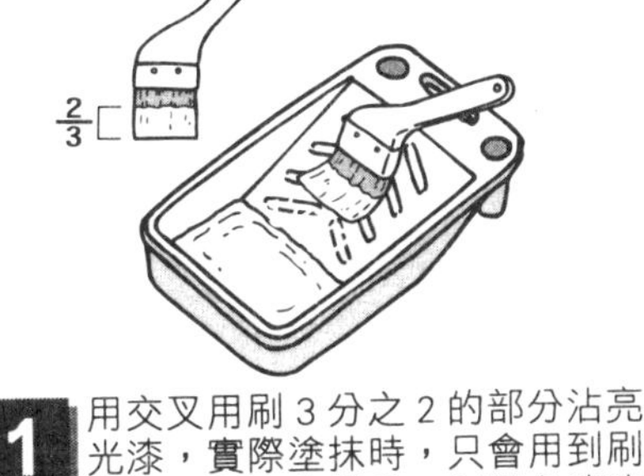

1 用交叉用刷 3 分之 2 的部分沾亮光漆，實際塗抹時，只會用到刷毛 2 分之 1 的部分，以避免漆滴落下來。

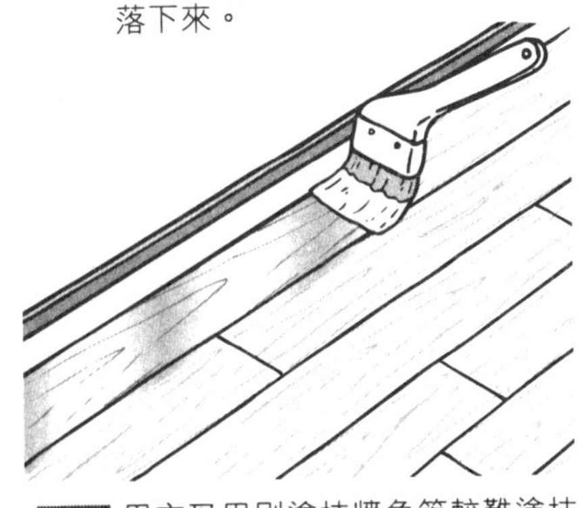

2 用交叉用刷塗抹牆角等較難塗抹的部分，然後撕去原先黏貼在該部分的掩蔽膠帶。

3 以抹子刷沾亮光漆，去除多餘的亮光漆。

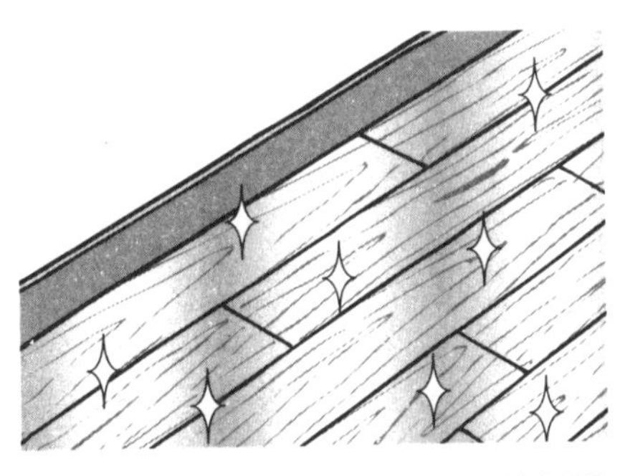

4 塗抹較廣泛的部分。依照箭頭方向，好像將抹子刷拉到自己面前似的刷油漆，勿又拉又推，要朝單一方向移動。

5 亮光漆完全乾燥後，反覆進行同樣的作業即可。避免使用太稀薄的亮光漆。不要怕麻煩，要先貼上掩蔽膠帶再上漆，這樣就不必擔心油漆滲透到其他的部分了。

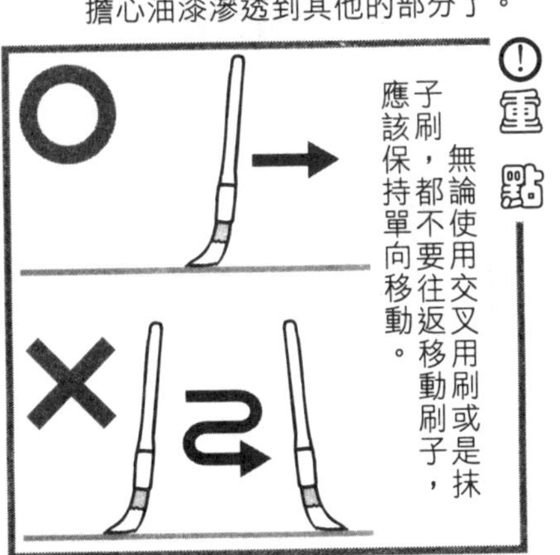

！重點

無論使用交叉用刷或是抹子刷，都不要往返移動刷子，應該保持單向移動。

修補地毯

用切割下來的地毯毛修補

燒焦或家具造成的地毯陷凹，不必使用特別的修補劑也能修補。

修補燒焦的地毯時，可以使用從地毯上切割下來的毛。若是長毛地毯，則使用同色的毛修補。

準備用具

- 木工用接著劑（快乾型）
- 美工刀
- 牙刷
- 蒸氣熨斗（重新修補陷凹處用）

陷凹處

熨斗距離地毯稍遠些，使用蒸氣噴地毯，然後用牙刷將毛刷起來。

燒焦處理

1 用美工刀削除燒焦處的表面，不要削得太深。

2 用美工刀割下房間角落等比較不明顯部分的地毯，當成修補材料。

3 燒焦部分抹木工用接著劑，再埋入事先割下的地毯毛，用手指輕輕將毛按入燒焦處並且調整形狀，等接著劑乾燥後就大功告成。

修補榻榻米

重鋪之前的緊急處置

舊榻榻米無法完全修復，就須更換新的。重鋪或翻面必須請專家進行。基本上每二～三年重鋪一次。就構造而言，榻榻米無法完全修補，但陷凹、燒焦或是起毛邊的部分，即使不請專業人員處理，自己也可以修補到不明顯的地步。

準備用具

- ●木工用接著劑（快乾型）
- ●水彩顏料
- ●水彩筆（細筆）
- ●砂紙（400號）
- ●熨斗
- ●毛巾

燒焦部分

1

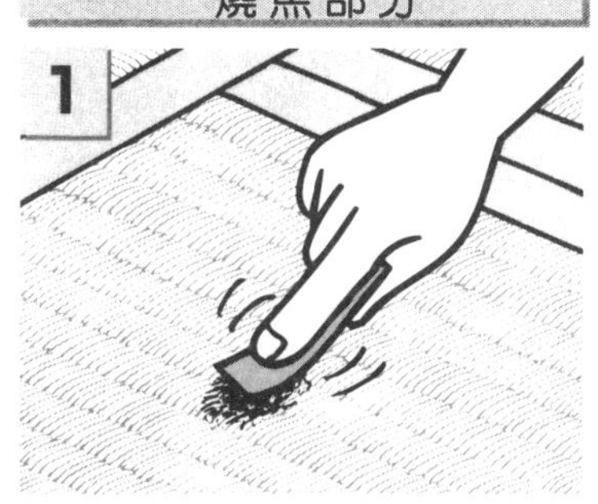

用砂紙摩擦燒焦部分。但不可完全去除，否則會摩擦掉整個榻榻米，只要讓顏色變淡就可以了。

2

以白色水彩顏料混合黃色或黃綠色。藍色榻榻米則可以加上少許黑色。被太陽曬過的榻榻米，可以加上茶褐色，再加上土黃色或綠色調整色彩。配合榻榻米的實際顏色，用水彩筆上色。水彩顏料乾燥後，顏色會變淡，因此必須塗抹稍微深一點的顏色。

起毛邊

按壓毛邊使其平躺。在木工用接著劑中加水，然後用筆塗抹在毛邊的部分。不要塗抹太厚，以免乾燥後變得太硬。

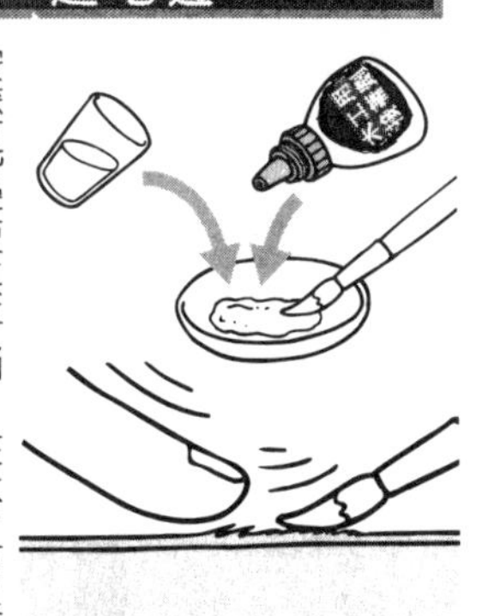

陷凹

在陷凹上方擺上打濕擰乾的毛巾，再用熨斗在毛巾上燙過（使用比中溫稍高的溫度）。觀察陷凹的情況，反覆熨燙幾次。

換貼正式的隔扇門

只要拿掉外框，貼起來就很漂亮

DIY使用的隔扇門紙，包括紙背事先刷上漿糊，只要用水打濕的再濕型，以及用蒸氣熨斗按壓就可以黏貼的熨斗型兩大類。一般人都能輕易的更換，而且看起來美觀大方。

換貼隔扇門的作業，包括拿掉外框的方法，以及不需要拿掉外框的方法（板隔扇門無法拿掉外框）。正式的隔扇門必須拿掉外框，然後使用再濕型隔扇門紙黏貼。雖然拿掉外框費事，但是，完成後會擁有專家處理的水準。

更換單面時，則可以用噴霧器噴濕沒有更換的一面，就可以避免隔扇門翹起來。

準備用具

- ●隔扇門紙（再濕型）
- ●鐵槌
- ●木槌（可以使用魚板形等墊木）
- ●撬桿
- ●美工刀
- ●裁斷刀
- ●裁尺
- ●壓刷
- ●海綿和洗臉盆
- ●掩蔽膠帶
- ●塑膠布

※也可以使用市售整套的隔扇門道具。

隔扇門的構造

格子狀的窗櫺上貼了幾張裱糊底子，其上方則貼著隔扇門紙。專業人士的做法是，先撕去舊的隔扇門紙，接著再進行作業。但是DIY的做法是直接重貼（重貼2～3張也無妨）。與舊隔扇門紙相比，如果新隔扇門紙的顏色較淡，可以先貼上稱為茶塵的底紙之後再處理。

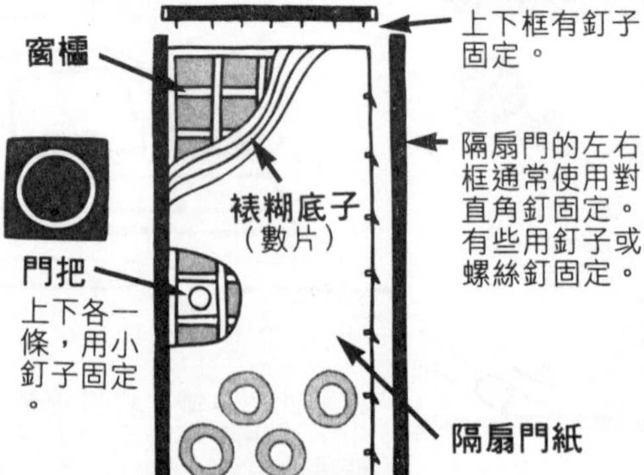

事前準備

為了記住外框的位置，應該事先將「1之上」、「1之右」等編號寫在掩蔽膠帶上，並且貼好。貼2扇或多扇隔扇門時，即使同樣都是左邊、外框，但尺寸也可能有微妙的差距，一定要事先編號。

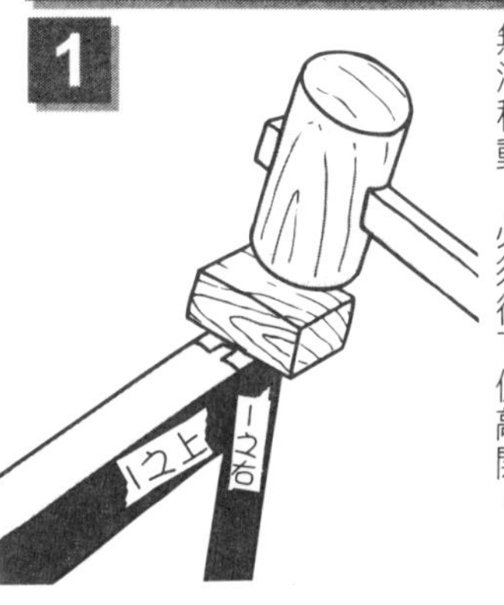

拆下外框和門把

1 首先拿掉橫框，以墊木抵住橫框上端，然後再用鐵槌敲打，這樣就可以朝下鬆開。對直角釘的方向相反無法移動，必須從下側敲開。

2 拿掉另一側的橫框時，原先已經鬆開的對折卡鎖可能彎曲，必須注意，以免刮傷地板。

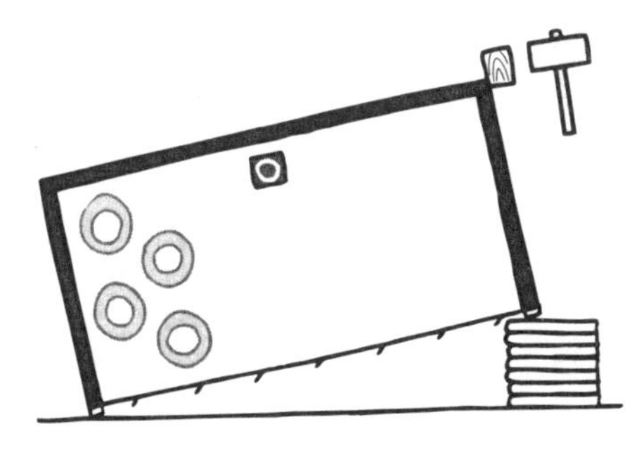

3 將撬桿插入上下框和隔扇門本體之間右邊稍微浮起來之後，移往左邊，再移往正中央。慢慢的往外鬆開。框太緊而無法揭開時，可以用鐵槌輕敲插入的撬桿下側。

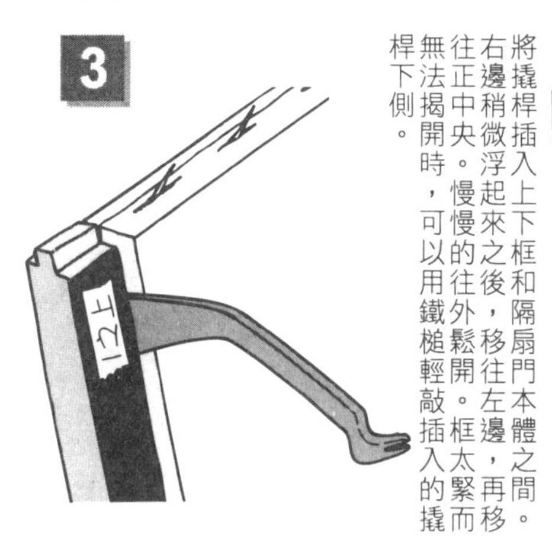

4 在門把下方插入撬桿，下面抵住板子等，依照槓桿原理撬起門把。釘子浮上來時，必須用扳手或撬棍拔除。另一面的釘子也以相同的方式拔除。以玻璃膠帶固定門把的陷凹處。

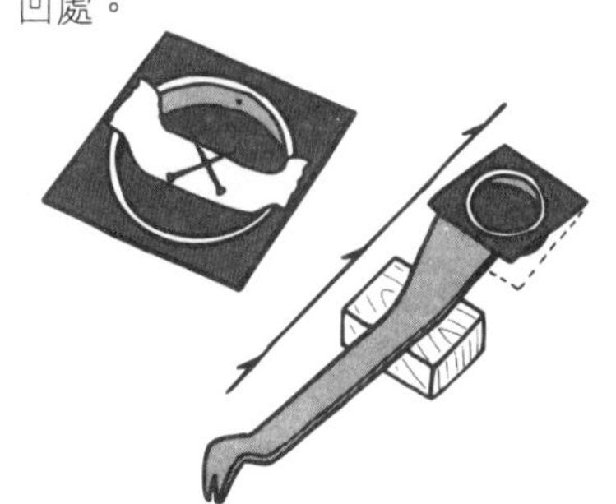

5 鬆開外框後，以打濕擰乾的毛巾擦掉灰塵。注意不要弄彎對直角釘。

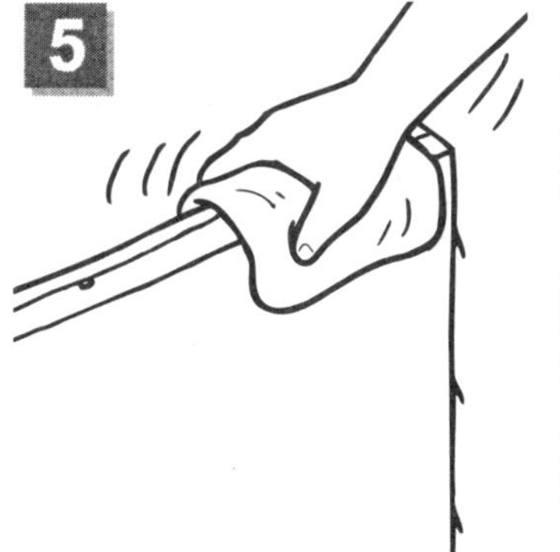

貼隔扇門紙

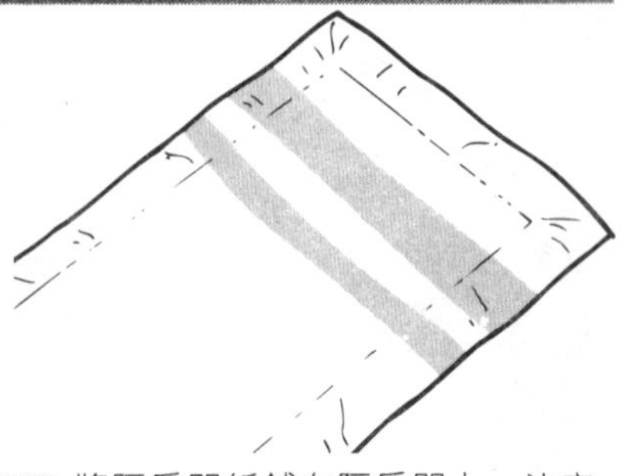

1 將隔扇門紙鋪在隔扇門上，決定圖案位置，輕輕的形成摺痕。滾邊等隔扇門下方有圖案時，必須避免上下顛倒。

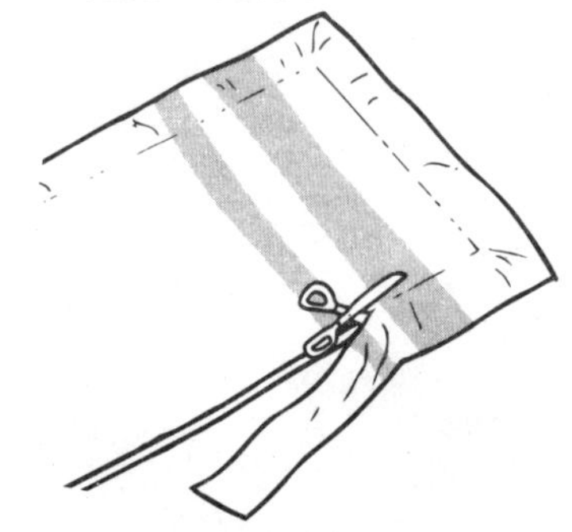

2 用剪刀在比隔扇門紙上下左右多2公分處剪開（重貼2片時，必須2片一起剪）。也可以將整個隔扇門翻面，下方鋪上厚紙等，再用美工刀切割。

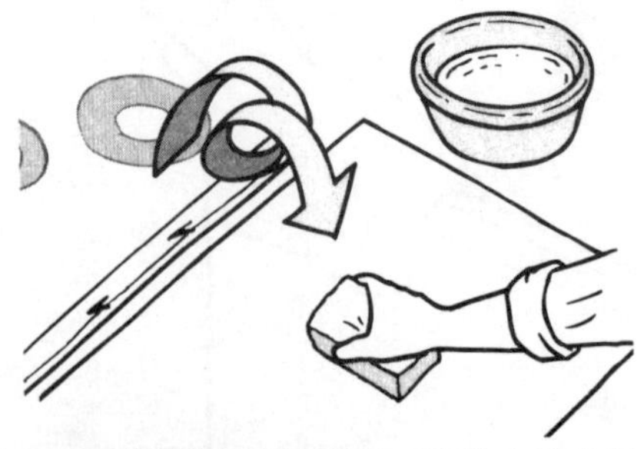

3 將隔扇門紙翻面，用沾水的海綿輕輕摩擦隔扇門紙的背面，漿糊還原後就可以黏貼。邊緣用水仔細的打濕。

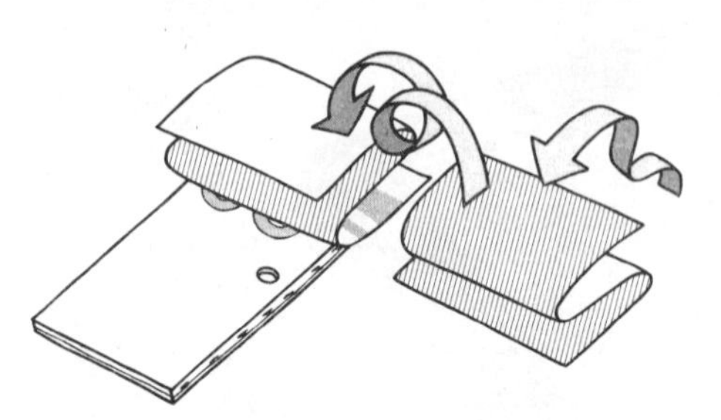

4 依照摺疊棉被的要領摺成三摺。沾有漿糊的一面朝下，鋪在隔扇門上（2人一起進行作業時，則不需要摺疊）。

5 確認位置（注意上下不可以顛倒），再用壓刷輕輕按壓以去除空氣。由中心往上，再往下，由中心往右，再往左，由中心朝斜向，輕輕按壓，來貼隔扇門紙。

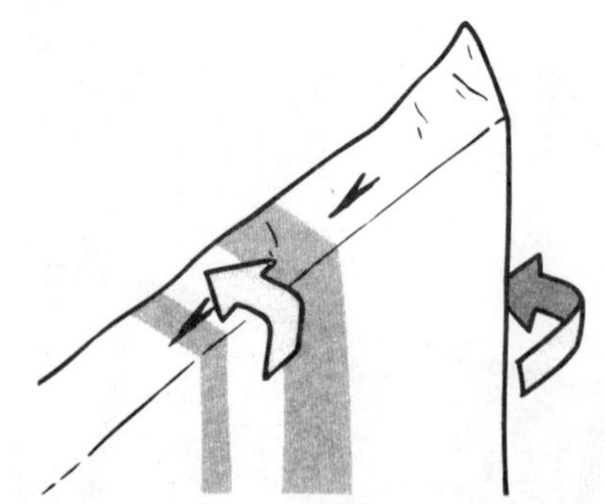

6 由上下左右與邊緣先打摺，以避免空氣進入，貼在隔扇門厚的部分。直角釘處則可以戳破紙張黏貼。

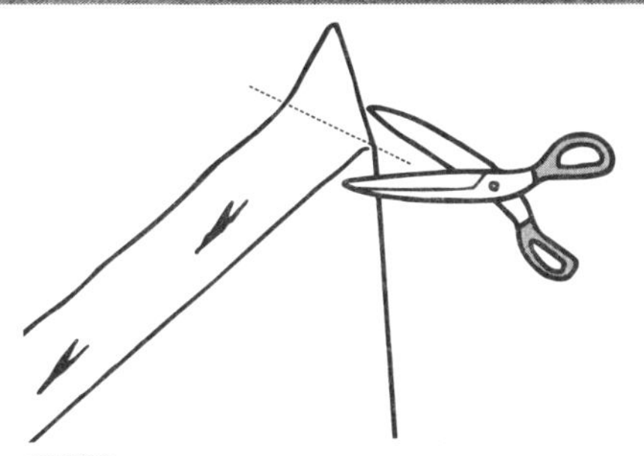

7 用手指按壓角落，再用剪刀剪掉形成三角的部分。

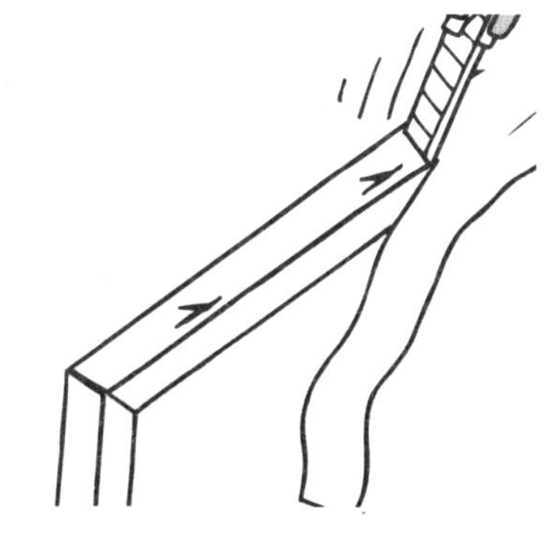

8 在隔扇門厚度的一半處，用美工刀割掉多餘的紙。很難直接切割時，可以先抵住裁尺再割。

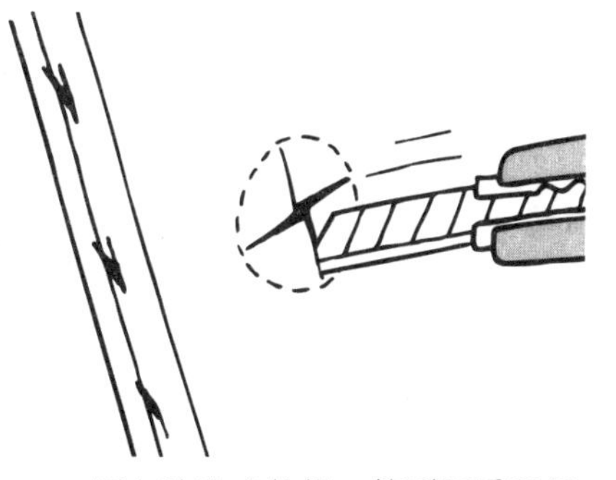

9 擺在陰涼處乾燥，等到隔扇門紙緊繃之後，再用美工刀在門把的位置劃上十字（注意不要劃到陷凹處外）。

10 安裝上下框。

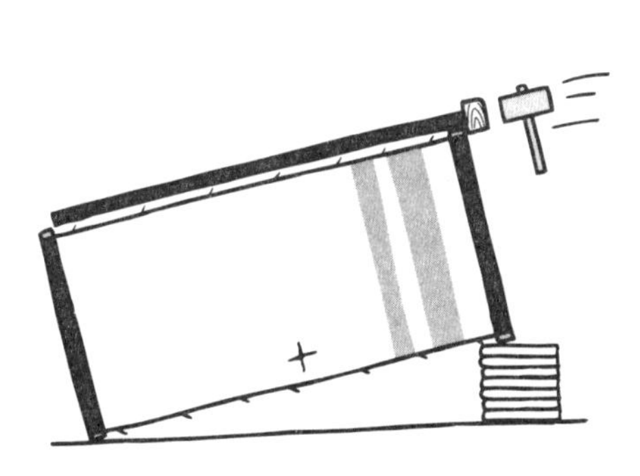

11 安裝橫框。在先前拿掉外框時的相反側墊上墊木，用鐵槌敲打安裝。

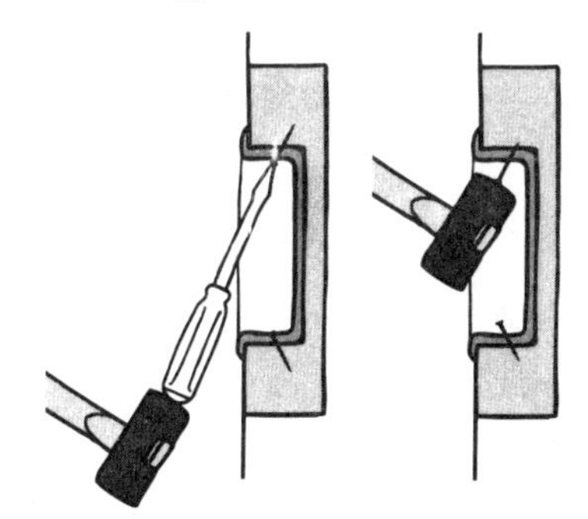

12 安裝門把。下方的釘子朝斜下方、上方的釘子朝斜上方敲入。最後用一字起子抵住釘子頭，再用鐵鎚敲打，就能完全嵌進去。

熨斗型隔扇門紙

用掩蔽膠帶保護門框

熨斗型隔扇門紙的使用方法，是利用熨斗的熱度溶解塗抹在隔扇門紙上的漿糊，然後直接黏貼。不需要拆下外框就可以黏貼，大幅度縮小了作業時間。

作業的重點之一，是要在隔扇門框上貼掩蔽膠帶。因為熨斗設定在高溫狀態，所以必須避免損傷門框上的塗料。

另一項重點是，注意框的邊緣。為了避免剪裁好的隔扇門紙在邊緣處翻過來，因此一定要先摺出摺痕，最後再用熨斗壓平。

接著，進行與再濕型同樣的作業。不需要拆下外框就可以換上新的門紙。

準備用具

- 熨斗型隔扇門紙
- 蒸氣熨斗
- 掩蔽膠帶
- 裁尺
- 美工刀
- 鐵槌
- 撬桿

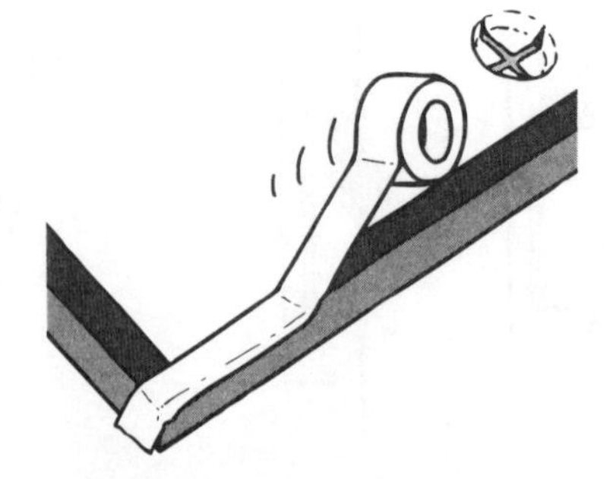

1 首先拿掉門把（參照19頁），接著在隔扇門框上貼上掩蔽膠帶。

2 將隔扇門紙攤開在隔扇門上，確認圖案與尺寸。重貼2片時，首先重疊2片隔扇門紙，周圍先製做摺痕。

3

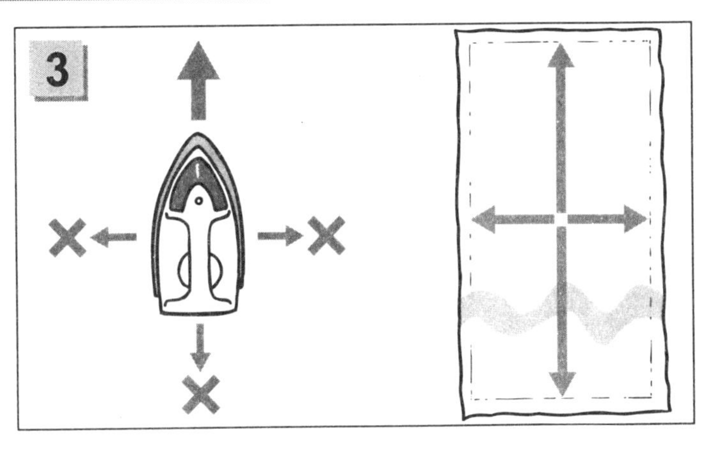

依照隔扇門紙的説明書設定熨斗的温度（通常為高温蒸氣），然後用熨斗熨燙隔扇門紙。先由中心往右、其次往左，再由中心往上，接著往左移動熨斗。將隔扇門分成四等分。重點是熨斗朝前方移動，不可朝側面移動。

4

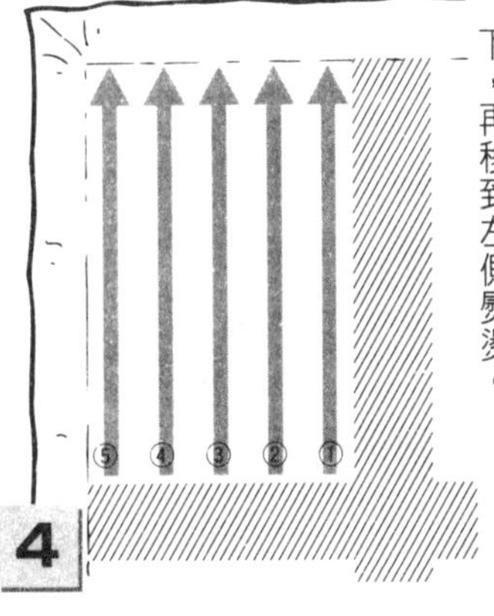

熨燙方式是左上方的部分由中心往上，其次移到左側，由中心往上。左下方也以同樣的方式，由中心往下，再移到左側熨燙。

5

最後決定與門框接觸的部分，沿著周圍熨燙一圈。

6

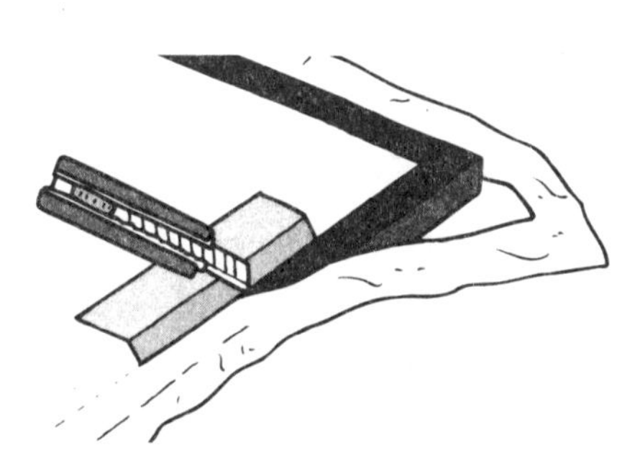

以裁尺抵住門紙，割掉多餘的紙。檢查黏貼的情況（尤其要注意邊緣部分）。如果還有翹起來的部分，就必須再以熨斗熨燙。

7

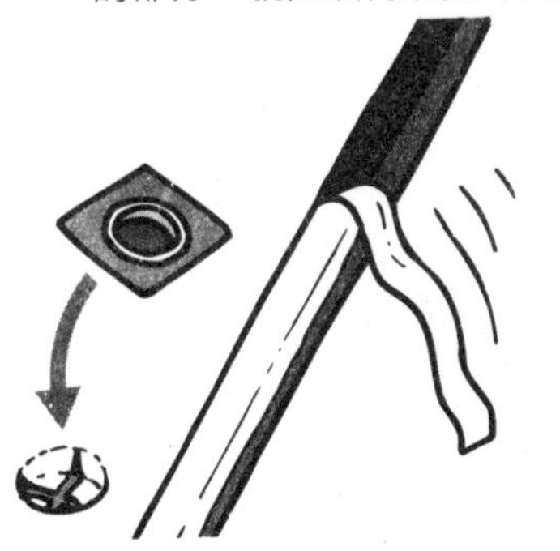

撕掉掩蔽膠帶，依照21頁的要領⑫安裝門把。

修補隔扇門

換貼門紙之前先修補洞

換貼隔扇門紙時，如果出現破洞，則不僅換貼後的門紙不漂亮，而且這個部分也容易破裂，因此必須事先修補。

發現小破洞時，只要先貼上底紙，然後再貼上新隔扇門紙即可。如果是較大的洞，就必須先貼上修補紙，然後再貼上底紙。

準備用具

- ●底紙（裱糊底子用的薄紙）
- ●隔扇門裱糊底子用修補紙
- ●噴霧器
- ●隔扇門用漿糊
- ●美工刀
- ●牙刷
- ●毛巾

小破洞

1 用噴霧器噴濕剪成比破洞更大的底紙背面，然後再用牙刷等抹上隔扇門用漿糊。

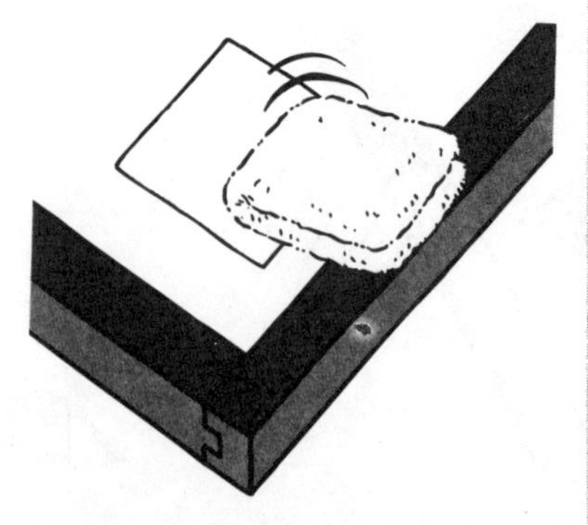

2 將底紙貼在破洞上，用毛巾等抹平。

大破洞

1

將破裂部分的隔扇門紙與裱糊底子剪成四方形，周圍與窗櫺塗上隔扇門用漿糊。

2

剪下隔扇門裱糊底子用修補紙（比破裂部分稍大），背面塗上漿糊（按照右圖 1 的要領進行），貼在洞上。

3

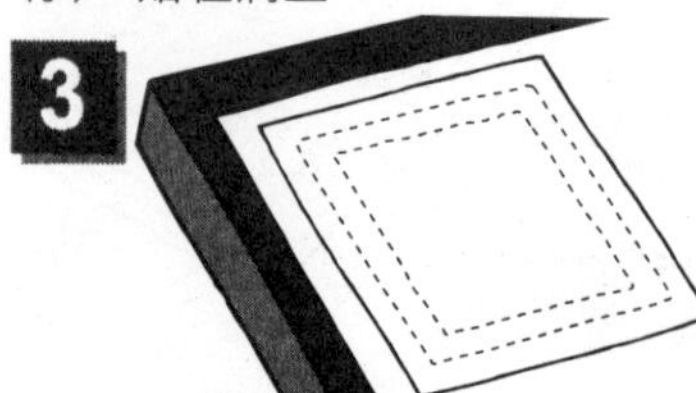

將剪成比修補紙更大的底紙塗上漿糊，貼在修補紙上，用毛巾抹平。

換貼紙門

只貼一張紙比較容易

提到紙門，一般人會直接想到白底的和紙。但是，除此之外，紙門的花樣繁多，可以依照個人的喜好，選擇其他顏色或是帶有花紋的紙，以增加房間的氣氛。此外，不容易燃燒或破裂、具有脫臭機能等素材的紙門紙也可以運用。

過去必須使用美濃開（二十八公分寬）或半紙開（二十五公分寬）的紙張，一段段的黏貼，而現在則流行貼一整張紙，因此容易進行。

找個機會更換破損或發黃的紙門，使心情煥然一新吧！

撕下舊紙門紙

1 用沾水的海綿打濕黏貼紙門紙的部分（也可以使用紙門紙脫落劑）。避免將整扇紙門全部打濕，以免紙張翹起。

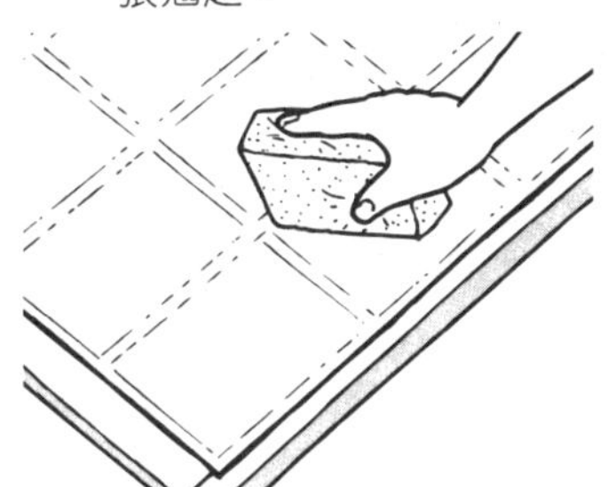

2 幾分鐘後，待漿糊柔軟時，就可以慢慢撕下紙門紙。

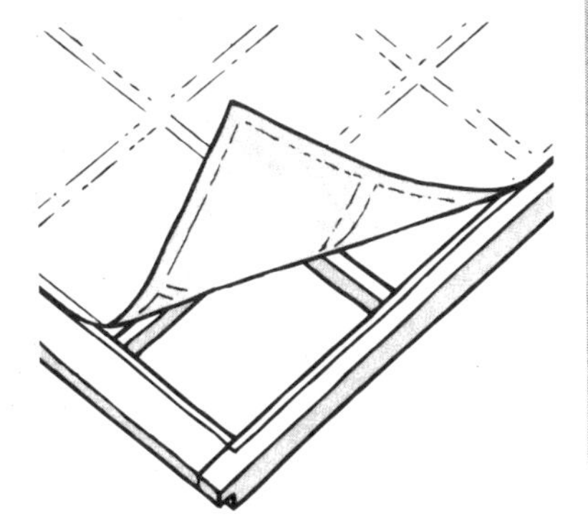

3 在框上可能殘留一層厚厚的漿糊，可以用免洗筷的尾端去除。

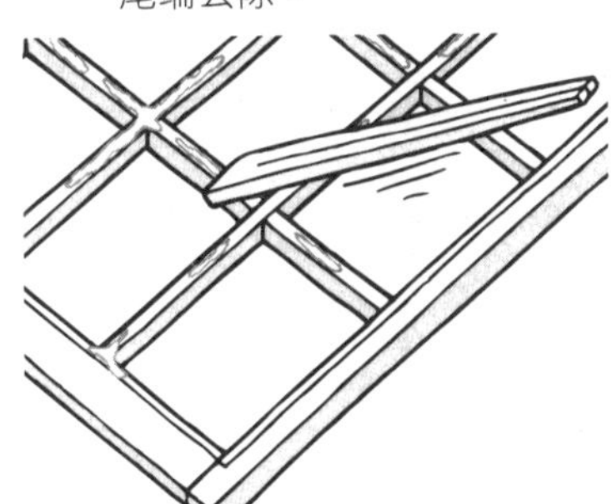

4 用打濕擠乾的毛巾仔細擦拭格框與外框的漿糊（或使用紙門紙脫落劑），耐心的等待格框乾燥。

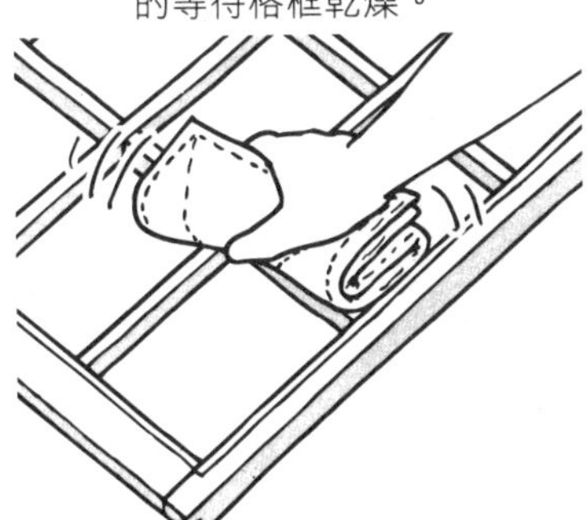

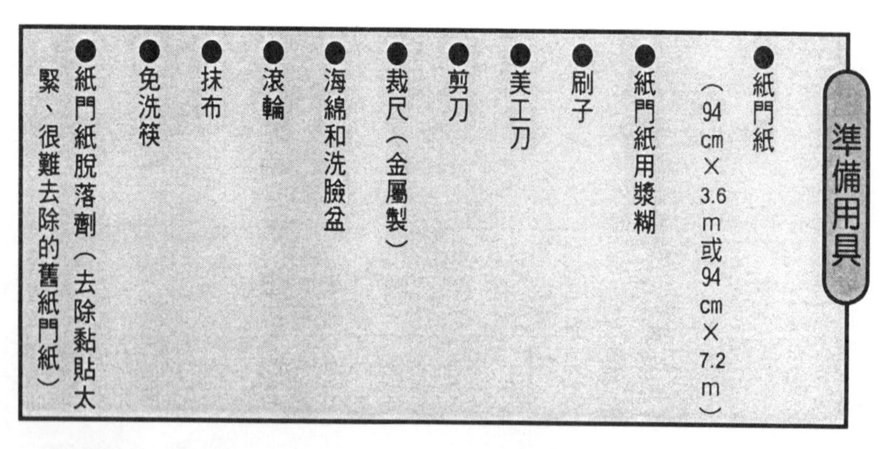

準備用具

- 紙門紙（94 cm×3.6 m或94 cm×7.2 m）
- 紙門紙用漿糊
- 刷子
- 美工刀
- 剪刀
- 裁尺（金屬製）
- 海綿和洗臉盆
- 滾輪
- 抹布
- 免洗筷
- 紙門紙脫落劑（去除黏貼太緊、很難去除的舊紙門紙）

貼紙門紙

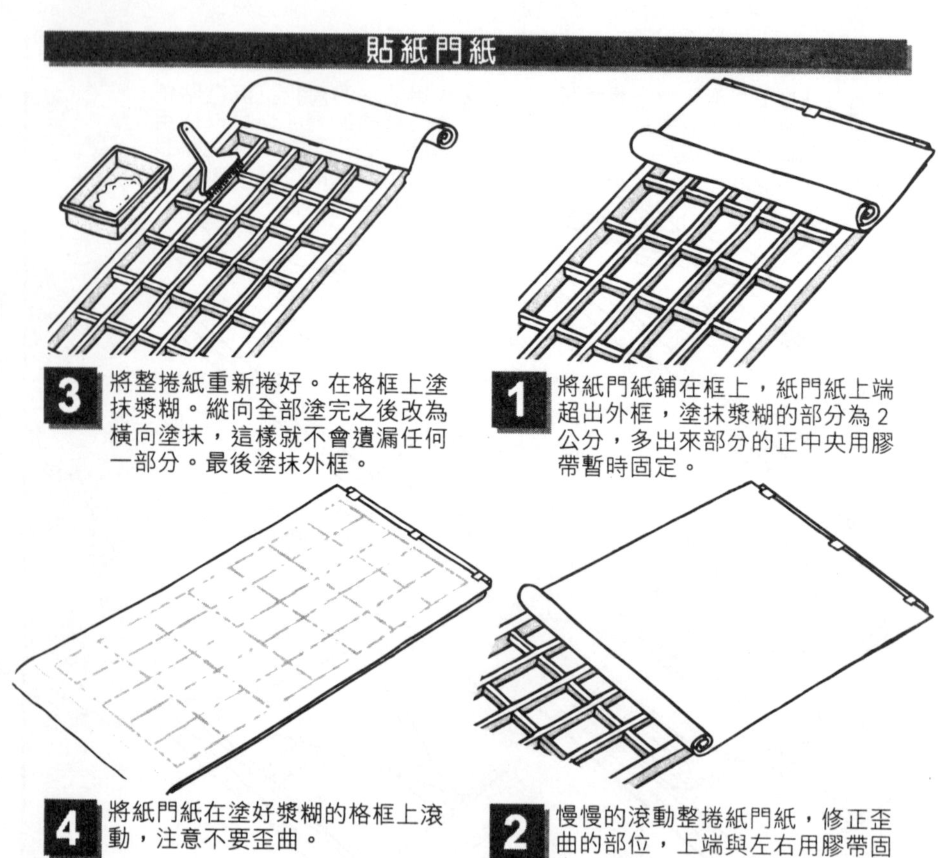

1 將紙門紙鋪在框上，紙門紙上端超出外框，塗抹漿糊的部分為2公分，多出來部分的正中央用膠帶暫時固定。

2 慢慢的滾動整捲紙門紙，修正歪曲的部位，上端與左右用膠帶固定。

3 將整捲紙重新捲好。在格框上塗抹漿糊。縱向全部塗完之後改為橫向塗抹，這樣就不會遺漏任何一部分。最後塗抹外框。

4 將紙門紙在塗好漿糊的格框上滾動，注意不要歪曲。

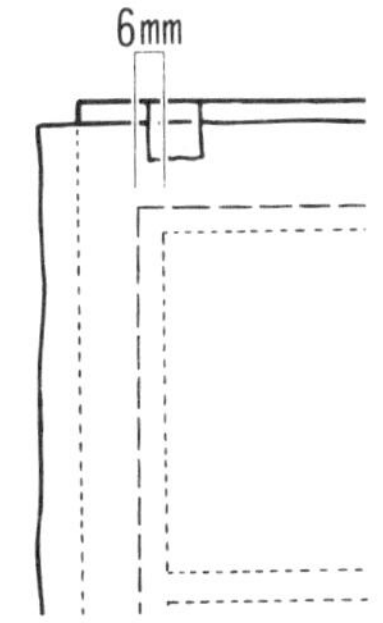

7 沒有層次時，留下6毫米塗抹漿糊的部分，割除其他部分。使用鋒利的美工刀片側割。

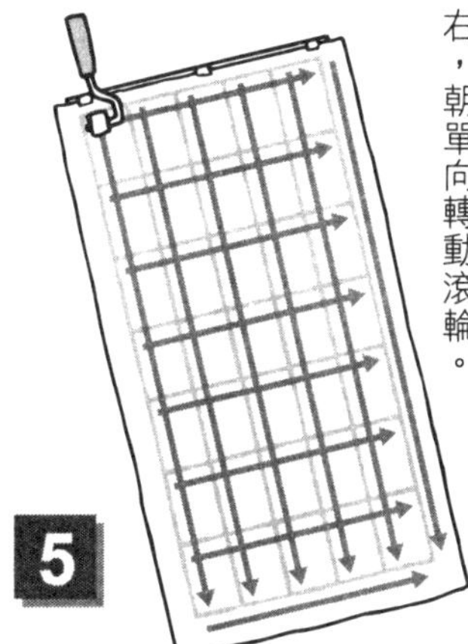

5 用滾輪按壓格框與框上的紙門紙，使其充分黏貼在一起。縱向的格框由上往下、橫向的格框由左往右，朝單向轉動滾輪。

8 黏貼完成後，如果發現有鬆弛的部分則用噴霧器將整扇紙門紙噴濕，等到乾燥後就會變得非常平直。

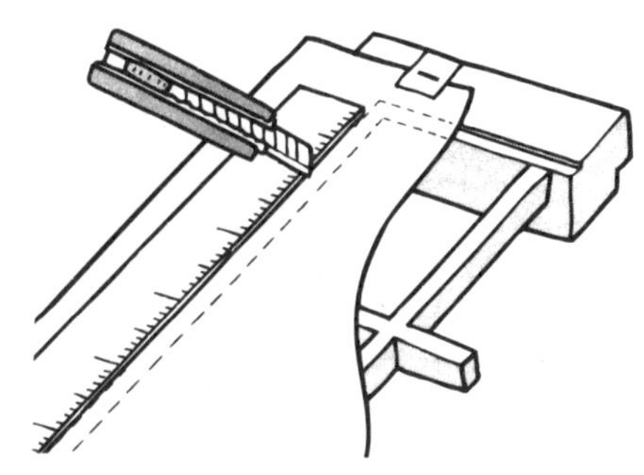

6 漿糊乾燥到某種程度後，壓上裁尺，割掉多餘的紙。如果在框的內側有淺的層次，則應該沿著層次割。

重點

萬一漿糊露出外框時，可以用打濕擰乾的抹布擦掉，不必太擔心。

用刷子刷紙門紙漿糊時，則沾上漿糊的刷子必須先在容器邊緣刮過，去除多餘的漿糊後再塗抹。漿糊塗得太厚，可能會從格框滲出，造成表面不美觀。只要塗上薄薄的一層，就能充分的黏貼。此外，有些紙門紙專用漿糊附有軟管，可以利用軟管塗抹，定量的漿糊。但是如果不習慣，就很難斟酌力道。

修補、更換紗窗

使用紗窗用滾輪以提高作業效率

紗窗老舊後，尤其角落的部分會變得脆弱，紗網隨時都可能破裂。

即使經常清理紗窗，也無法完全去除污垢，網眼塞滿污垢，通風不良。但是，只要更換新的紗網，就會感覺涼風徐徐吹來。

紗網只是用按壓式橡皮條固定而已，可以輕鬆的拿下。不要嫌麻煩，應該選擇按壓式橡皮條固定紗網。如果能夠準備專用的滾輪，就更能有效的進行作業。

準備用具

- 紗網（2m×91cm或2m×130cm）
- 按壓式橡皮條（取下舊橡皮條，帶到店裡購買同樣粗細的產品）

- 螺絲起子（＋&－）
- 牙刷
- 紗網用滾輪
- 美工刀
- 夾子

1 擋塊固定窗框上的紗窗，先鬆開上方調整擋塊高度的螺絲。

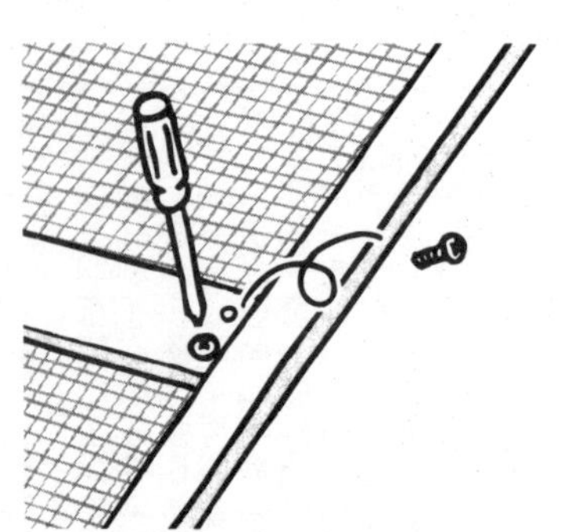

2 螺絲擺在地上，如果中間格框蓋住紗網時，則必須同時卸下中間的格框（先在地板上鋪報紙，就不必擔心弄髒地板）。

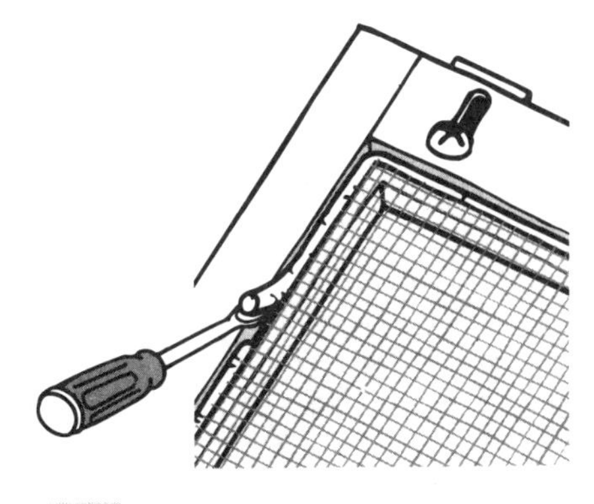

3 用螺絲起子掀起按壓橡皮條的一端並且取下橡皮條。

4 拿下紗網。為了避免灰塵滿天飛，要直接將紗網捲起來丟入垃圾袋裡。

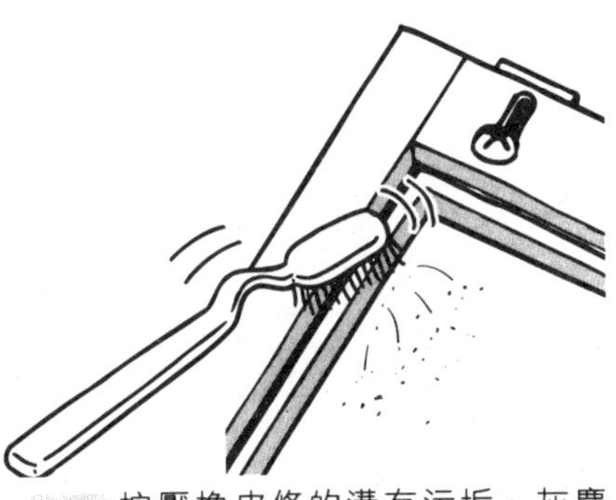

5 按壓橡皮條的溝有污垢、灰塵時，要用牙刷清潔乾淨，再重新安裝新的按壓橡皮條。

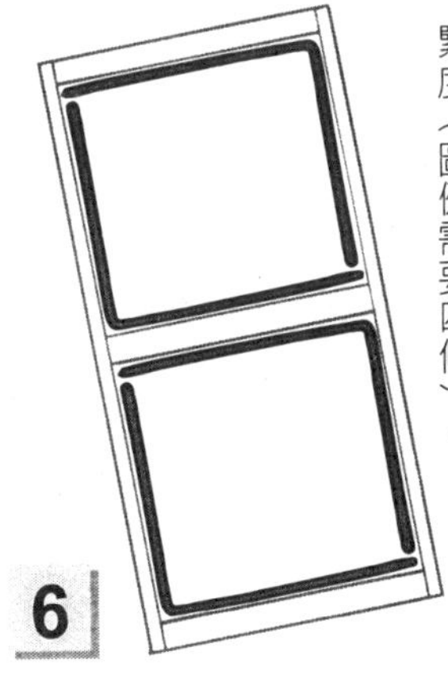

6 測量溝的長度，準備比所需長度稍長一些的按壓橡皮條。一面用一條橡皮條固定，或是剪成二條，較容易調整紗網的鬆緊度（圖例需要四條）。

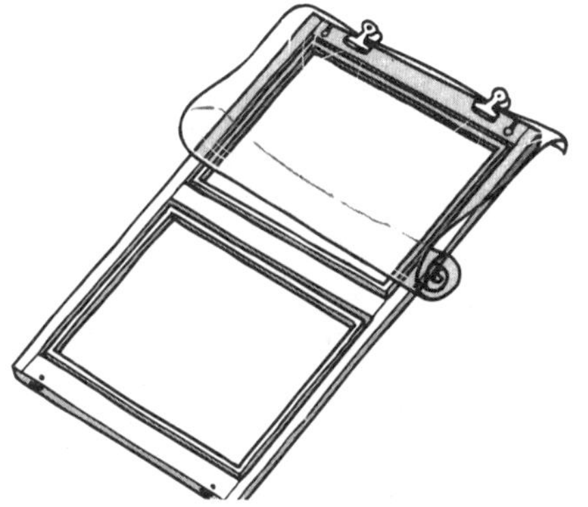

7 將新紗網覆蓋在紗門上方，露出5公分左右（左右相同），以夾子固定。這時，容易捲起的紗網的下側朝下，比較容易作業。

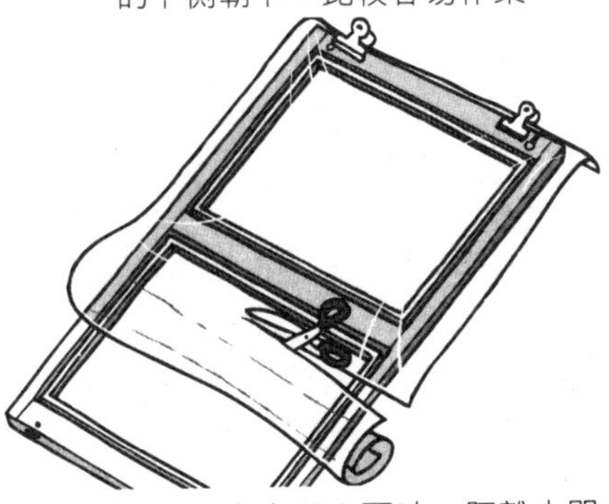

8 紗窗分為上下2面時，距離中間格框5公分處剪裁紗網，用夾子固定。

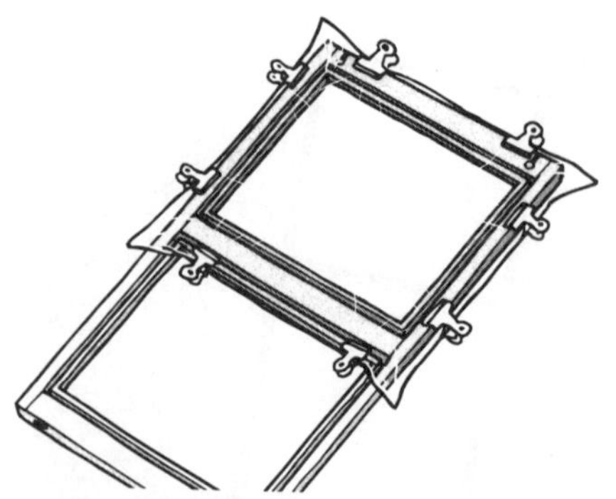

9 確認網眼沒有彎曲後，左右兩端也用夾子固定。

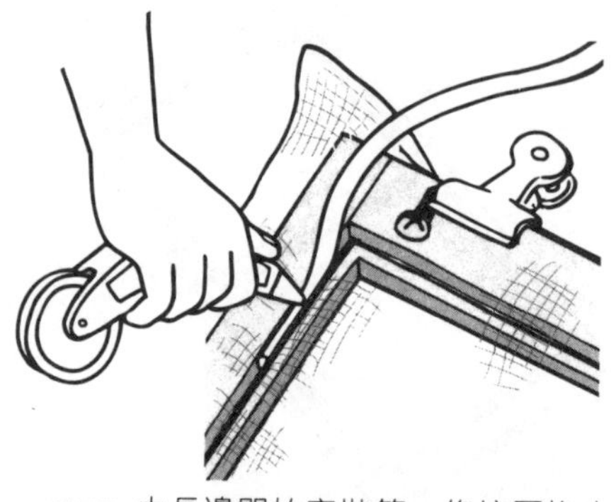

10 由長邊開始安裝第一條按壓橡皮條。在到達轉角的幾公分前，用滾輪後方尖端的部分壓入。

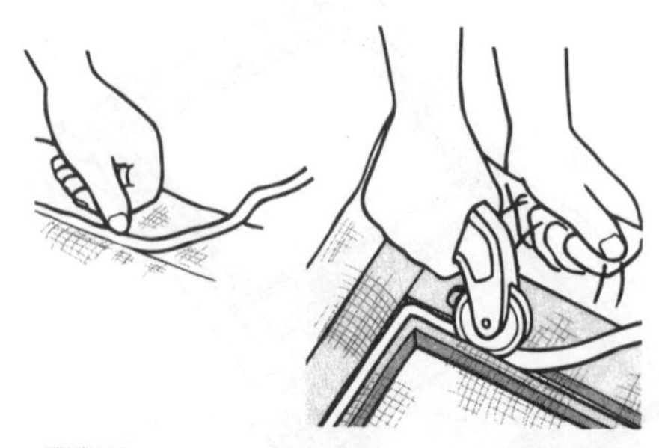

11 過了轉角之後，將網子拉向外側，同時用滾輪將橡皮條慢慢的壓入。如果橡皮條歪曲，可以用手指按壓橡皮條，再使用滾輪。

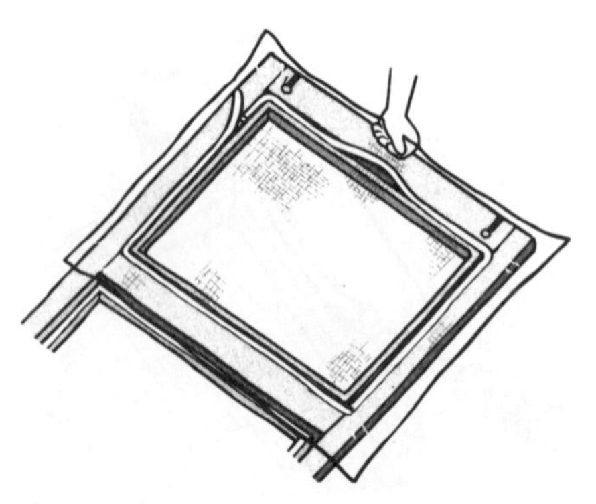

12 安裝完成後，如果覺得網子鬆鬆的，就必須先將鬆弛部分的橡皮條鬆開，拉緊網子。

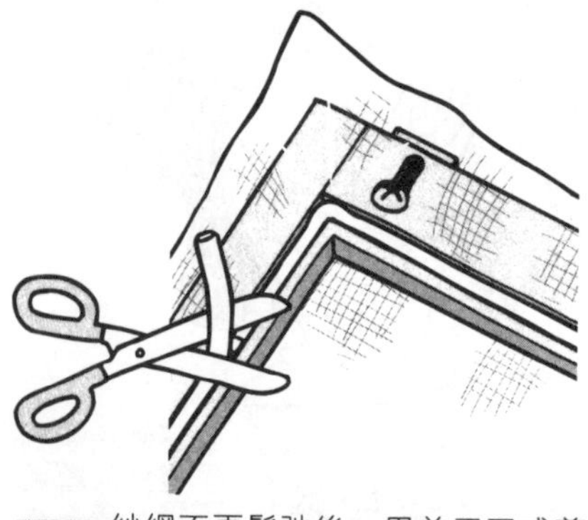

13 紗網不再鬆弛後，用美工刀或剪刀裁斷多餘的橡皮條，並且將末端塞入。

14 紗網輕輕的朝外側拉，同時用美工刀割掉多餘的紗網。注意不要割到按壓橡皮條。美工刀抵住溝的側面，使用鋒利的美工刀側割。

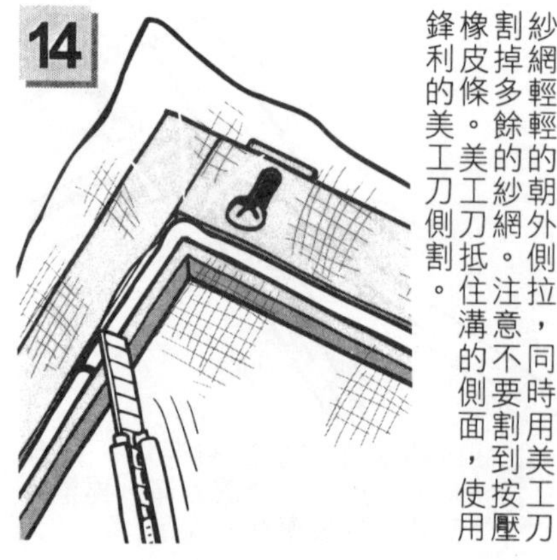

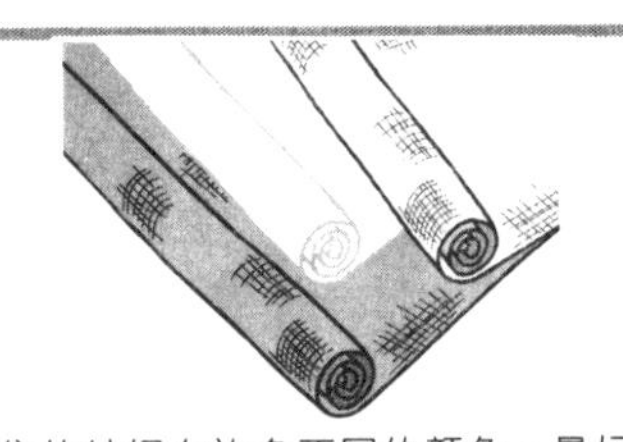

!重點

市售的紗網有許多不同的顏色，最好選用採光較佳的灰色，而且從外面不容易看到裡面。使用黑色時，雖然從裡面可以看清楚外面，但是從外面也同樣會看清楚裡面的情況。選用白色，雖然從外面無法看清裡面，不過髒污非常顯眼。此外，還有藍色、綠色等，可以配合室內的裝潢，選擇適合的顏色。

15 剪掉轉角部分多出來的紗網。用美工刀很難處理時，必須改用剪刀。

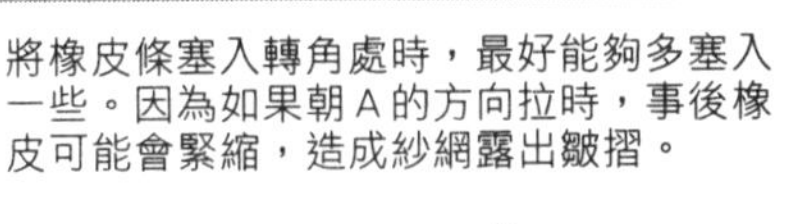

!重點

將橡皮條塞入轉角處時，最好能夠多塞入一些。因為如果朝A的方向拉時，事後橡皮可能會緊縮，造成紗網露出皺摺。

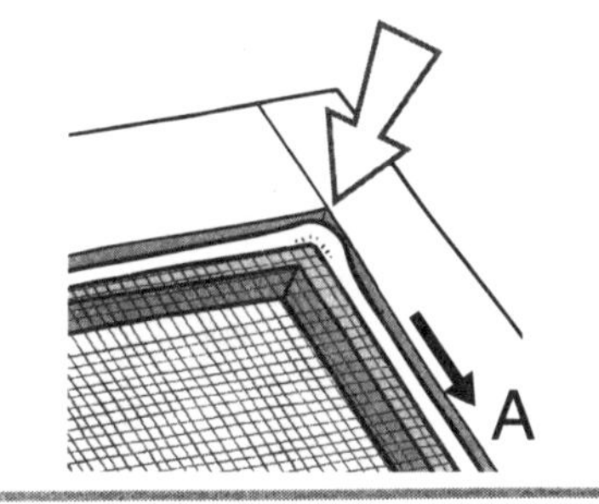

16 另一面也以相同方式安裝。因為有一面已經裝上紗網，所以中間格框的部分不能再以夾子固定。這時，可以用剪成幾公分長的舊按壓橡皮條暫時固定紗網。

修補

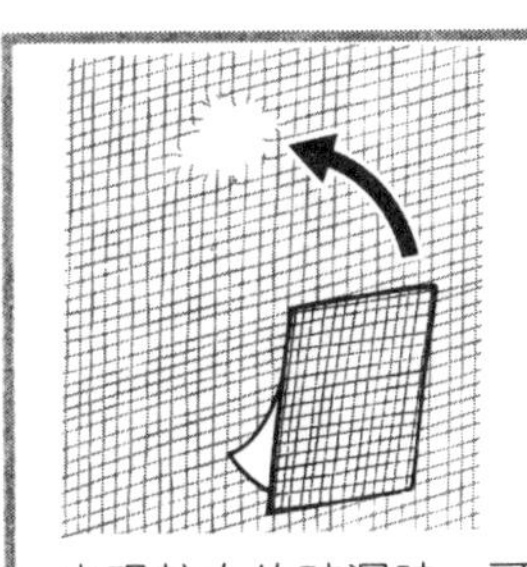

出現較大的破洞時，可利用市售的修補紗網專用膠帶。因為圖案是網眼的設計，所以看起來不明顯。

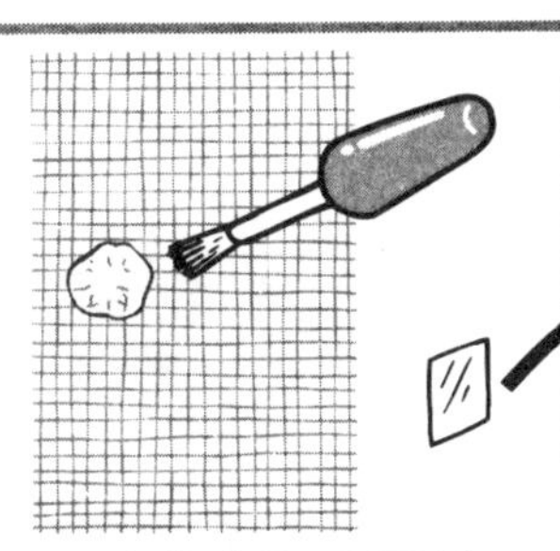

更小的破洞，則可以利用透明指甲油多塗抹幾次，就能有效的修補。

破洞較小時，利用透明膠帶內外黏貼就可以了。

更換壁紙

多準備一些壁紙，也可以用來修補

壁紙的素材包括紙製、布製與乙烯樹脂製等。若要自行更換，為了避免黏貼時產生皺紋，而且容易擦拭掉污垢，最好選擇乙烯樹脂製壁紙。

專業人士黏貼壁紙時，是另外塗抹漿糊進行作業。DIY時，可以使用事先將漿糊塗抹在壁紙內側的再濕型壁紙。壁紙用水打濕後，漿糊不會立刻乾燥，可以撕下，重新將扭曲的部分拉平，因此可以輕鬆的作業。

想要輕鬆的重新黏貼，也可以使用生漿糊型。事前向大型DIY店訂購，就可以在指定日取得塗抹生漿糊的壁紙。

準備用具

- 尺
- 壁紙（再濕型）
- 剪刀
- 美工刀
- 海綿和洗臉盆
- 裁尺（金屬製）
- 壓刷
- 滾輪
- 裁縫用竹尺
- 繩子和五元硬幣
- 掩蔽膠帶
- 丙烯充填劑

事先調整

貼壁紙最重要的，在於事前的準備工作。不要直接將壁紙貼在有孔的部分。此外，如果沒有事先擦掉污垢，不久之後瑕疵就會浮現出來。依牆壁材質之不同，必須進行的事前準備工作也不同。請參考下述內容進行作業。

層次部分用補土補平

●水泥牆、石膏牆與灰泥牆

使用室內牆壁修補用補土，塞入龜裂或陷凹的位置，乾燥後，再用裏上墊木的砂紙磨平。

•準備用具：室內牆壁修補用補土／

刮刀／墊木／砂紙（二〇〇號左右）

●三夾板或塗料表面

用打濕擰乾的抹布擦除污垢或灰塵。有油污時，必須先噴灑家庭用洗劑，再用水擦拭。牆上有釘子時，必須釘入牆內，不要讓釘頭冒出來。無法釘入或三夾板與三夾板的接縫處出現層次時，就必須用補土抹平陷凹處，再用砂紙磨平。

•準備用具：抹布／家庭用洗劑／室內牆壁修補用補土／刮刀／砂紙

撕除舊壁紙

首先在舊壁紙表面畫上大×，儘可能不要弄破，慢慢的撕下來。如果只能撕下表層，就直接在上方貼上新壁紙。如果裡紙破裂，則必須先充分沾紙門紙、壁紙剝離劑，將裡紙完全去除，再用砂紙磨平。

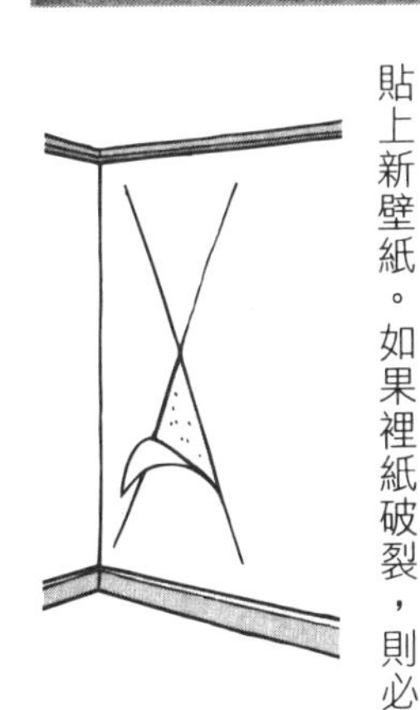

•準備用具：美工刀／紙門紙、壁紙剝離劑／砂紙（二〇〇號左右）

準備壁紙

整捲的壁紙通常為92公分寬、長5m和10m，事先計算所需要的壁紙量，購買比必要量稍多一些。例如，六張榻榻米大的房間，由上到下大約為240公分、房間的寬度約270公分、假設深度為360公分，則計算方式如下。

首先考慮到寬度270公分的面，則需要三張92公分的壁紙。壁紙上下必須各留5公分的餘裕，因此240＋5＋5＝250公分。使用三張，而寬度270公分的面為二面，所以是250公分×3×2＝1500公分（15m）。

同樣的，深度360公分的面其計算方式為，250公分×4×2＝2000公分（20m）。全部合計為35m。窗子或門等不需要貼壁紙的部分暫時不管，所以購買三卷10m長的壁紙，以及一卷5m長的壁紙就足夠了。

需要配合圖案時，如果圖案為20公分，則以250公分＋20公分的方式計算，為270公分×3×2＋270公分×4×2＝3780公分（約38m）。即使去除窗戶和門的部分，也需要35m以上的壁紙。以作業的容易度為優先考慮，可能會浪費一些壁紙。此外，還要預留一些修補用的壁紙，所以最好購買40m。

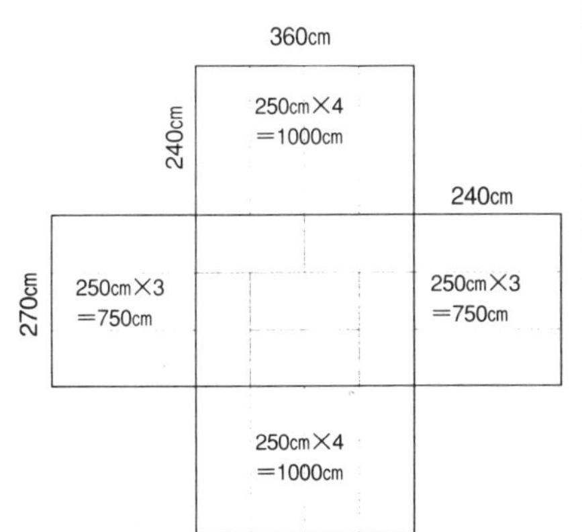

考慮黏貼的順序

在實際進行作業之前，必須畫房間的展開圖（圖1），事先計劃黏貼的順序。

重點是像冷暖氣機等無法取下的電器，最初就從安裝冷暖氣機的地方開始，較能輕鬆的進行。

另一項重點是角落。專業人士為了美觀因素，在角落（轉角處）部分會採取摺入的方式（圖2）。但是，如果沒有處理好，就會因為地震等振動而產生皺摺。DIY時，剪掉角落（轉角處）的壁紙，就可以輕鬆的作業。角落不必考慮搭配圖案的問題。

圖中是在牆壁的一端貼45公分寬的壁紙。如果使用三張90公分，合計為270公分的壁紙，則因為數量剛好，因此一旦稍有差距，就會造成壁紙不足。所以260公分的房間才能選擇三張90公分的壁紙。

貼在牆壁盡頭的壁紙寬度，可以選擇30或40公分的，如果太細，則容易脫落，故至少要維持20公分的寬度。

慣用右手的人進行作業時，如圖所示，要朝左繞來貼壁紙。貼第二張時，必須重疊前一張貼好壁紙的4公分寬，並且用裁尺抵住重疊中心，用美工刀切割下來（圖3）。因為可以看到第二張壁紙的一端，所以容易裁剪。

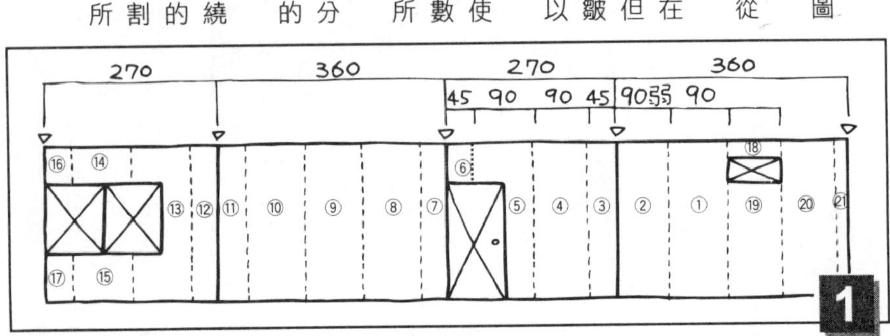

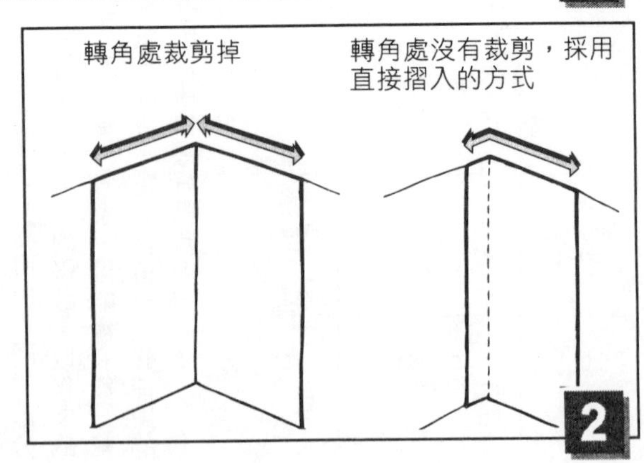

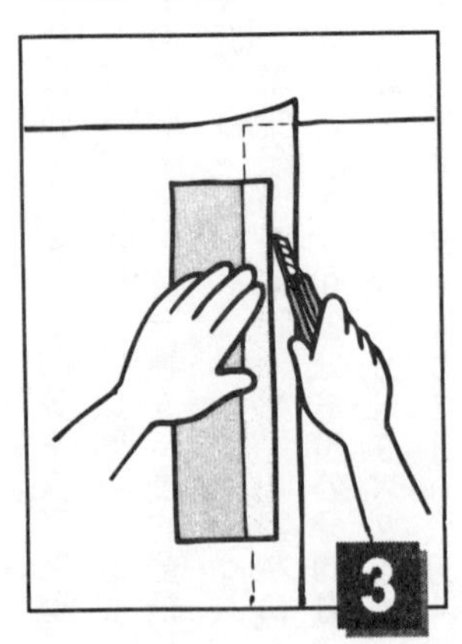

黏貼的方法

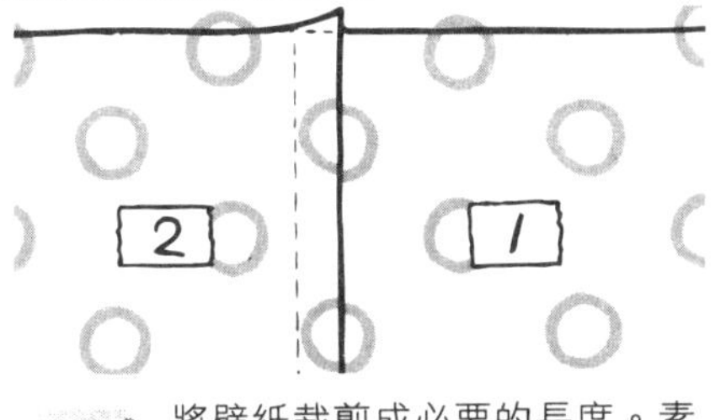

1 將壁紙裁剪成必要的長度。素面壁紙可以用機械裁剪。搭配圖案時，就必須將壁紙重疊原先剪下來的部分4公分，搭配圖案之後再剪。為了確定黏貼位置，必須將展開圖上的編號寫在掩蔽膠帶上再貼。

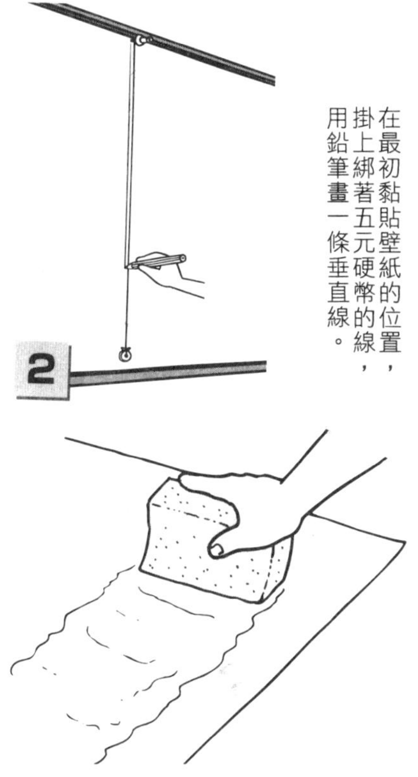

2 在最初黏貼壁紙的位置，掛上綁著五元硬幣的線，用鉛筆畫一條垂直線。

3 用海綿沾水，打濕塗抹裁剪好的壁紙內側。

4 在漿糊還原之前需等待幾分鐘（可以依照疊棉被的要領先摺疊）。

5 對準用鉛筆畫的垂直線的右端，將第1張壁紙上方壓住暫時固定，上端多留5公分。

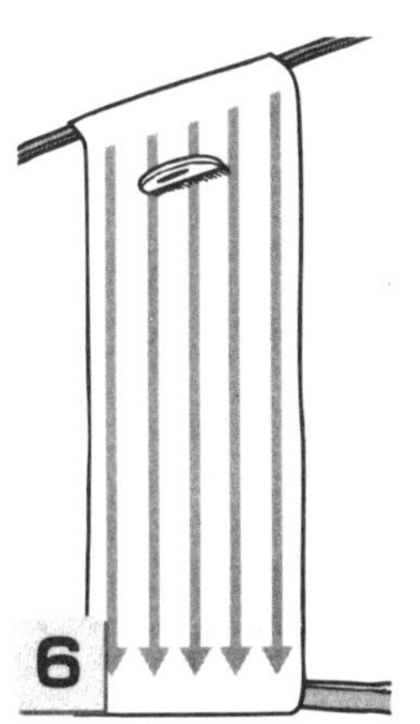

6 用壓刷仔細的將第1張壁紙由上往下刷，邊刷邊將空氣擠出來。

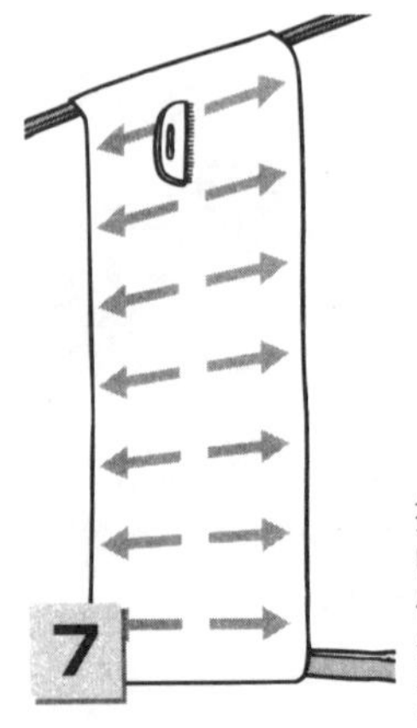

7 接下來，由上方的中心往左、右仔細的擠出空氣，慢慢的往下方移動。

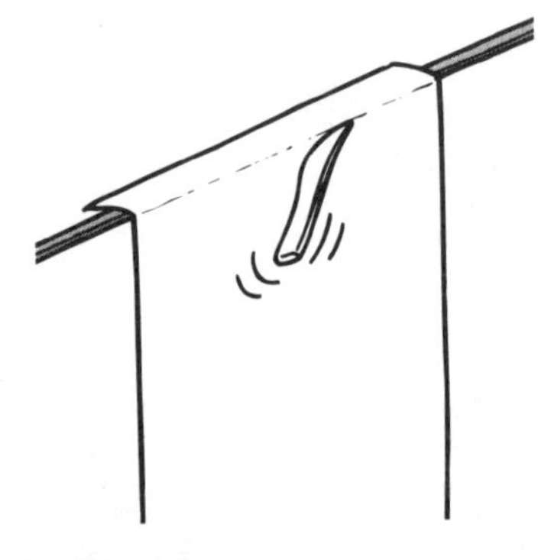

8 確認沒有扭曲後，以裁縫用竹尺固定天花板與地面部分。

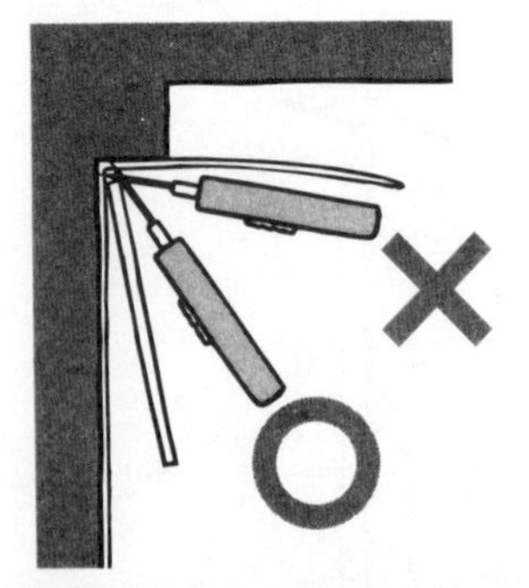

9 割掉多餘的紙。美工刀與牆壁平行，就不會裁剪掉太多的壁紙。邊緣沾上漿糊時，可以用打濕擠乾的抹布擦拭。

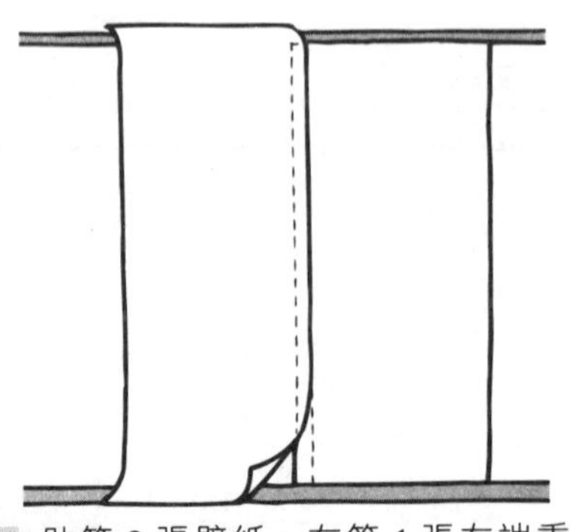

10 貼第 2 張壁紙。在第 1 張左端重疊 4 公分處開始黏貼，擠出空氣，決定上下，剪掉多餘的紙。

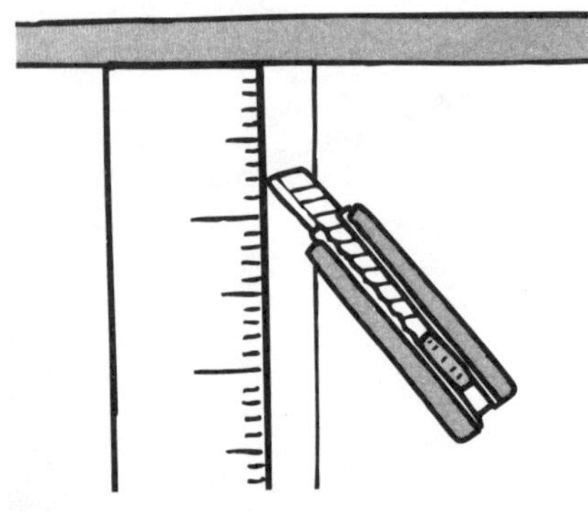

11 用裁尺抵住 2 張壁紙重疊的中心，以美工刀割開。

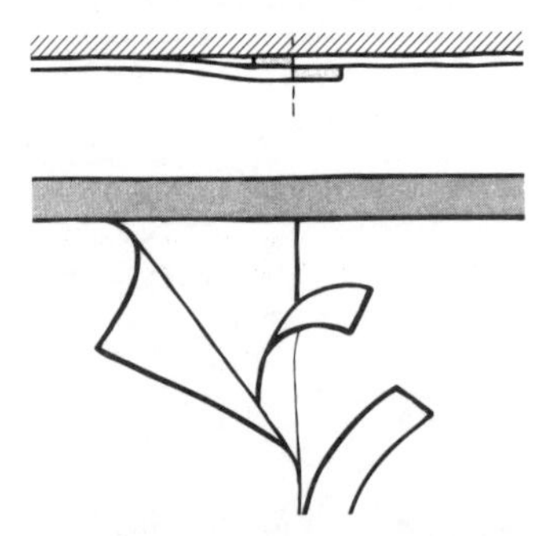

12 捲起割開的部分，將下方的第 1 張壁紙的左端與上方第 2 張壁紙的右端撕下。用打濕擠乾的抹布擦拭沾在第 1 張壁紙末端的漿糊。

插座的處理

1 貼壁紙之前先鬆開螺絲，拿下插座蓋。

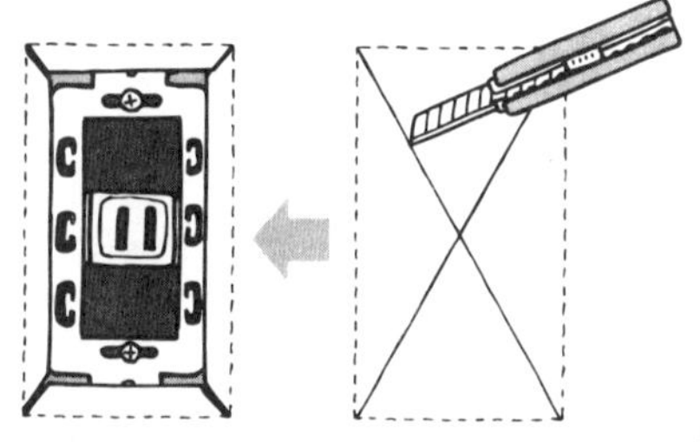

2 貼上壁紙之後，在四方形洞的對角劃兩道線，留下 1 公分，剪掉三角形的部分。

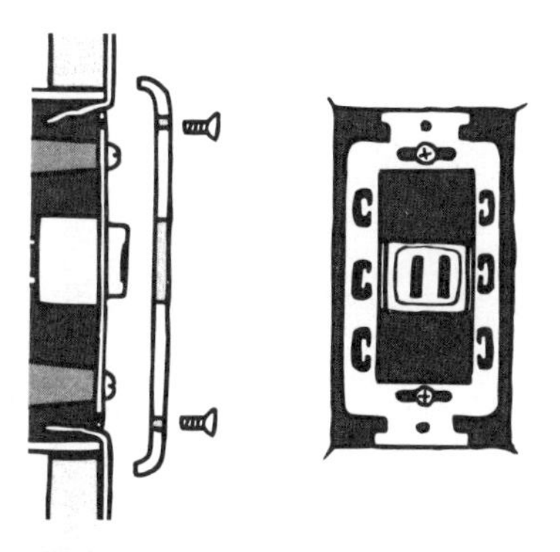

3 將多餘的部分摺入牆壁的內側，再裝上插座蓋。

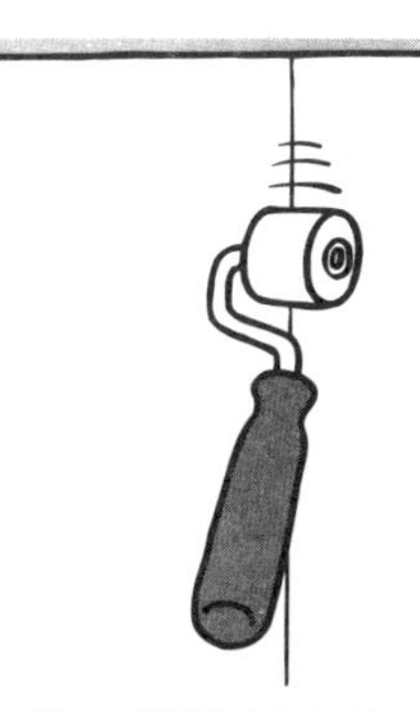

13 將 2 張壁紙末端緊緊貼合，用滾輪在上方滾過，仔細壓平。

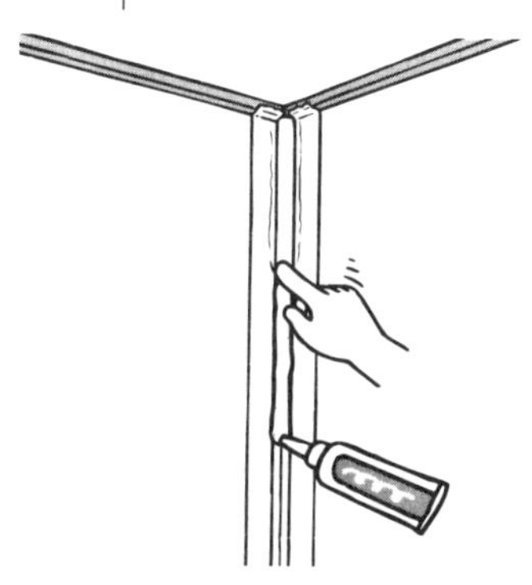

14 角落（轉角處）則和天花板的部分相同，用竹尺壓緊，將多餘的紙裁掉。轉角接縫處兩側黏上掩蔽膠帶，然後注入充填劑。

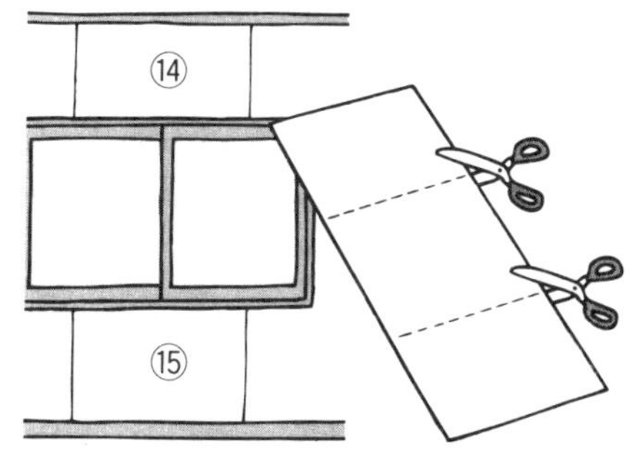

15 ⑭與⑮上下完全分開，最初裁開壁紙，將容易黏貼的上、下兩部分分開，事先剪掉多餘的部分。

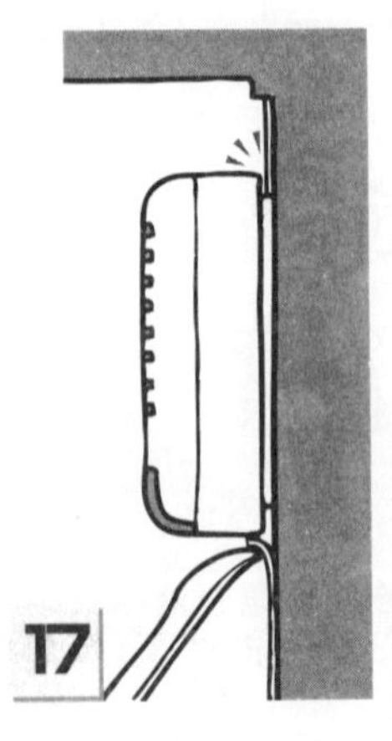

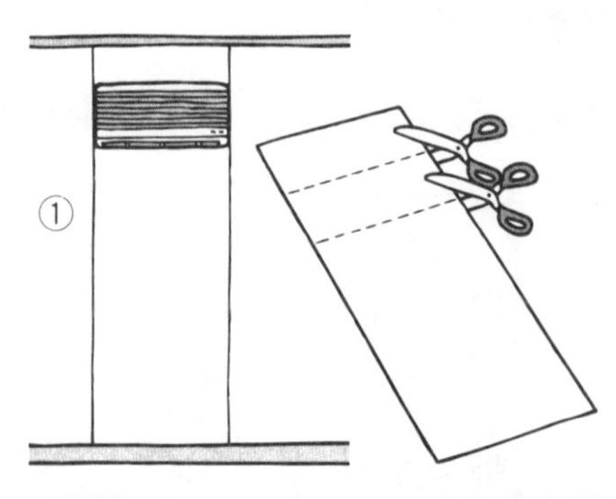

16 接著，在最初黏貼的①的右側貼壁紙。因為冷氣機的緣故，所以要分上、下、左、右來貼壁紙。

17 冷氣機外蓋無法取下時，就將壁紙塞入縫隙，再用竹尺等按壓。

複雜的部分

複雜的部分必須進行特別的作業。例如左圖。就算用不同的壁紙貼A與B，也很難使圖案完全吻合。同樣的，A與C或B與E原本的構造就比較複雜，因此，不可能使圖案吻合。

C～D～E的連接，不需要用同一張壁紙來黏貼。但是，突出部分的C到D要使用同一張壁紙黏貼。產生轉角的D到E，則可以用另外的壁紙。

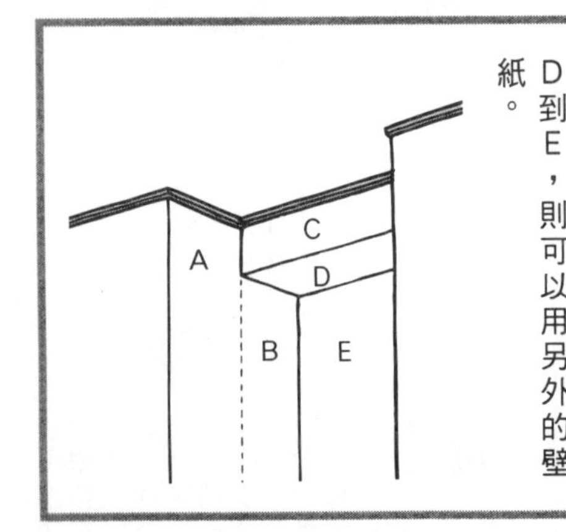

修補

壁紙上可能沾上不易去除的污垢，也可能破裂或破損。

首先，圍繞破損部分剪成四角形，再用比這個四角形更大的新壁紙蓋住，用美工刀將二張一起裁下，這樣就能夠完全蓋住新壁紙。

但是，利用這個方法，修補處的壁紙乾燥後可能會內縮而形成縫隙。因此，如果事前準備好同樣的壁紙，就可以將破損面全部重貼。

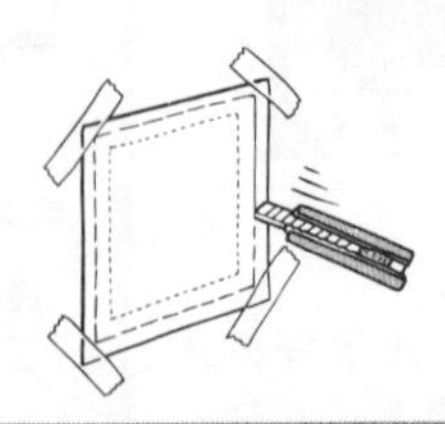

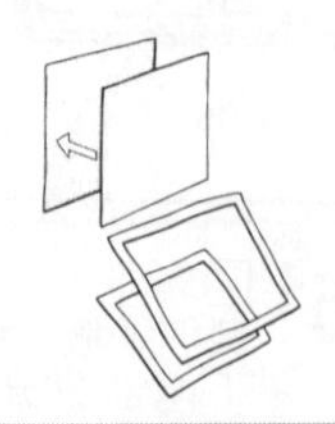

修補壁紙

發現問題時趕緊修補

壁紙一般是用漿糊黏貼上去的，老舊後，接縫處可能會翹起，角落也可能會捲起來。如果放任小的扭彎曲處不管，則瑕疵會逐漸變大，最後導致破裂。為了避免發生這種情況，一旦發現問題，就要趕緊修補。

準備用具

- 壁紙用接著劑
- 刷子
- 壁紙修補劑（充填劑）
- 掩蔽膠帶
- 刮刀
- 滾輪
- 布

角落彎起

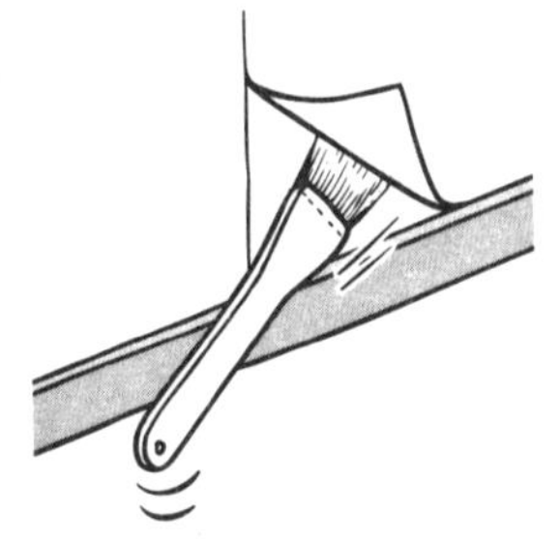

1 用刷子在彎起的壁紙內側均勻的塗抹接著劑，直到深處為止（小的扭曲可以用厚紙等塗抹）。

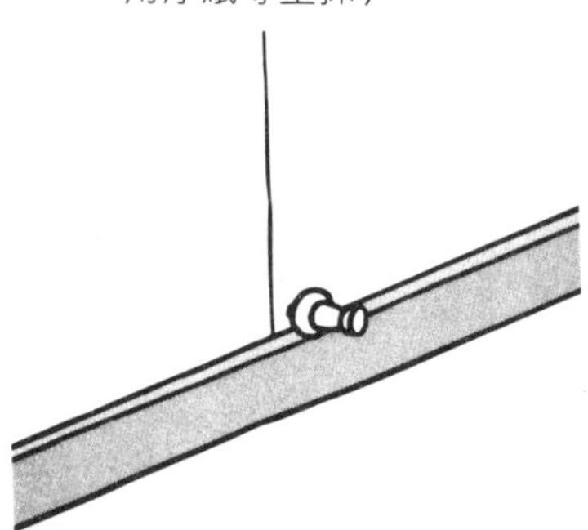

2 好像朝裂縫擠出空氣似的重新黏貼。如果壁紙還是彎起來，就必須用圖釘等固定，直到完全貼住為止。

接縫處浮起

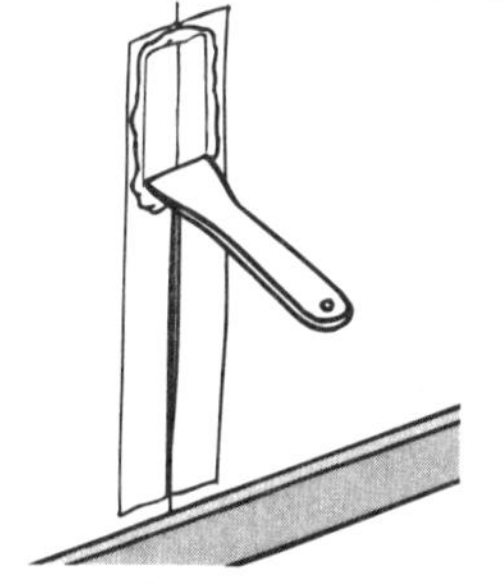

1 先在接縫處兩側貼上掩蔽膠帶，在接縫處灌入壁紙修補劑，再用刮刀刮平。

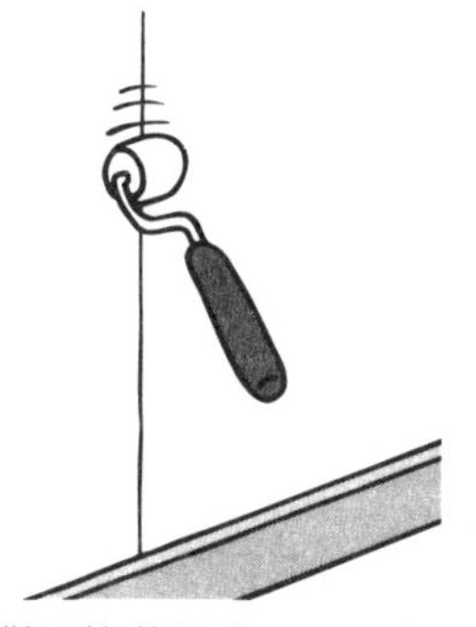

2 撕下掩蔽膠帶，用手指或滾輪按壓，使其緊密結合。

更換門鎖圓筒

沒有自信時，最好交給專業人士來處理

由於闖空門的犯罪事件陸續增加，因此，將玄關門鎖由磁盤圓筒更換為轉子圓筒的家庭增加了。

以往磁盤圓筒的鑰匙孔是直的，而轉子圓筒的鑰匙孔則是橫的，這是兩者最大不同之處。最近防範性較高的直式鑰匙孔鎖陸續上市，提供更多的選擇。

接著，介紹圓筒和把手分開的匣鎖圓筒的更換法。購買新的圓筒時，必須先確認門鎖的牌子、形式與門的厚度。依形式的不同，有時無法更換為高性能圓筒，必須先確認後再購買。

門的內側可以看到匣型盒子，但是更換方法不同，必須先向鑰匙店洽詢。有疑問時必須請專業人士處理。

現在也流行安裝輔助鎖。這項作業需要利用電鑽，因此必須由專家進行。

居住在公寓或高樓大廈，還包含鑰匙的管理問題。如果想要更換圓筒，則一定要先確認相關問題。

準備用具

- 十字形螺絲起子
- 一字形螺絲起子
- 新的圓筒

匣鎖的構造

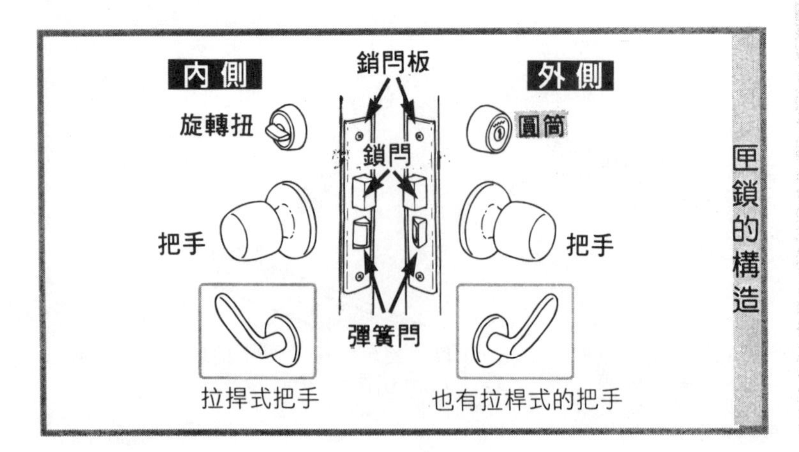

準備適合門鎖的圓筒

1 事先確認鎖門板上的廠牌名稱和型號，並且記錄下來。

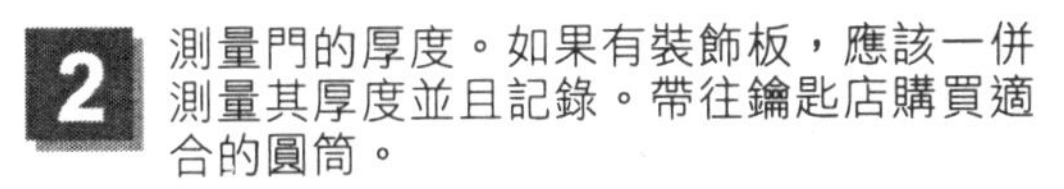

2 測量門的厚度。如果有裝飾板，應該一併測量其厚度並且記錄。帶往鑰匙店購買適合的圓筒。

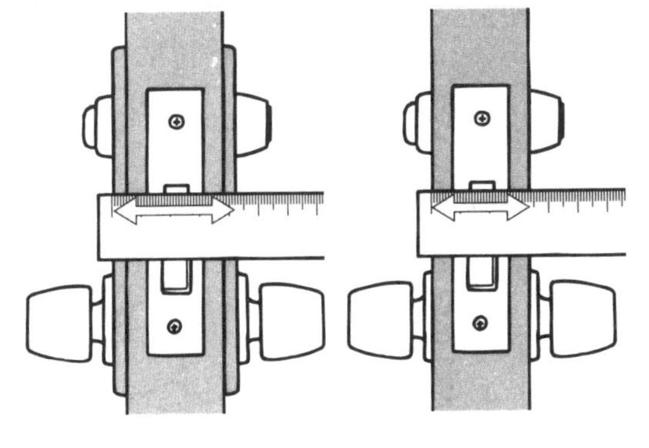

更換圓

1 卸下鎖門板之前，必須先確認門的方向。朝內和朝外開的門鎖，門的方向相反，彈簧門的方向相反，但是家的庭玄關門大都朝外開。

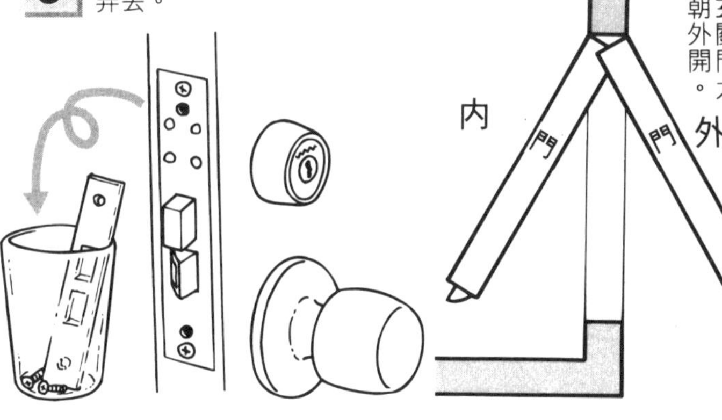

2 用一字形螺絲起子鬆開鎖門板上下的螺絲，放在一旁。選擇尺寸完全吻合的螺絲起子，才容易更換。

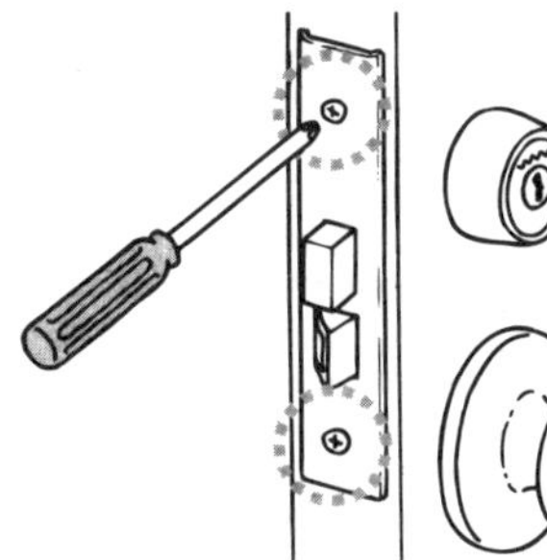

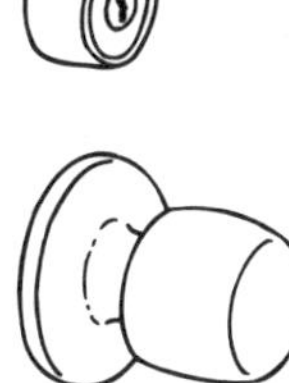

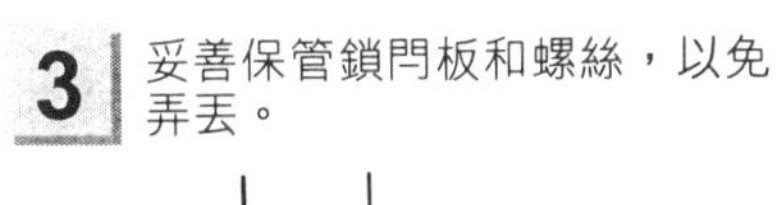

3 妥善保管鎖門板和螺絲，以免弄丟。

4 用一字形螺絲起子卸下 4 個栓子中在圓筒側的 2 個栓子。

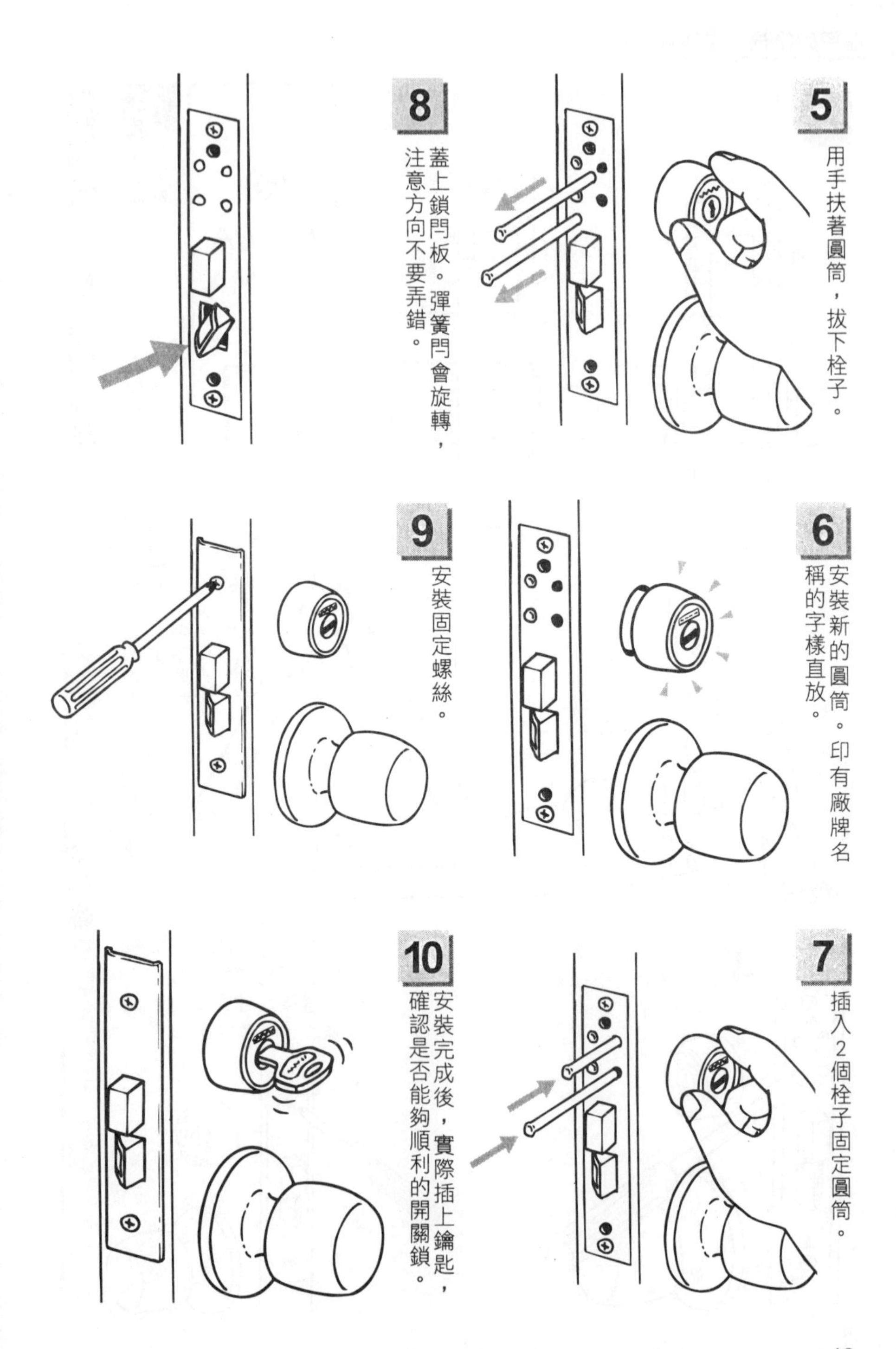
5
用手扶著圓筒，拔下栓子。
6
安裝新的圓筒。印有廠牌名稱的字樣直放。
7
插入2個栓子固定圓筒。
8
蓋上鎖門板。彈簧門會旋轉，注意方向不要弄錯。
9
安裝固定螺絲。
10
安裝完成後，實際插上鑰匙，確認是否能夠順利的開關鎖。

維修隔間門把鎖和拉桿型把手

只要利用螺絲起子就可以作業

室內的隔間門，不需要考慮防範性和堅固性的問題，因此構造大都很簡單。

像廁所或浴室所使用的，是在內側只要藉由一個鎖門按鈕就能開關的喇叭鎖，即使有些鬆動，也大都放任不管。但是不要偷懶，只要利用簡單的工具，就可以自行維修。

和喇叭鎖相比，具有較高防範性的旋轉鎖經常使用於後門。門鎖鬆動並不難修復。但是處理後門時，最好能夠同時安裝輔助鎖。

準備用具

- 一字形螺絲起子
- 十字形螺絲起子
- 錐子

修復鬆動的喇叭鎖

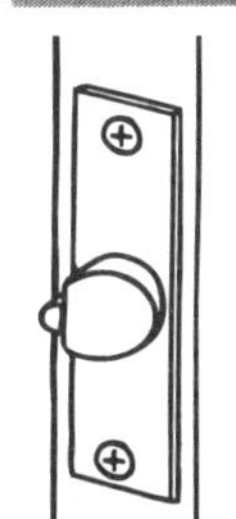

1 從單側可以用鑰匙開關的喇叭鎖，從另一側可以用一個鎖門按鈕開關，這是因為彈簧閂和鎖閂是同一個的緣故。

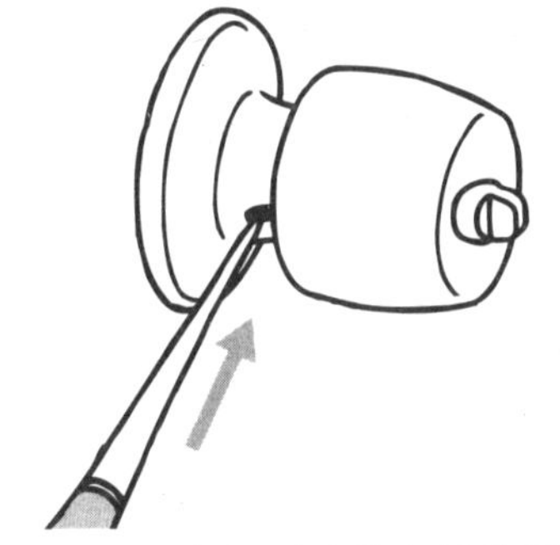

2 在安裝把手的裝嵌盤的細溝（有時是洞），插入一字形螺絲起子或錐子。

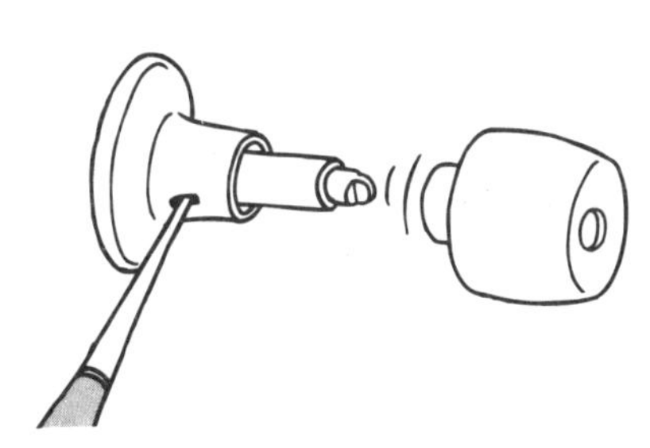

3 壓住並且拔出門把。

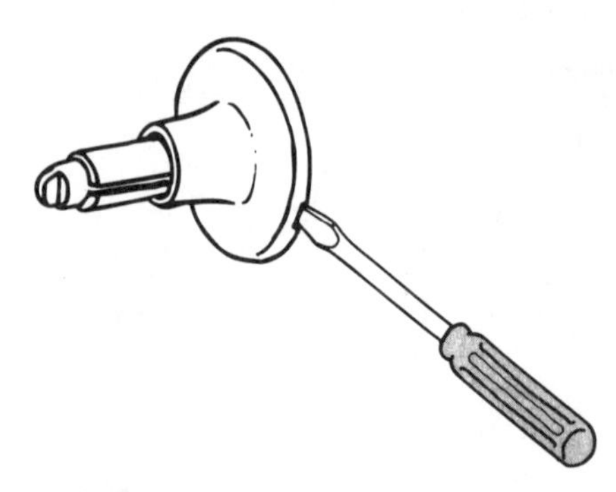

4 找出裝嵌盤的小孔，插入一字形螺絲起子並且用力撬起，就可以卸下裝嵌盤。

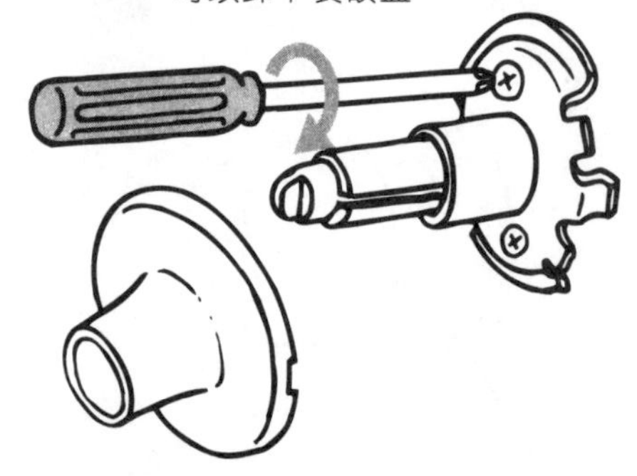

5 卸下裝嵌盤之後，可以看到固定內側的螺絲。這個螺絲鬆開就是把手鬆動的原因。只要用十字形螺絲起子往右旋轉鎖緊即可。

6 將裝嵌盤安裝回原先的位置，按壓固定，直到聽到卡一聲為止。

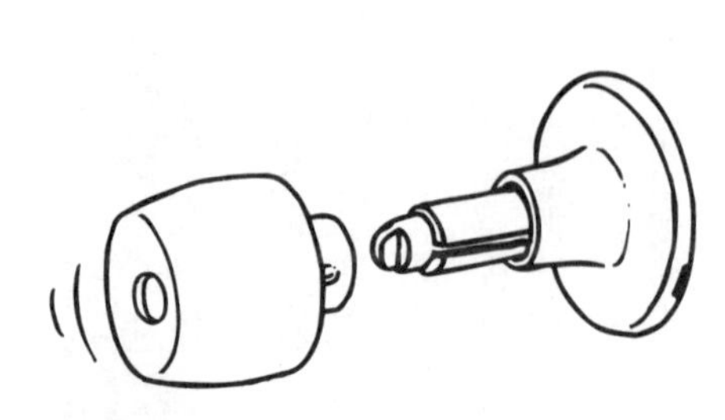

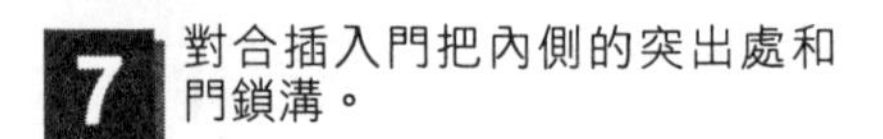

7 對合插入門把內側的突出處和門鎖溝。

8 按壓固定，直到聽到卡一聲為止。最後確認是否能夠順利的開關鎖。

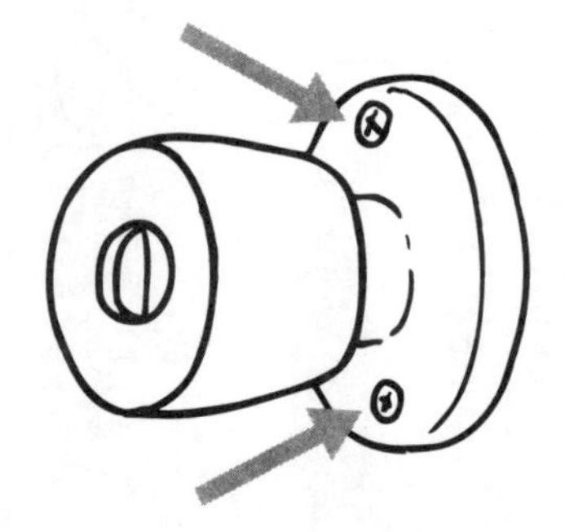

9 有些門鎖的裝嵌盤螺絲在外面，不過這只是固定蓋子的螺絲，通常和門把的鬆動無關。

修理鬆動的旋轉鎖

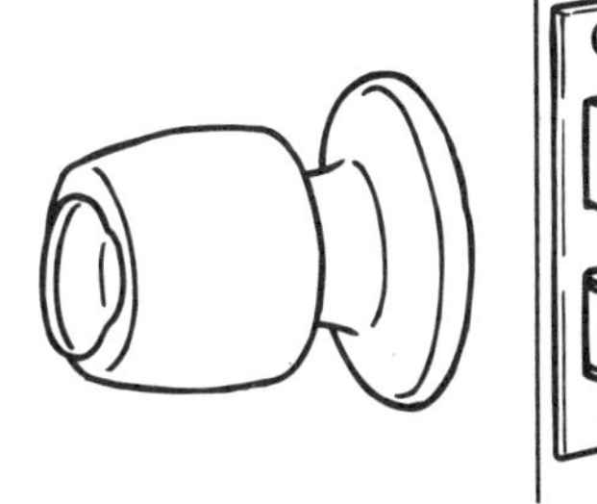

1 匣鎖比旋轉鎖更為堅固耐用，但是較薄的門很難安裝匣鎖，像後門等經常使用旋轉鎖。鎖閂和彈簧閂各自獨立。

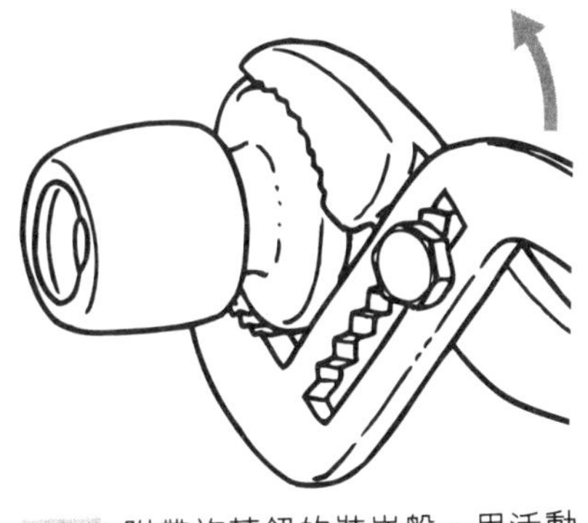

2 附帶旋轉鈕的裝嵌盤，用活動扳手往左繞，鬆開裝嵌盤。

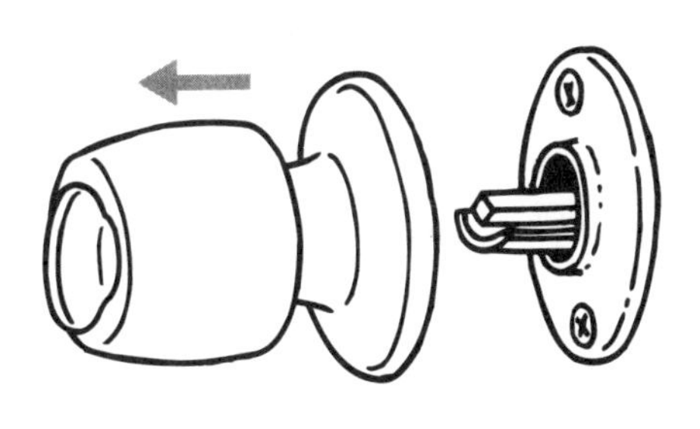

3 用手拉出鬆開的門把。

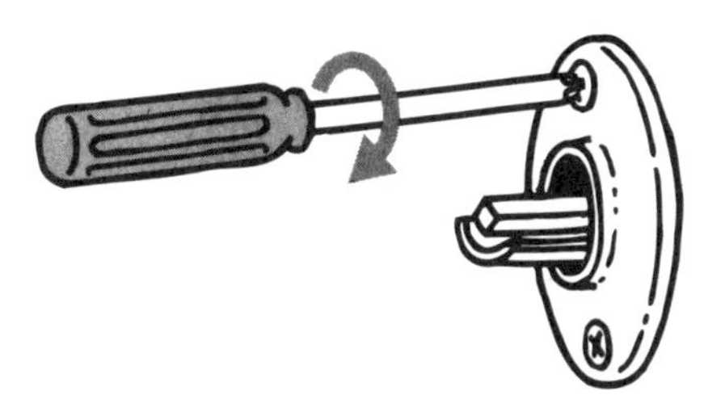

4 用十字形螺絲起子鎖緊固定內板的螺絲。

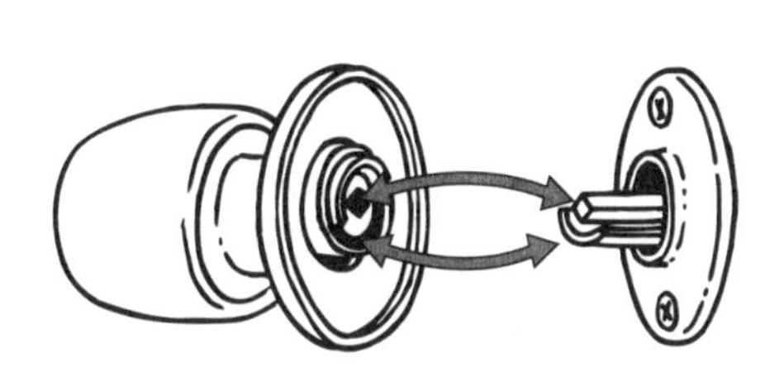

5 對合方形芯和半月芯，插入門把。

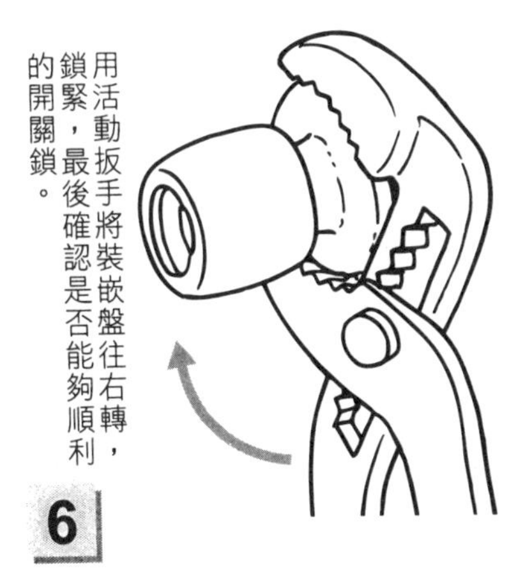

6 用活動扳手將裝嵌盤往右轉，鎖緊，最後確認是否能夠順利的開關鎖。

修理鬆動的拉捍式門把手

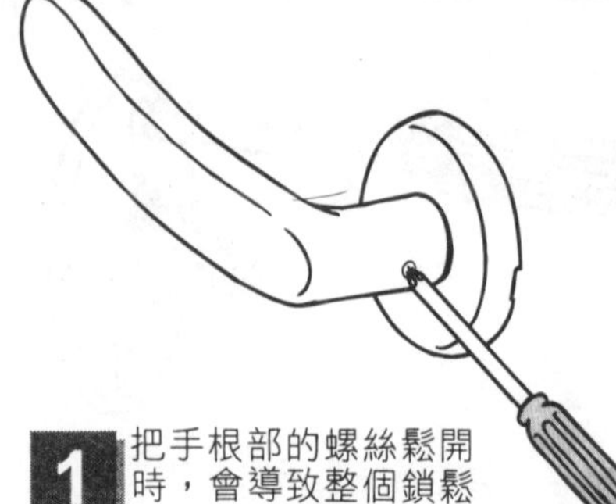

1 把手根部的螺絲鬆開時，會導致整個鎖鬆動，只要用十字形螺絲起子輕輕的往右轉即可。如果還是無法改善時，則往左轉鬆開螺絲並且取下。

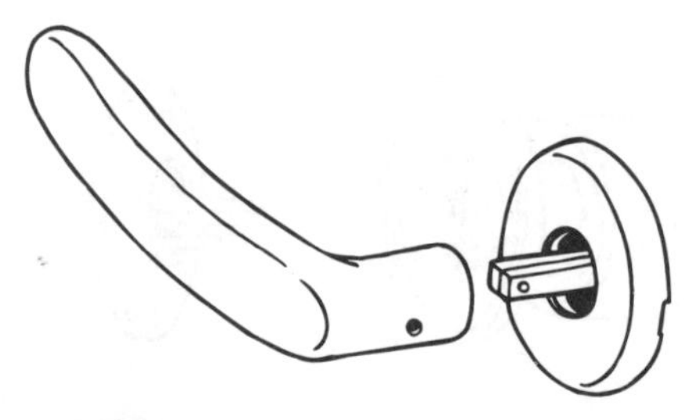

2 抽出把手。

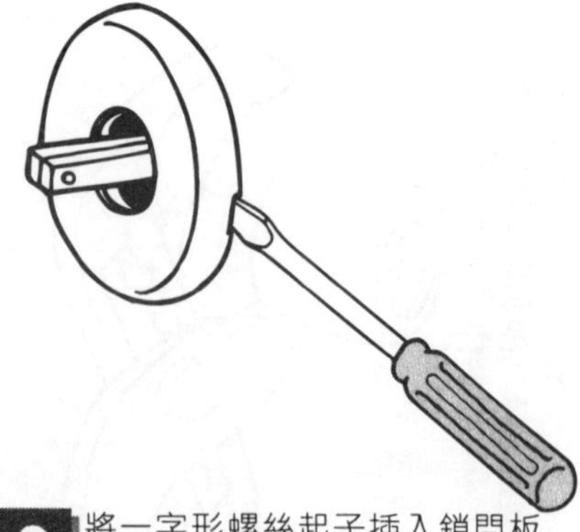

3 將一字形螺絲起子插入鎖門板（分為圓形與方形），撬開鎖門板。

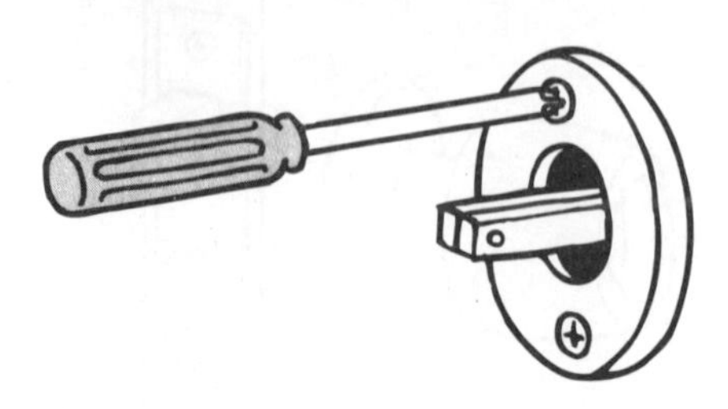

4 卸下鎖門板，用十字形螺絲起子鎖緊固定裡面的螺絲。有些是使用六角扳鉗鎖緊螺絲。

5 將鎖門板安裝回原先的位置，按壓到聽到卡的聲音為止。

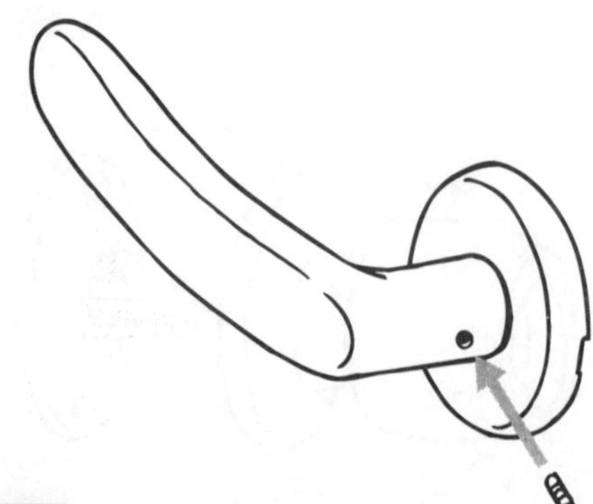

6 重新裝上門把，安裝螺絲固定。

利用輔助鎖提高防範性

後門與窗戶都要使用兩道鎖

除了將門鎖更換為具有更佳防盜效果的圓筒鎖之外，如果能再安裝輔助鎖，就更能提高防範性。

不過，公寓或高樓大廈無法立刻安裝，鋁門或是木製較薄的後門，也無法安裝堅固的輔助鎖。這時，只好活用自己能夠簡單安裝的輔助鎖。

市售的輔助鎖種類不一，有些是用螺絲固定，有些則只是夾住門框而已。無論哪一種形式，則因為內開或外開、門框的尺寸不同等，因此，並不是每一種類型都吻合。在購買之前，一定要先確認自家門的樣式。

根據統計，闖空門犯案的時間，平均為五分鐘。如果安裝輔助鎖，就可以延長小偷闖入住宅的時間。但是，具有防盜效果佳的圓筒鎖或輔助鎖，經過一段時間之後還是會被小偷打開。

門用輔助鎖
■利用螺絲安裝型

1 安裝在門框上的輔助鎖。

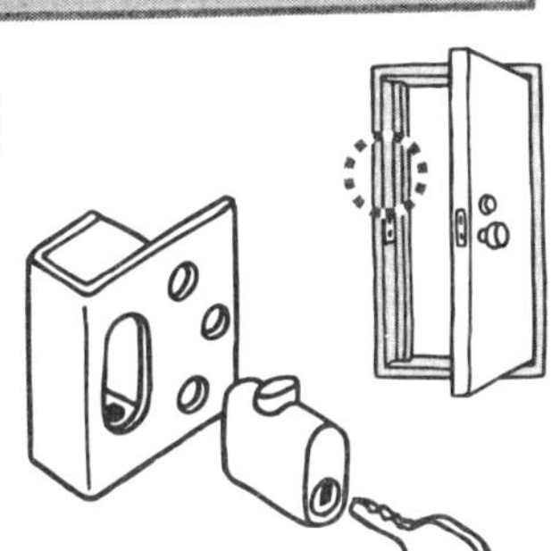

2 本體的安裝只是用螺絲將鎖固定在門框上而已。

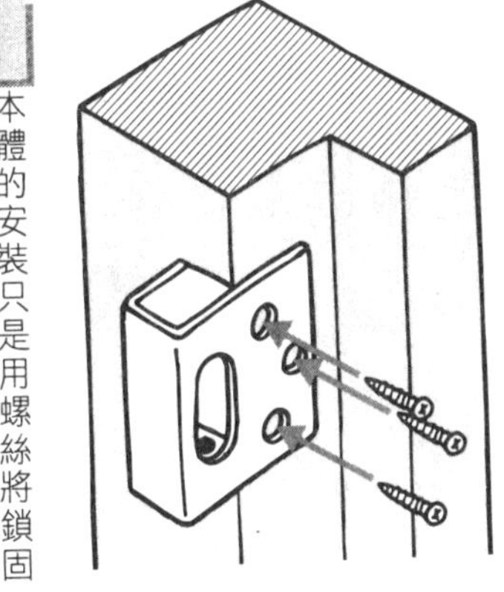

3 關上門。

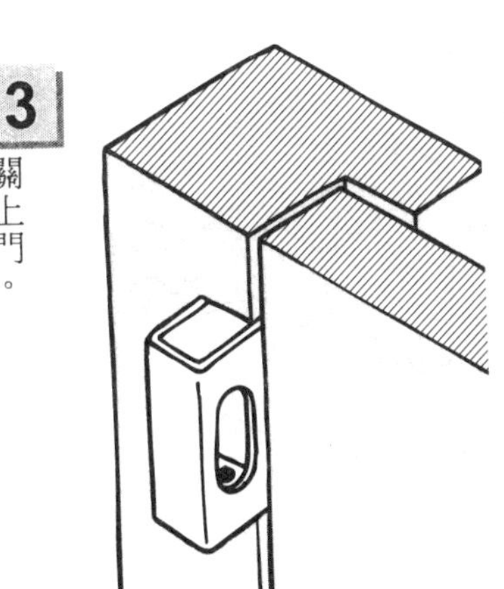

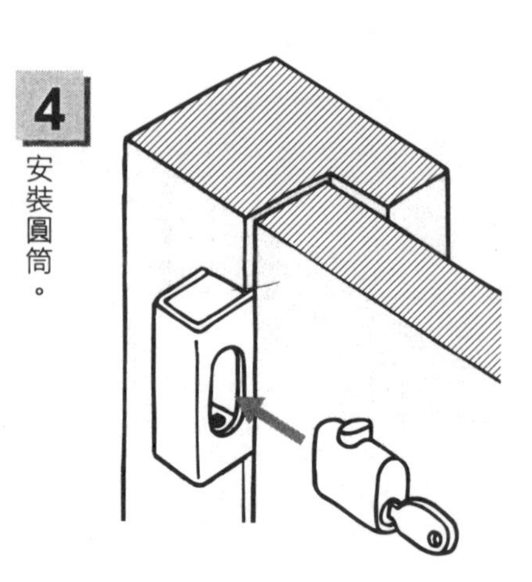

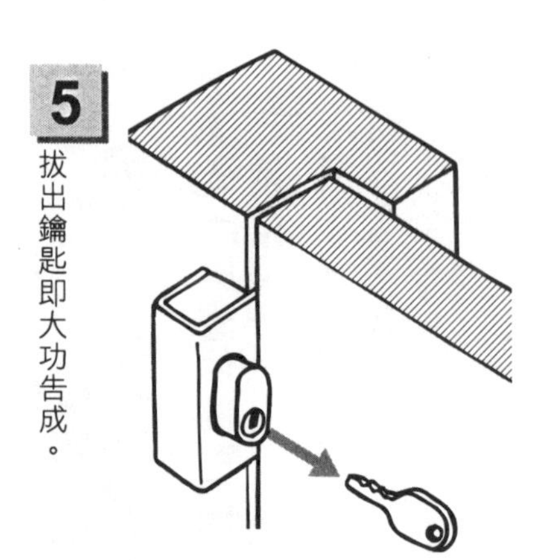

門用輔助鎖 ■夾住門框型

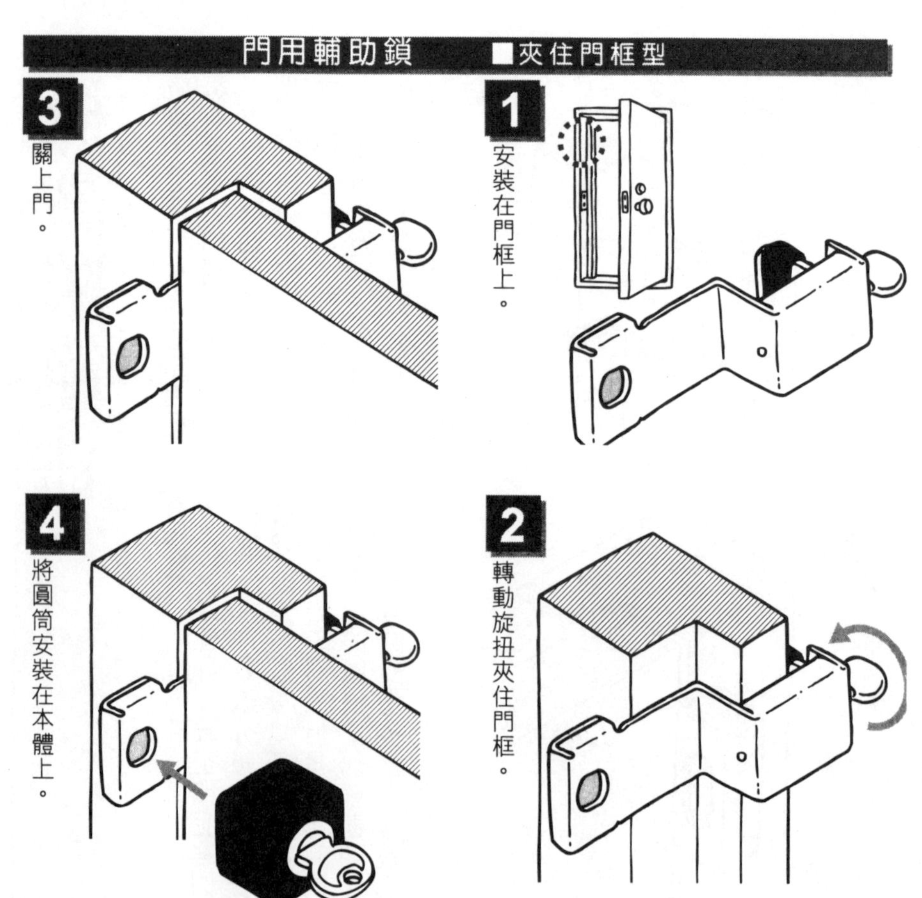

! 重點

增加鎖，的確可以提高防範性，但是如果想要更進一步的防範竊賊，可以安裝能夠感應震動而發出警報的警報裝置，或是會感應人而亮燈的設備等，採取多重對策。

5 轉動並抽出鑰匙，施工完成。

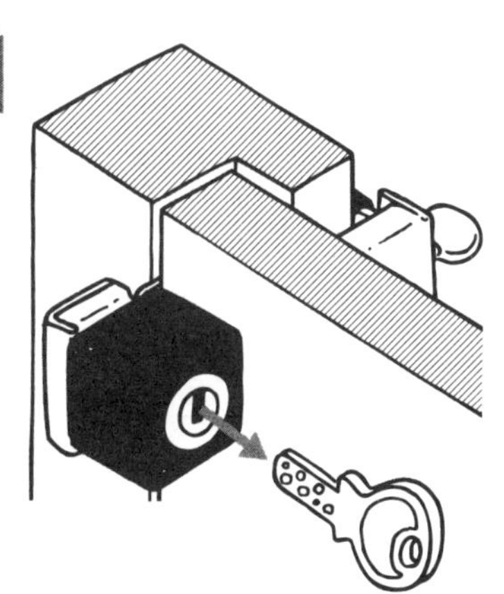

窗戶用輔助鎖

■用雙面膠安裝型

1 首先擦除掉想要安裝場所的污垢，用雙面膠黏貼固定。

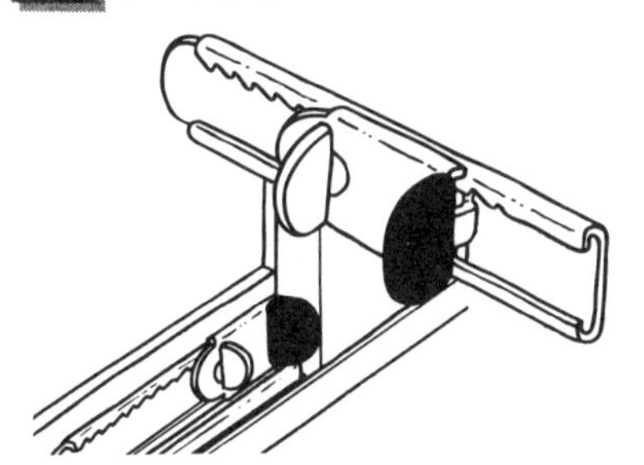

2 打開窗戶時，要先拿掉擋塊。此外，必須事先考慮內窗與外窗的縫隙大小，確認是否為能夠安裝的窗框等問題。

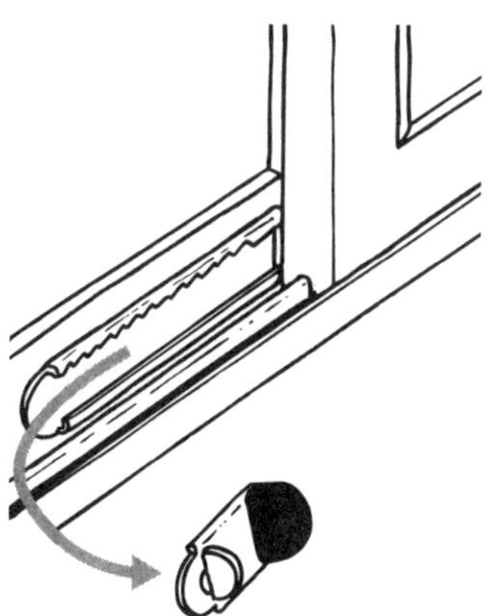

■不需要加工安裝型

1 固定在窗溝與外窗之間，上下安裝 2 個。

2 轉動旋鈕固定即可。此外，必須先確認可以安裝在自家的窗框上再購買。

油漆粉刷保養的基本知識

使用外行人容易處理的水性塗料

塗料分為水性與油性兩大類。油性塗料耐水、耐衝擊，因此，專業人士大都使用油性塗料。但是，具有刺激臭，必須使用專用的稀釋液稀釋後再使用。

相反的，水性塗料的刺激臭較少，可以加水稀釋。以往水性塗料的使用範圍有限，不過目前已經開發出各種商品，連浴室或外牆等幾乎都可以使用。

一種水性塗料並不適用於所有的場所。有時必須配合使用狀況，選擇具有防鏽或防霉效果的塗料。

粉刷的場所與適用的塗料〈室內〉

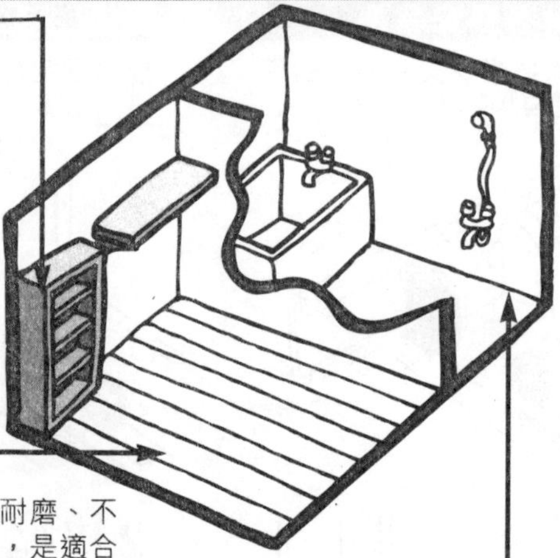

木工品

水性亮光漆：能使木紋看起來更鮮明的透明塗料。沒有刺激臭。塗抹比較細緻的場所時，即使湊近臉塗抹也無妨。

水性著色劑：為了使木紋看起來更鮮明，可以利用著色的方式，塗抹各種顏色的塗料。

地板

水性地板用亮光漆：不耐磨、不耐刮，但不具有刺激臭，是適合室內粉刷的塗料。本書使用的是重視安全性與作業性的塗料。

油性地板用亮光漆：耐磨、耐刮，但具有刺激臭。不注意通風，則可能會中毒。

著色修補劑：塗抹在地板的刮痕上，用來修補刮痕。也可以在修補劑上重新畫清木紋，適合作為細緻部分著色用。可以利用市售一套 10 色的筆型著色修補劑。

浴室

水性浴室用塗料：加入防霉劑的塗料。以淡色系為主。

水性防水塗料：打底用塗料。能夠提高底部的防水性，使塗料容易附著。同時也可以防止殘留在底部的污垢浮現出來。

塗料的使用量

塗料的種類繁多，從0•7公升裝的小罐到14公升裝的大罐都有。購買前，必須先計算使用必要量。

使用量有「一次塗抹3.3㎡／2張榻榻米份」等標示，可以此為標準來計算。但是，在作業途中，塗料不足會令人困擾，如果只準備剛好的量，則最後可能稍嫌不足。因此，如果計算出需要3公升時，則可以購買3公升裝與0•7公升裝各一罐，多買一些備用。

像灰泥等有凹凸的部分容易吸收塗料，如果能夠使用明白標示「凹凸部分用」的產品，就能控制材料量。

此外，必須事先準備一些「鐵部分、木質部分、灰泥」等多用途塗料。最好詢問店家之後再購買。

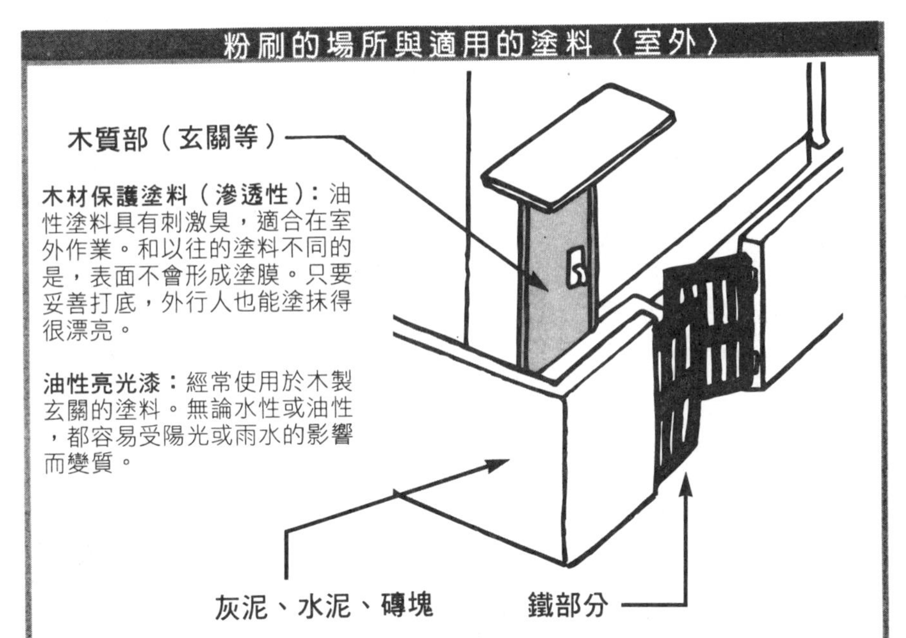

水性外牆用塗料：具有容易滲透到凹凸處的性質。較廣大的面可以使用滾筒刷，外行人也容易施工。鹼性洋灰適合使用水性塗料。

水性防水塗料：打底用塗料。可以滲透到底部，提高防水性，使塗料容易附著。有助於鞏固脆弱的底部，同時防止污垢浮現。

水性鐵部分用塗料：含有防鏽劑。油性鐵部分用塗料比較差，但適用於門扉或柵欄等處，具有耐撞擊性。

水性防鏽塗料：先刮除鐵鏽再重新塗抹，就可以控制繼續生鏽，且較易吸收塗料。完全乾燥之後，再塗其他的塗料。

粉刷所需道具與事前準備

使用適合粉刷場所的道具

為了使粉刷效果良好，首先必須選擇適合的道具。妥善進行事前準備，仔細的作業。接下來，就介紹道具的種類、不同的使用法以及事前的準備。

粉刷用道具

■抹子刷

和滾筒刷同樣的，能夠沾大量的塗料，而且不容易滴落。屬於外行人也容易操作的工具。小型抹子刷可以代替交叉用刷，用來塗抹細微的部分。

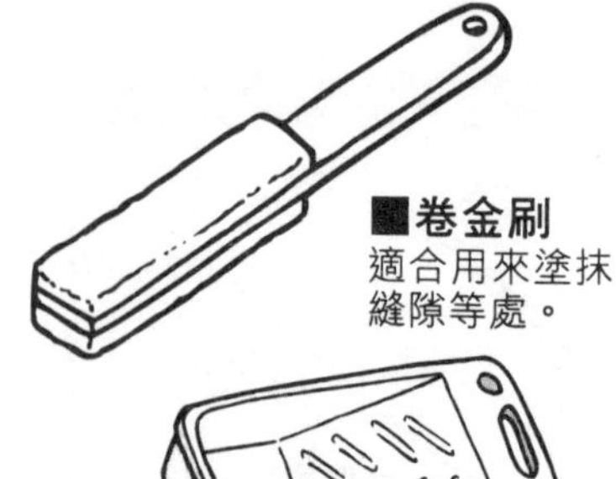

■卷金刷

適合用來塗抹縫隙等處。

■交叉用刷

刷毛與柄呈斜向的油漆刷。油性塗料用為黑色毛、水性塗料用為白色毛，容易分辨。此外，還有亮光漆用的油漆刷。ＤＩＹ時，在塗抹轉角處之際，一定要使用這種道具。較常使用的是寬度較窄（約 30 毫米）的刷子。

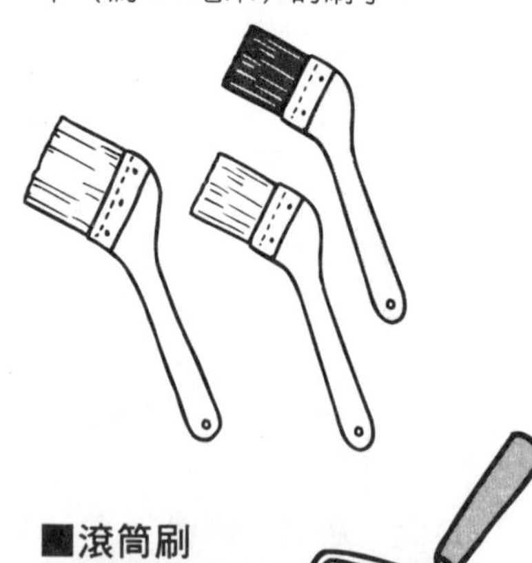

■托盤

使用滾筒刷或抹子刷時一定要準備的道具。如果使用交叉用刷，則加水在稀釋塗料時也要使用托盤。要將整罐塗料用完時則另當別論。

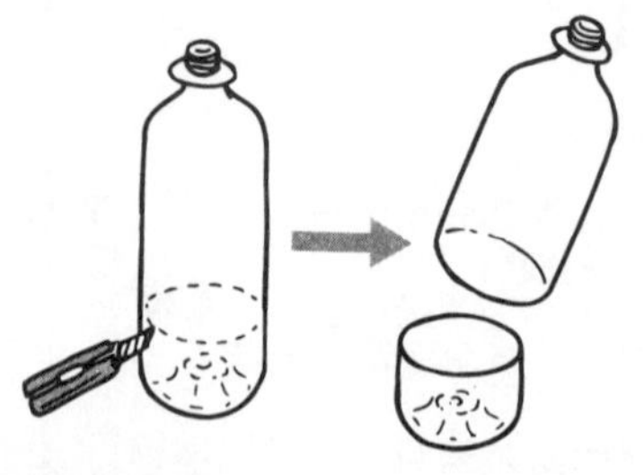

■小容器

塗抹的面積較小時，則用裁開的寶特瓶等拋棄式的容器較方便。

■滾筒刷

在滾動的滾筒表面安裝海綿狀吸收面的油漆刷。能夠沾大量的塗料，同時塗料不容易滴落，適合塗抹較廣大的面積。即使外行人使用，塗抹起來也很好看。使用前，必須先讓塗料完全吸收到海綿上。種類繁多，有萬能型與灰泥用型等。

其他的道具

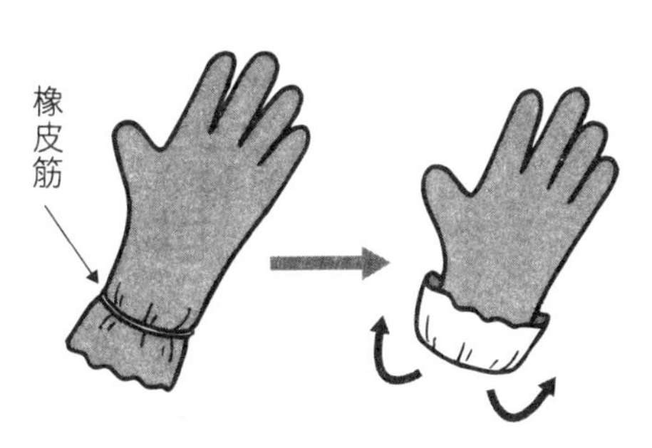

■手套等

有些塗料沾到皮膚會形成刺激或造成皮膚乾燥，因此必須戴上橡皮或尼龍手套。用橡皮筋等固定在手腕處，將手套反摺，就可以防止塗料沾到手。塗抹比臉更高的部位時，必須利用防風鏡保護眼睛，並且用毛巾包裹臉與頭部，做好萬全的準備。

■掩蔽膠帶與報紙、塑膠布

不需要上漆的部分卻沾上塗料，相當令人困擾，這時就要事先使用掩蔽膠帶覆蓋。範圍較大時，必須利用報紙或塑膠布，一端先用掩蔽膠帶貼好再使用。下方可能會滴到塗料的部位，應該先鋪上報紙。

使用交叉用刷的事前準備

交叉用刷含有許多毛，容易掉毛。必須事先去除掉落的毛或即將掉落的毛，以免粉刷面沾黏刷毛。

1

雙手握住刷柄，不斷的旋轉，讓鬆動的毛掉落。

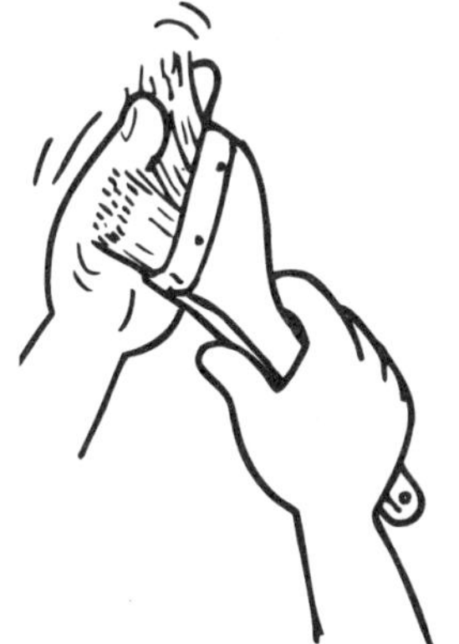

2

用手撫摸刷毛，讓快要掉落的毛掉落。

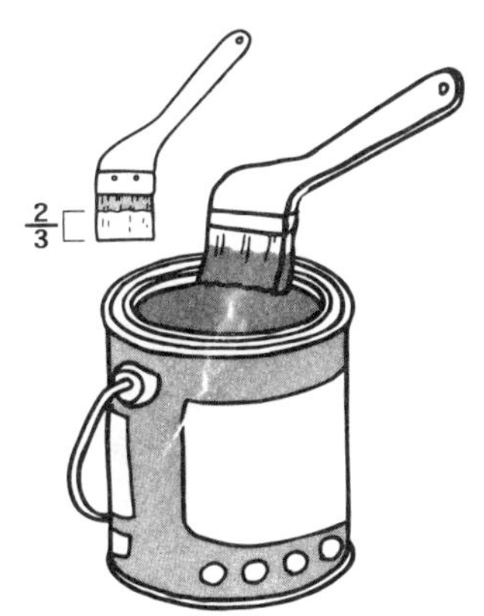

3

事前用刷毛沾塗料。沾塗料的刷毛為整體的 2 分之 1 到 3 分之 2 。

打底處理

塗抹牆壁或天花板時，必須事先用洗劑去除污垢，利用修補劑填平龜裂或陷凹部分。如果還殘留舊漆，則必須用刮刀刮除，然後再用砂紙磨平。等到底部完全乾燥之後，再塗抹防水漆。

鐵的部分，必須先去除污泥以及剝落的塗料，同時利用砂紙等磨擦去除鐵鏽。全部用砂紙磨過之後，再用乾布或打濕擰乾的抹布擦掉粉屑，去除鐵鏽後，再塗抹防鏽塗料。還留有塗料的部分可以不必塗抹。

如果木製品為整板（非拼板及細木工板）或膠合木（拼接材）時，則先用砂紙磨擦表面，使其平滑。如果使用表面粗糙的木材，則需要用刨子刨過或使用充填劑。

遮蓋

浴室的抽風機、水龍頭或門窗等，必須先用貼上掩蔽膠帶的塑膠布覆蓋。等到塗料乾燥後，再撕掉掩蔽膠帶，但要小心，不要連塗料一起撕下來。

沾上塗料的油漆刷的管理

沾上塗料的油漆刷不繼續使用時，則必須浸泡在水或專用的稀釋液中，避免塗料凝固。

塗料的事前準備

塗料中含有使塗料凝固的樹脂、著色料、快乾添加劑等各種成分，因此罐子內上下的濃度不同，使用前必須充分搖晃或攪拌均勻。

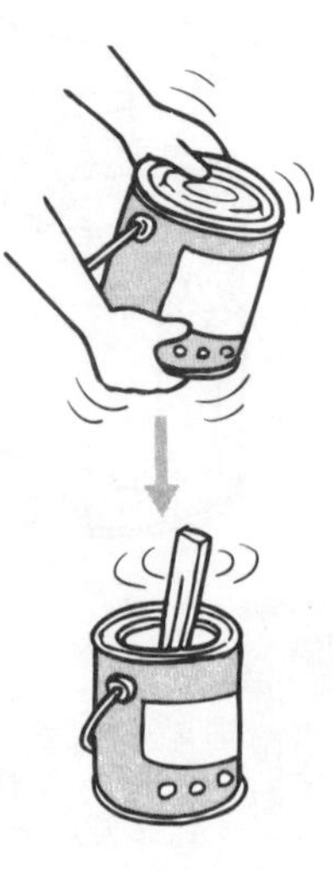

1

充分搖晃加蓋的油漆罐。接下來打開蓋子，用免洗筷等從底部往上攪拌，使整體的濃度均勻。不要用油漆刷攪拌，以免濃度參差不齊的塗料沾在刷子上，導致刷出來的顏色不一致。

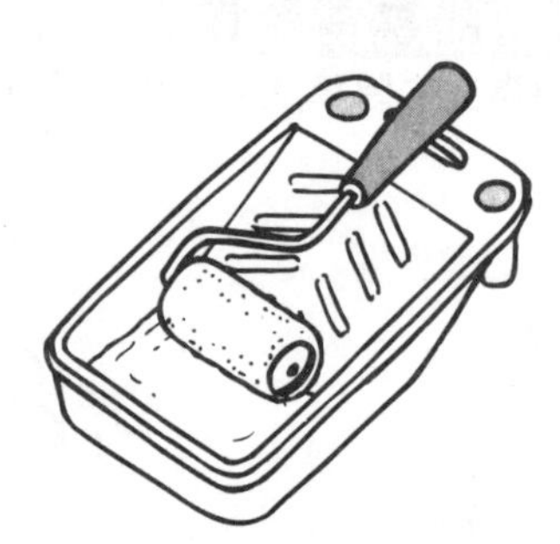

2

加水稀釋塗料，或是要讓滾筒刷或抹子刷吸收塗料時，則要先將塗料倒入托盤中，然後再使用。

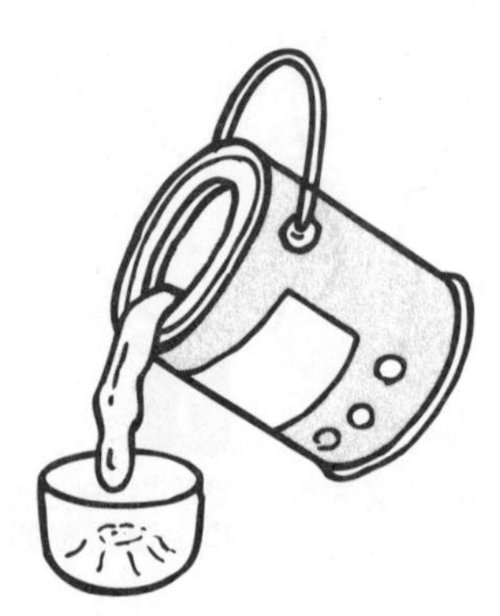

3

使用量較少時，則最好將油漆倒入拋棄式的容器中（裁開的寶特瓶等）來使用。

接著劑的使用

仔細確認說明書之後再使用

能夠輕易黏接材料的接著劑，在DIY、做塑膠模型、手工藝品，以及工地現場等廣泛被使用。接著劑與釘子等不同，不會損傷材料，同時具有不會殘留縫隙的特性，因此備受重視。

不同的接著劑適合黏貼不同的材料。依木頭或橡膠、塑膠等素材特性的不同，使用的接著劑也不同。

如果接著面骯髒，或是材料與材料無法緊密接合等，都造成黏貼效果不佳。此外，潮濕面的接著效果也不好。

使用接著劑之前，一定要先仔細閱讀說明書，了解用途與使用方法之後，才能有效的使用。

接著劑的種類與用途

・木工用接著劑（醋酸乳膠類接著劑）

■用途

木材或紙、布、皮革等

■特徵

白色液體，乾燥時變透明。不適合用在沾上水的地方。硬化後具有足夠的強度，使用鋸子或刨子等也無法損傷。

接著紙或布時，需加水稀釋後再使用。

■使用方法

薄薄的塗抹在材料的一面，再和另一個材料黏貼在一起。

塗抹後黏性立刻變弱，通常要用繩子綁住或是壓上重物固定。

普通型大約六小時後硬化，經過十二小時之後強度最高。此外，還有加速硬化時間的「快乾」型。

・環氧樹脂類接著劑

■用途

陶瓷器或金屬、玻璃等堅硬的素材（也有適合接著木材的製品）。

■特徵

混合兩種液體使其產生化學反應而硬化。接著強度非常高。

一旦硬化之後，失去彈性，因此不適合用來接著會變形的東西。硬化之後，體積不會減少，可以利用這個特徵，製作成能夠填補空隙的填充接著劑。

基本上耐水性高。增強耐水性的製品也上市了。

「琺琅修補劑」也是環氧樹脂類充填接著劑的一種。

■使用方法

從主劑的軟管和硬化劑的軟管中擠出等量的液體混合，利用附屬配件塗抹在材料單面。依硬化時間的不同，分為五分鐘與三十分鐘型等。

到硬化為止的時間較短型，需要迅速作業，可以用來接著比較小的東西或單純的接著。但塗抹後接著力立刻變弱，因此雖說要花五分鐘的時間才會硬化，但硬化的時間為五分鐘恐怕得花費十五分鐘的時間才會完全硬化，最好用繩子或臨時釘子固定。

避免弄錯主劑和硬化劑軟管的蓋子，以免凝固變硬。

●氯化乙烯類接著劑、硬質氯化乙烯用

■用途

硬塑膠（大都為雨水導水管或與自來水有關的連接部分等）

■特徵

硬質塑膠類使用的接著劑。

塗抹接著劑，使塑膠暫時溶解，待接著劑乾燥時一起硬化，因此具有很好的耐水性。也可以使用於軟塑膠上。

■使用方法

修補雨水導水管等，舊的和新的塑膠接著時，必須先去除舊塑膠接著面的污垢，接著以砂紙磨過，最後再塗抹接著劑。

通常在材料的一面塗抹厚厚的一層，然後互相接著。

●氯化乙烯類接著劑、軟質氯化乙烯用

■用途

軟塑膠

■特徵

除了塑膠類互相接著之外，也可以用來接著塑膠與紙、木頭或金屬等。

硬化之後還具有柔軟性，而且是透明的，所以適合用來接著游泳圈或乙烯面人造皮等。也可以用來修補軟地墊的接縫。

■使用方法

塗抹在兩個接著面的兩面，利用滾輪等壓出空氣。接著力立刻變強。因此，塗抹接著劑之後，必須立刻黏貼在一起。

●合成橡膠系列接著劑

■用途

橡膠或皮革、布、紙等

■特徵

用來接著各種材料的製品。

黃色型在接著之後，接著力立刻變強，硬化之後不會失去柔軟性。接著強度與持久性良好，適合用來修理爆胎。

透明型與黃色型相比，接著強度較差。

■使用方法

薄薄的塗抹在兩個接著面，等到用手指觸摸也不會發黏時，就可以貼合在一起。

用滾輪壓出空氣，或用鐵鎚敲打壓緊。一旦黏在一起就無法撕下，必須事先確認位置。

了解充填劑與洋灰

用途類似，但是使用方法不同

硅充填劑、防水充填劑與補土劑都稱為充填劑。

硅充填劑與防水充填劑嚴格說起來是不同的東西，但是都能用來填補縫隙或龜裂等，阻止水或空氣通過。

補土劑則是用來填補洞穴或缺損部分，以形成先前的形狀。分為木工用、金屬用與混凝土用等。

混凝土和灰泥的原料洋灰與充填劑的使用方法類似。但是，大部分的充填劑都要等到底部乾燥之後才可以使用，而洋灰則必須在底部潮濕時才能牢牢的附著於底部。

硅充填劑、防水充填劑

■硅類

具很好的持久性，無論在低溫或高溫下，都不會失去彈性。而且不易龜裂，屬於最常使用的一種。耐水性極高，可以用來進行水槽等的防水。不過，一般的硅類產品在濕度較高的浴室中容易發霉，因此，應該準備含防霉劑的「浴室用」充填劑。硅類的缺點在於表面無法粉刷油漆。產品有好幾種顏色，可以選擇與修補處接近的顏色來使用。

■變質硅類

具有硅類的特徵，上方可以塗抹水性塗料的充填劑。與硅類相比，耐水性較低，不能做為防水用充填劑，不過，可以用來修補浴室牆壁的裂縫。

■丙烯類

主要是用來修補室內的充填劑。很容易和水性塗料結合。即使充填部分有點濕也可以使用。在抹平灰泥或三夾板的裂縫和有高低差的地方後，可以立刻刷油漆。也可以搭配接著劑，用來調整壁紙的底部。

■環氧樹脂類

與環氧樹脂類接著劑相同，需要混合主劑與硬化劑使用。和接著劑不同的是，硬化後還有一些彈性。

此外，也有將黏土狀的主劑和硬化劑混合使用的補土型。

■聚氨酯類

主要用來修補灰泥外牆與混凝土。硬化後還有彈性，最適合用來修補外牆的接縫。其上方可以粉刷油漆。

充填劑的使用方法

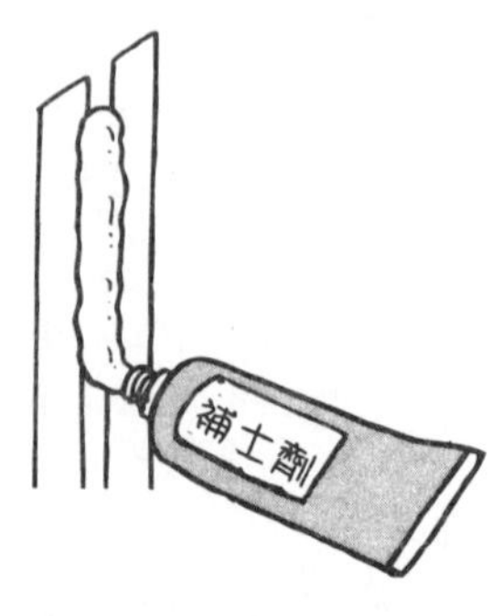

1 留下要充填的縫隙，貼上掩蔽膠帶。注入充填劑，等到表面平滑之後，撕下掩蔽膠帶。

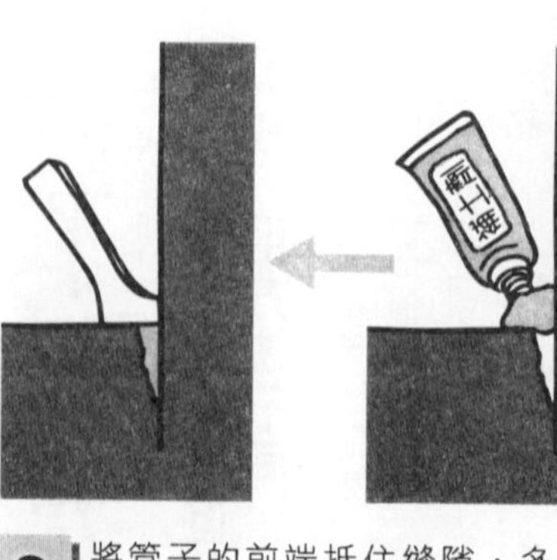

2 將管子的前端抵住縫隙，多充填一些。用木片等由上方抹平，讓充填劑滲透到縫隙深處為止。

補土

補土劑可以用來填平陷凹或高低不平的地方，也可以用來填補較大的裂縫。

和硅充填劑不同的是，硬化之後非常堅硬，用刨子或砂紙磨擦，也不會使體積減少，適合用來修補缺角。

補土劑的代表是木質部用的環氧樹脂補土劑。用手充分揉捏混合條狀的主劑和硬化劑之後使用。此外，還有金屬用與混凝土用等，可以配合用途來選擇。

加水來調勻粉末使用的補土劑，可以斟酌加入的水量，調整成容易塗抹的硬度。

環氧樹脂類或粉末類的補土劑硬化之後，在其上方都可以粉刷油漆。

修補小缺損時，可以選擇硬化時間較短的纖維素類補土劑，比較方便作業。

洋灰

只需要加水調拌的是普通洋灰；加入砂的則是灰泥，而再加入小石子，就變成混凝土。

當混凝土或灰泥出現小洞或缺損時，可用加水的洋灰修補。

充填劑容易附著在乾燥的部分。相反的，使用洋灰時，必須先打濕。一般修補劑無法修補的浴室磁磚裂縫，就必須使用洋灰類修補劑。

無論是使用只加水的洋灰或是灰泥，一定要先用噴霧劑噴濕修補的部位。

住宅的修補

室外篇

修補灰泥牆與重新粉刷

先修補龜裂與缺口處再粉刷

即使用彈性塗料粉刷灰泥牆，但因為振動等的影響，最後還是會龜裂。灰泥本身沒有彈性，如果放任小龜裂不管，則會逐漸變成大龜裂，最後會剝落，到時候就很難修補了，所以，要趁著龜裂還小時趕緊修補。

圍牆通常面對道路，因此上方經常布滿灰塵與泥漿等，而下方更容易骯髒。尤其亮色系列灰泥牆上的骯髒，更為明顯，如果污垢無法去除時，就必須考慮重新粉刷。

準備用具

●修補
螺絲起子／牙刷／變質硅類充填劑／破布

●清潔用具
水桶／家庭用洗劑／長柄刷

●粉刷
外牆用水性塗料／水性防水漆／托盤／免洗筷／交叉用刷（2把）／灰泥專用滾筒刷（2把）／掩蔽膠帶／塑膠布／報紙

作業流程

第一天

●用充填劑修補龜裂或縫隙等（使用變質硅類充填劑時需要經過二十四小時才能完全乾燥）

第二天

●清洗
●使用掩蔽膠帶
●塗抹水性防水漆

第三天

●塗抹外牆用水性塗料

修補

1

以一字形螺絲起子清理龜裂周圍，去除快要掉落的部分，然後再以牙刷去除龜裂內部和周圍的灰塵。

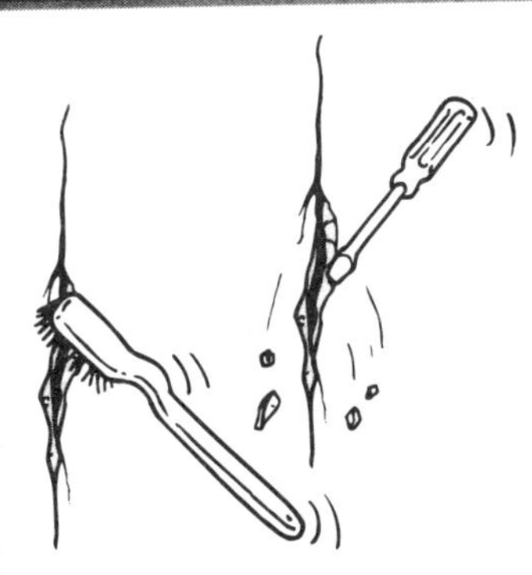

2

注入變質硅類充填劑，用打濕擰乾的抹布抹平，再擱置一整天，等待完全乾燥。

貼掩蔽膠帶

在塑膠布的一端貼上掩蔽膠帶，將不想沾到塗料的地方全部遮蓋起來。地面鋪上報紙。

清洗

稀釋家庭用洗劑，再用長柄刷刷除污垢，最後用水清洗、保持乾燥。

！重點

水性塗料和油性塗料最大的不同為，在於前者可以用洗劑去除。不過，為了避免麻煩，最好還是穿著舊衣褲工作，例如舊牛仔褲等，頭上以毛巾包裹，同時手戴橡皮手套、腳穿膠鞋。不需要爬梯子時，則可以穿長靴。

塗抹水性防水

很難塗抹時，先用交叉用刷塗抹。事先去除交叉用刷上容易掉落的毛，放入托盤中滾動，待刷毛充分吸收防水漆後再塗抹。

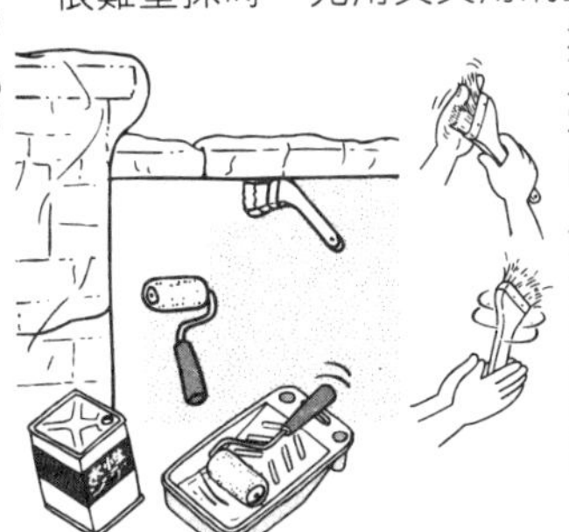

塗抹外牆用水性塗料

1

以交叉用刷，塗抹上下左右邊緣和掩蔽膠帶的交界處。交叉用刷三分之二的部分沾塗料，在油漆罐的邊緣略刮一下，擰掉多餘的塗料。實際塗抹時，大約只用二分一毛刷的部分，因此必須確認塗料不會滴下來。

2

較寬廣的部分可以用滾筒刷。與使用防水漆時同樣的，必須使用托盤，讓滾筒刷沾滿塗料後再使用。

3

將滾筒刷由上往下轉動，重疊已經塗抹部分的三分之一到四分之一，採平行塗抹的方式。塗料會停留在凹陷的部分，因此必須按壓滾筒刷，慢慢的滾動。

4

牆面較高時，可以分為上層與下層塗抹。塗抹一次後，確認塗料的厚度，滾筒刷朝縱向或橫向滾動，避免表面參差不齊。

5

最後拿下掩蔽膠帶。不要忘記貼上油漆未乾的標示。

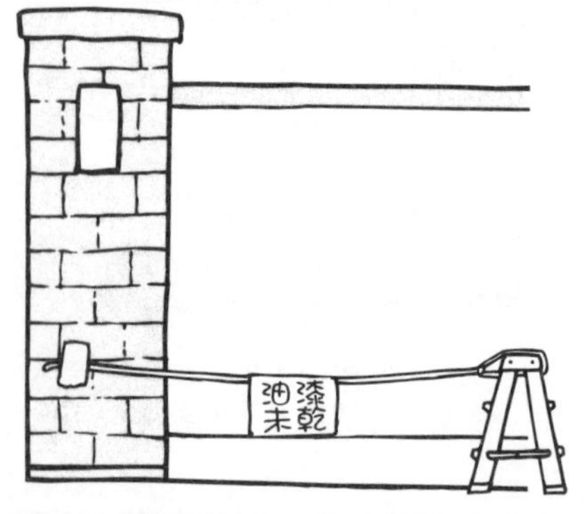

重點

表面平滑的灰泥牆比較容易處理。處理凹凸較多的灰泥牆時，則必須注意準備的塗料量。因為凹凸而塗抹面積會擴大，塗抹中途塗料可能不夠。要先確認塗料罐上面記載的「標準塗抹面積」，儘可能多購買一些。此外，也有註明「外牆凹凸用」的商品，可以選購利用。要事先了解標準塗抹面積後再購買。

重新粉刷灰泥外牆（平房）

作業時首先考慮安全第一

住家的灰泥外牆容易出現龜裂。經年累月之後，防水性較差，必須盡早修補。

但是，兩層樓建築的住家外牆，無法全部採用DIY重新粉刷，同時需要遮蓋的部分較多，不僅費時，危險性也較大。如果交由專業人士作業，無論踩踏板的寬度或水管的直徑等，都有嚴格的安全標準。因此，自己進行的修補僅止於龜裂部分。

平房住宅，就可以自行粉刷。基本上作業順序和粉刷灰泥牆相同。但是，粉刷一樓住宅必須站在較高的地方，所以首先要確保安全的立足點。有關抽風機周圍的清潔方法等，本單元只針對與灰泥牆不同的部分加以解說。

準備用具

- 站立處：梯子（2個）
- 長條板
- 油漆稀釋液
- 橡皮繩
- 抹布

確保安全

1

較高的部分必須架起2把梯子，並且在2把梯子之間擺上長條板再進行作業。粉刷時，如果單手拿著油漆罐或托盤，作業相當危險。但只要使用長條板，就可以將托盤擺在板子上作業。

2

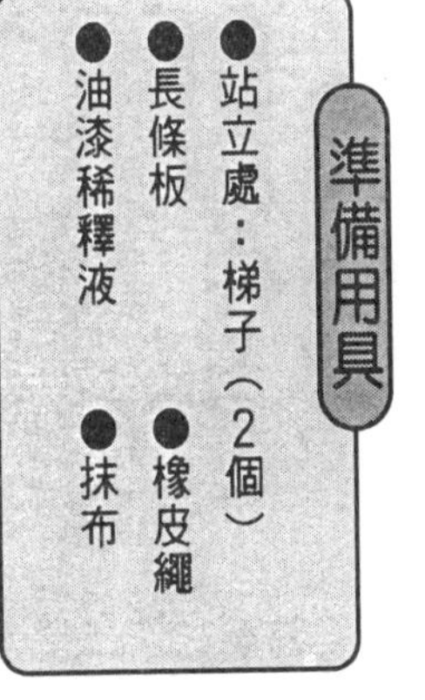

為了避免長條板滑落，必須用橡皮繩綁緊、固定在梯子上。

3

只用一個梯子作業時，為了方便雙手作業，必須選擇足夠擺放托盤或罐子的梯子，這樣才能夠輕鬆的工作。

抽風機下方的油污

1 以沾上家庭用洗劑的長柄刷等刷洗，再用水沖洗乾淨。

2 用沾上大量油漆稀釋液的抹布擦拭油污，使油變軟之後再慢慢去除污垢，這也是不錯的方法。

補　修

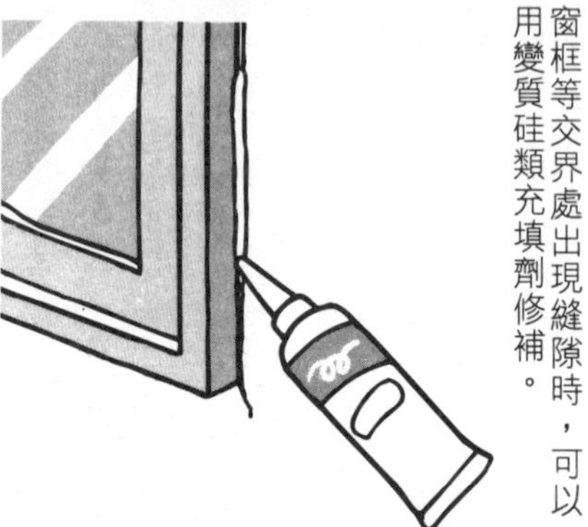

窗框等交界處出現縫隙時，可以用變質硅類充填劑修補。

覆　蓋

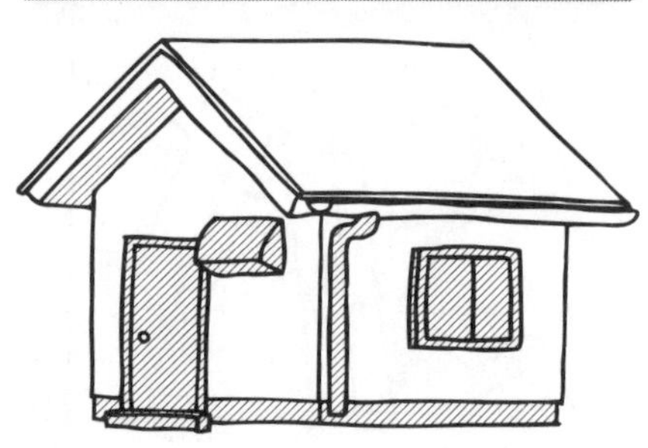

1 窗框或雨水導水管、抽風機、屋簷上方等不需要沾上塗料的地方，都要事先遮蓋。

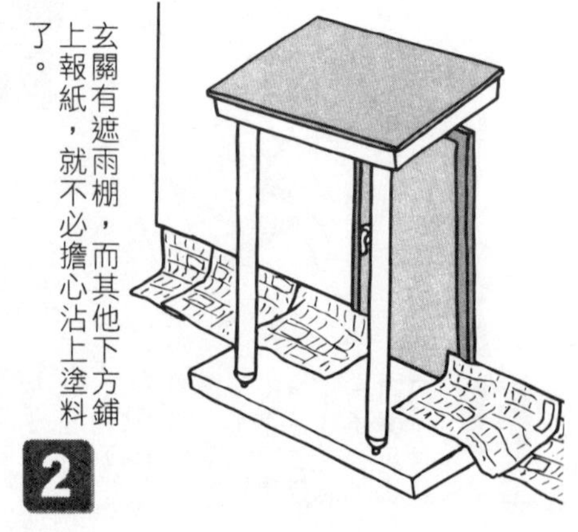

2 玄關有遮雨棚，而其他下方鋪上報紙，就不必擔心沾上塗料了。

修補磚牆

趁裂縫還小時趕緊修補

磚牆出現裂縫或缺損時，雨水會滲入，使得圍牆的強度降低。即使內部有鋼筋，鋼筋也會變脆弱。

龜裂的範圍較廣較深，而且形成大的缺損時，就必須更換整塊磚牆，這時就無法進行DIY。

如果裡面有鋼筋，那就更難進行更換磚塊的作業了。

因此，在可以進行修補部分能處理時，就要儘早修補。

準備用具

- 修補淺龜裂：變質硅類充填劑／刮刀／牙刷／一字形螺絲起子
- 修補深龜裂或缺損：水泥／拋棄式容器／刷帚／鑿刀／抹子／一字形螺絲起子

淺龜裂

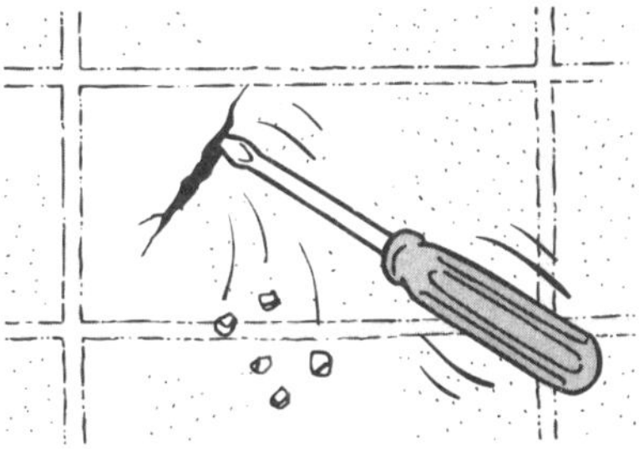

1 用一字形螺絲起子去除裂縫內的小破片。用牙刷刷掉之後再用水沖洗。乾燥後再進行下一個作業。

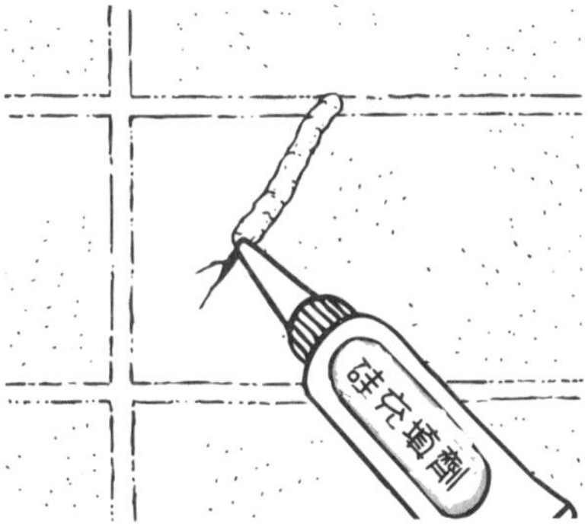

2 在龜裂處注入變質硅類充填劑。

3 以用水打濕的刮刀，抹平表面。

深龜裂或缺損

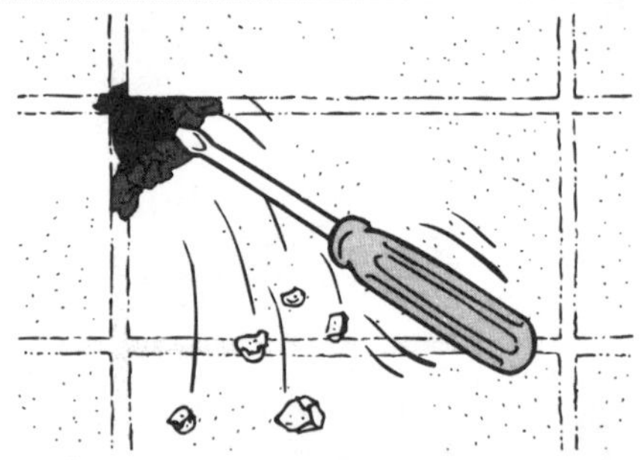

1 用一字形螺絲起子或鑿刀去除快要掉落的部分。

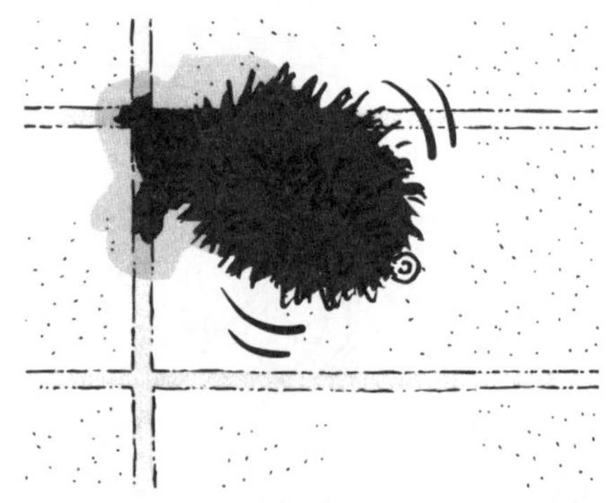

2 將缺損部分澆水，再用刷帚刷洗乾淨。潮濕之後，水泥較容易附著。

3 在水泥中加入指定量的水混合。選擇拋棄式容器。加水調拌水泥就可以塗抹，再加上沙子，就成為灰泥。

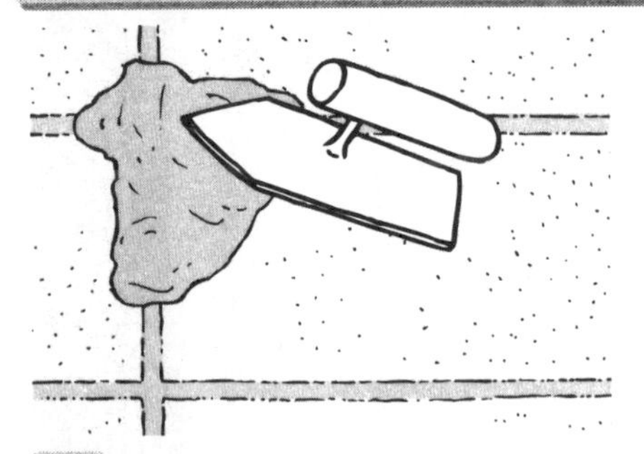

4 將水泥塞入缺損部位，再用抹子或刮刀抹平。

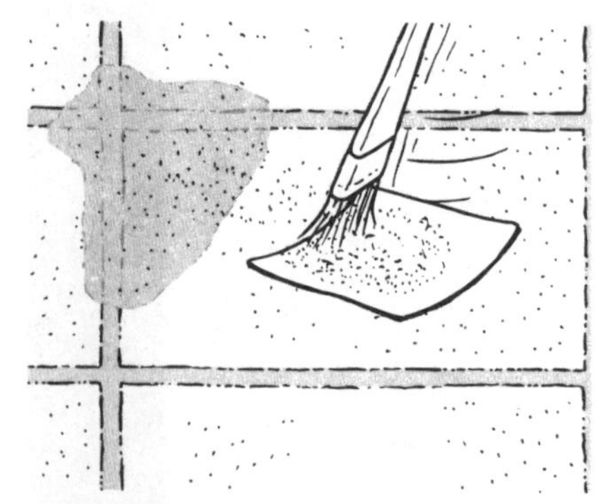

5 最後在表面沾上一些水泥粉，使修補處看起來不明顯。

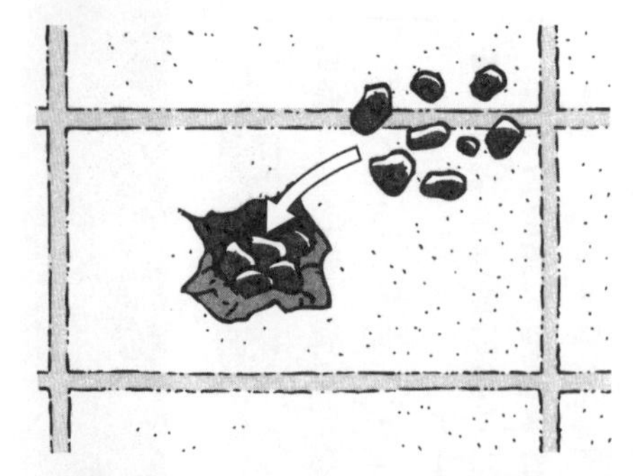

6 如果出現洞穴時，必須先塞入小石子，表面再以水泥修補。

粉刷扇門與鐵柵欄

重點是去除鐵鏽

鐵製扇門與鐵柵欄雖然堅固耐撞擊，但是缺點是容易生鏽。因此，許多家庭都將扇門與鐵柵欄更換為鋁製品。

雖然油漆剝落或生鏽的門不美觀，但是又覺得丟棄相當可惜時，這時可以進行ＤＩＹ修補。

與粉刷外牆相比，粉刷扇門與鐵柵欄的面積比較小，因此作業較輕鬆。只要仔細去除鐵鏽後再粉刷，就可以維持好幾年。

考慮換門之前，可以先試著粉刷看看。

準備用具

- 水性防鏽塗料
- 水性鐵用塗料
- 交叉用刷（防鏽用與粉刷用共２把）
- 縫隙刷
- 免洗筷
- 海綿
- 金屬刮刀

- 鋼刷
- 布製砂紙（80號左右）
- 墊木
- 抹布
- 掩蔽膠帶
- 塑膠布
- 報紙

事前準備

1 油漆剝落或翹起時，先以金屬刮刀去除。也要仔細清理可以去除的鐵鏽。

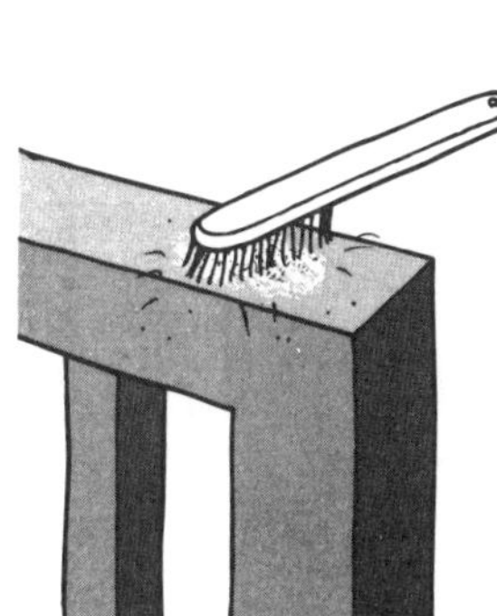

2 用鋼刷摩擦塗料剝落與生鏽的部分，去除凹凸不平。

3 以裹上墊木的砂紙整個磨過。

4 仔細磨擦鐵鏽部分，直到金屬面露出來為止。秘訣在於磨擦的範圍比鐵鏽部分更廣。

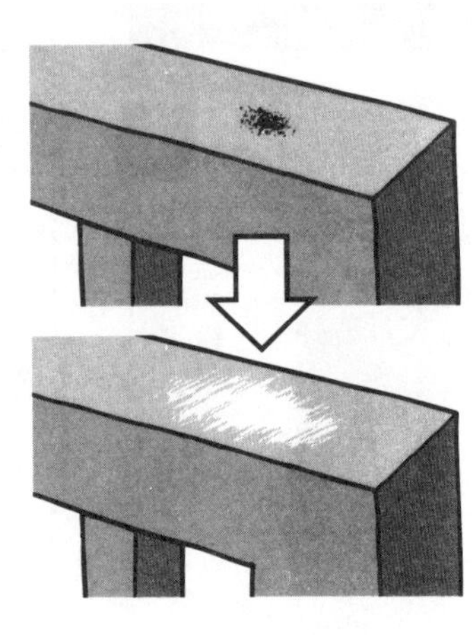

5 用撢子等去除粉屑或灰塵，再用打濕擰乾的抹布擦乾淨。

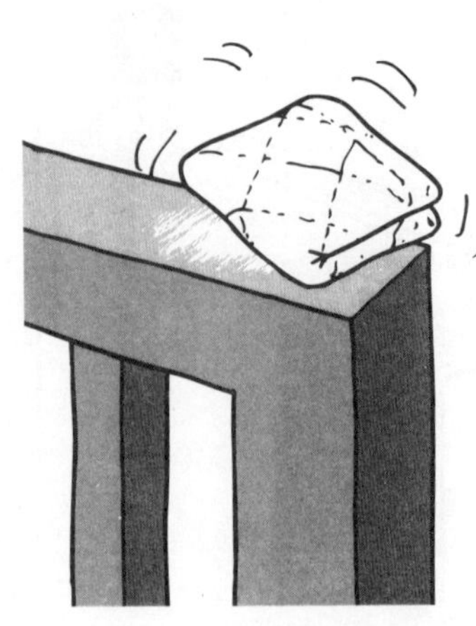

6 處理門的時候，就必須在地面鋪報紙。擔心信箱或門柱沾上塗料時，必須先遮蓋這些部分。

7 處理鐵柵欄時，必須先遮蓋埋入柱子的周圍。

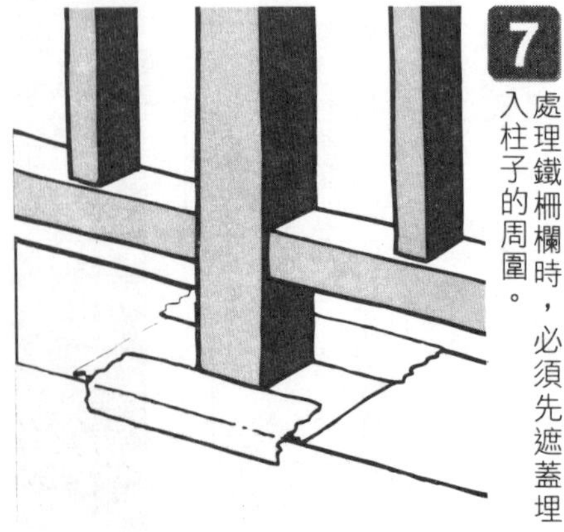

8 搖晃交叉用刷去除多餘的毛。用免洗筷由下往上充分攪拌塗料，使濃度均勻。

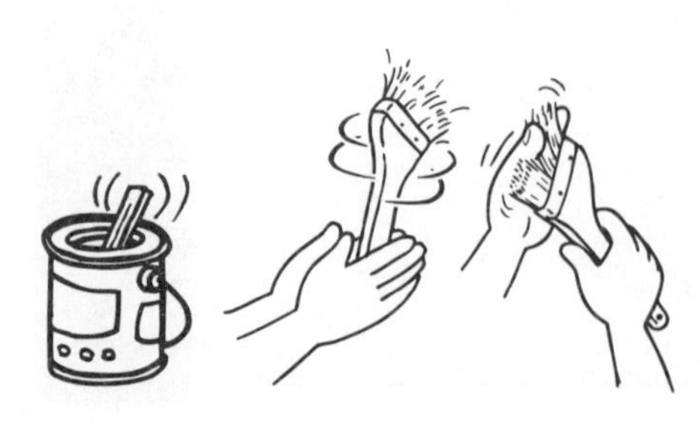

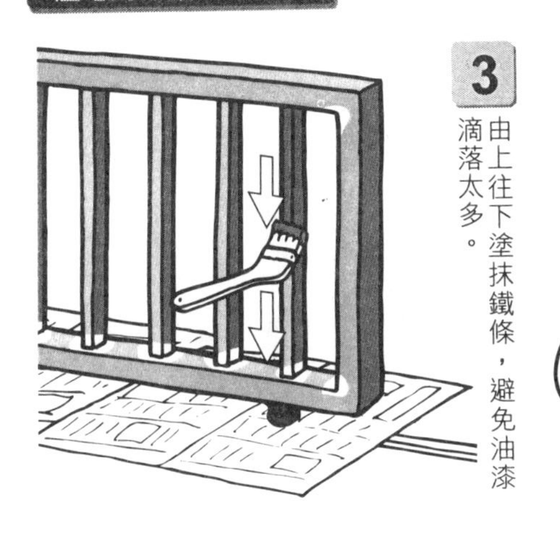

3

由上往下塗抹鐵條，避免油漆滴落太多。

4

鐵條的間隔狹窄時，則使用縫隙用交叉用刷比較容易塗抹。秘訣是由上往下移動，油漆不容易掉落。

5

下面的鐵框上側與下側都要塗抹。下側使用縫隙用交叉用刷比較方便。

9

交叉用刷三分之二沾塗料，使其充分融入刷毛中，然後在油漆罐邊緣刮一下。實際塗抹時，只會用到二分之一毛刷的部分，因此要事先擰掉多餘的塗料，以免塗料滴落。

粉　刷

1

將防鏽塗料塗抹於去除鐵鏽的部分，等待二到三小時使其完全乾燥。防鏽塗料無法和一般塗料融合，因此不必整個塗抹。

2

塗抹水性鐵用塗料。鐵條焊接部分、絞鏈及上方鐵框的下側等難塗抹的部分，必須先用交叉用刷塗抹。

6 塗抹寬廣的部分。塗抹上面的鐵框上側與上方的鐵框側面，接下來是直鐵框，然後處理下方與鐵框側面等，事先決定粉刷的順序，就能有效的進行作業。

7 交叉用刷朝同一方向移動。塗抹面與刷子分開時，要先翻轉手腕，停止之後再離開。

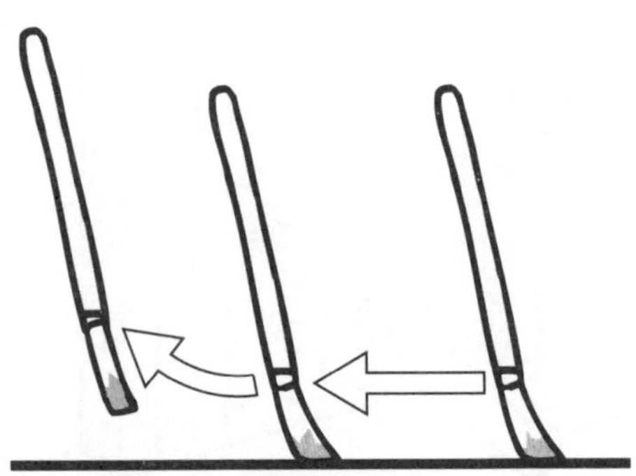

8 檢查是否有遺漏的部分。鐵框的下方可以用小鏡子檢查。

9 處理網眼狀的柵欄時，可以先用滾筒刷將表裡各自粉刷一次，注意油漆容易掉落。最後再用交叉用刷粉刷遺漏的部分。

10 擺上油漆未乾的警告牌。

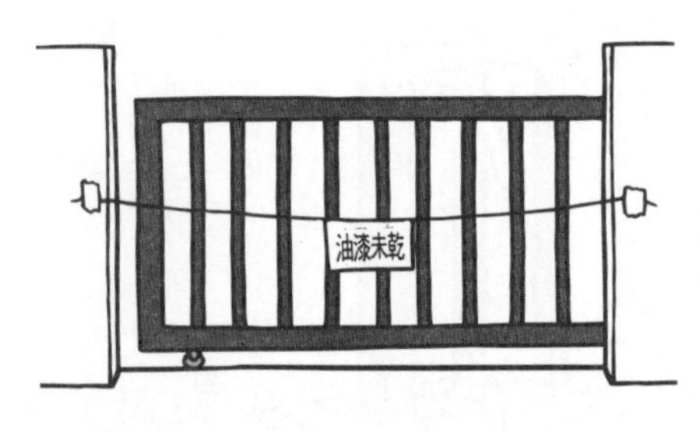

重點

選擇晴天粉刷最理想。不過在寒冷的冬季，即使是晴天，油漆也可能會不均勻。油漆表面形成塗膜的時間差距，會造成粉刷效果不好。

粉刷木製玄關

仔細去除老舊塗料

專業人士在粉刷帶有美麗木紋的木製玄關時，通常是使用具有光澤的外部用亮光漆（油性）。但是，外行人很難均勻的塗抹亮光漆。

本書介紹滲透性木材保護塗料（沒有光澤）。這種產品不會阻礙木材的呼吸，同時，雨等水分無法通過。不會形成塗膜，只要仔細的作業，就能展現與專業人士相同的水準。

因為新的亮光劑很難融入殘留老舊塗料的部分，因此必須事先處理。

準備用具

●鐵刮刀／滲透性木材保護塗料／交叉用刷／橡皮手套／刮刀（塑膠製）／刷子／砂紙（二四〇號左右）／稀釋液

淺龜裂

1 在門下鋪報紙，用鐵刮刀去除老舊的塗料。用刮刀很難去除時，可以用裏上墊木的砂紙磨擦。兩種情況都要沿著木紋移動。

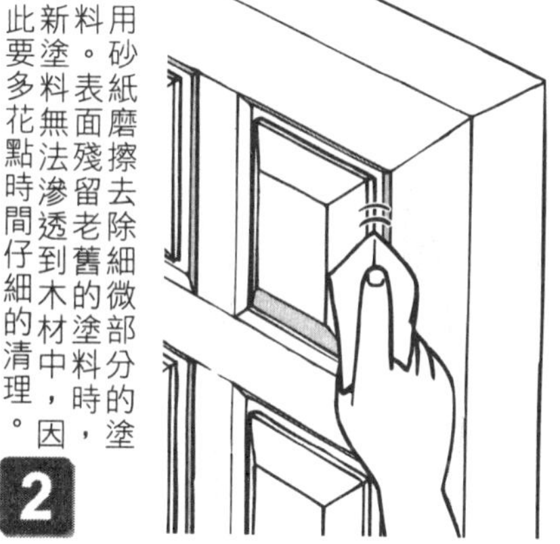

2 用砂紙磨擦去除細微部分的塗料。表面殘留老舊的塗料時，新塗料無法滲透到木材中，因此要多花點時間仔細的清理。

3 用水沖洗清理刮除的碎屑。擱置一天，使其完全乾燥。

4 旋轉交叉用刷，以去除多餘的毛，並且用手去除快要掉落的毛。打開塗料蓋，用免洗筷由底部往上撈，充分攪拌，使濃度均勻。

5 交叉用刷三分之二的刷毛沾滿塗料，使塗料滲透到刷毛中。

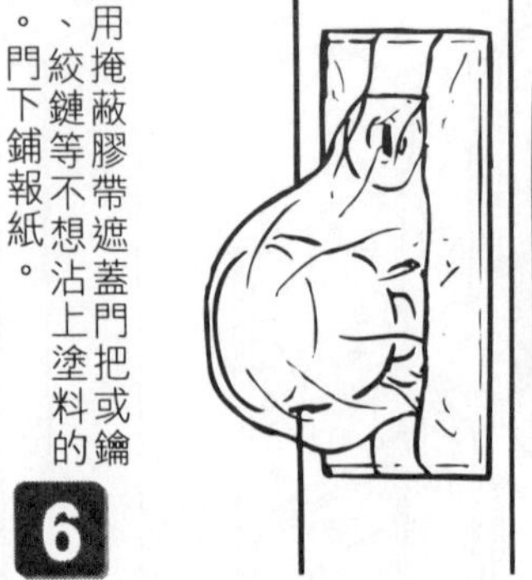

6 事先用掩蔽膠帶遮蓋門把或鑰匙孔、絞鏈等不想沾上塗料的地方。門下鋪報紙。

7 沿著油漆罐邊緣刮除多餘的塗料，避免其滴落下來。從門的上方開始粉刷，慢慢的粉刷到塗料融入為止。無法融入的部分，必須重複塗抹。

8 慢慢的往下塗抹。確認全部塗抹之後，等待乾燥，再次由上往下重新塗抹一次。

! 重點

木材保護塗料的種類非常的多，從淺色到深色，共有十多色。可以充分運用木紋之美來著色。

疏通雨水導水管

拆卸縱導水管進行作業

雨水導水管是從屋簷導水管承接流下來的水，經由集水器（漏斗）流到縱導水管通到地面，到達排水溝的構造。

大的垃圾流入縱導水管中會造成阻塞，因此，必須在集水器處加以阻擋，或在縱導水管中安裝去除垃圾的裝置。集水器連接縱導水管內彎頭處容易阻塞垃圾，造成漏水。

靠近屋頂的轉角處阻塞，情況不嚴重時，只要利用鐵絲由上方疏通，就能去除阻塞。但如果是縱導水管到排水口的彎頭處阻塞時，就必須在中途鬆開縱導水管以去除阻塞。現在的雨水導水管大都使用氯乙烯製品，因此比較容易作業。

來自縱導水管的水，由置於地面的接水石承接後，再流入U形水溝時，則可以從下面用鐵絲疏通，這樣就不必切開縱導水管來作業了。

準備用具

- 鐵絲
- 破布
- 縱導水管用接頭（事先確認尺寸）
- 承擋五金
- 螺絲起子

排水方法不同

1 如果設有接水石等，則排水口露出時，可以在一端用裹上破布的鐵絲一直疏通，再由下方拉回，就能清理垃圾。

2 如果是縱導水管直接通往地面，水流入排水溝的情況，必須先卸下縱導水管連接的部分。如果阻塞嚴重而排水口露出時，那麼也要卸下縱導水管。

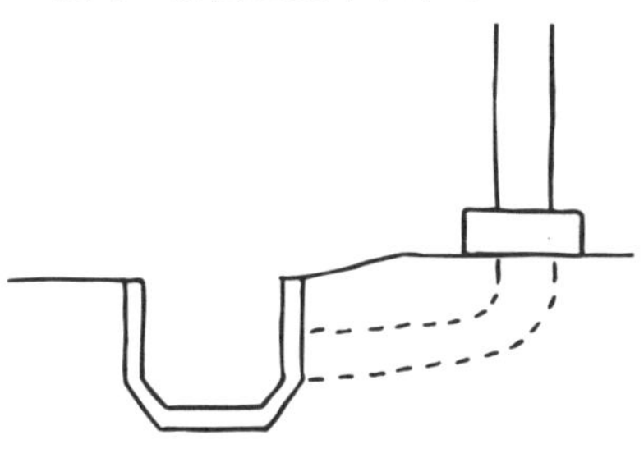

拆卸縱導水管

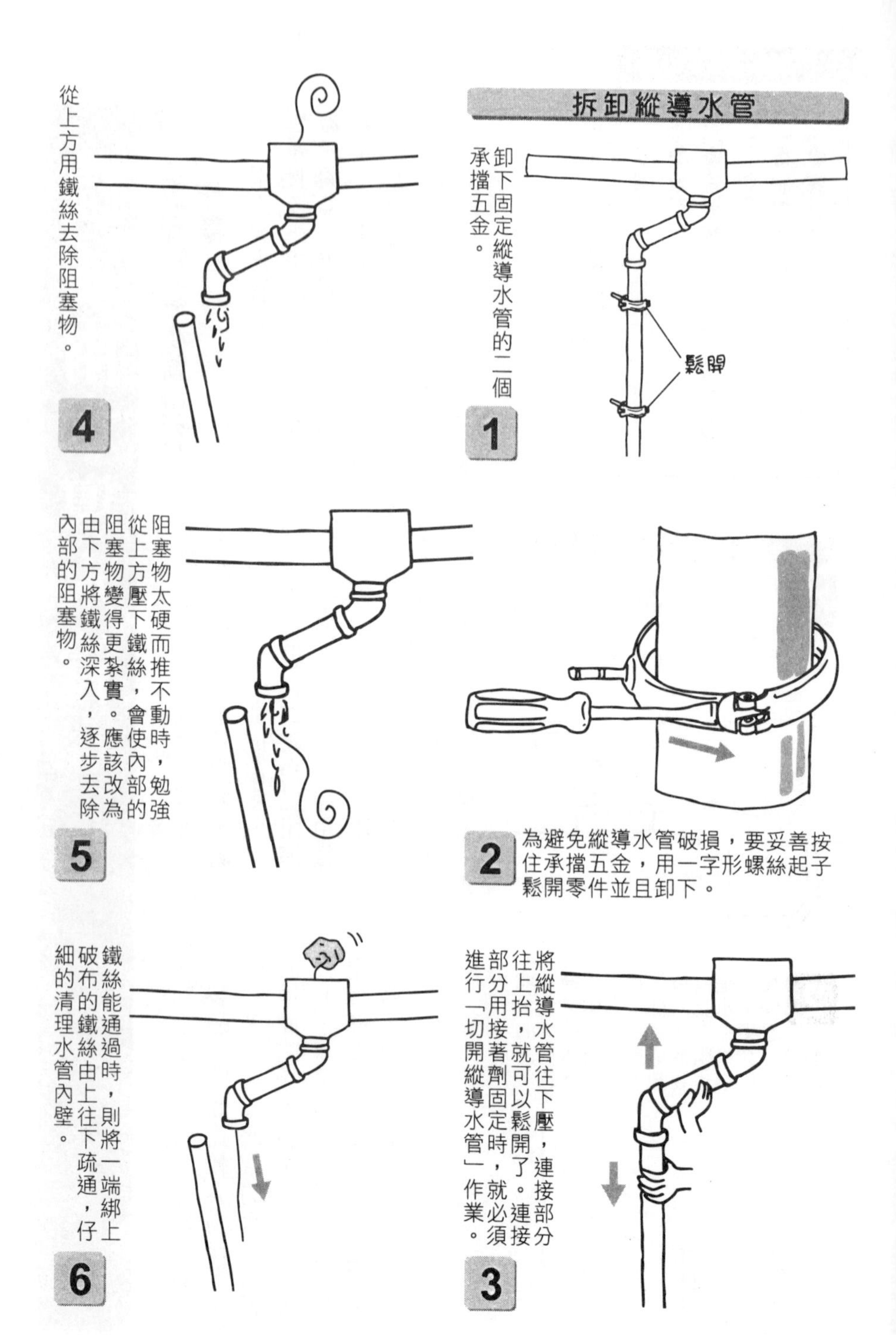

1 卸下固定縱導水管的二個承擋五金。

2 為避免縱導水管破損，要妥善按住承擋五金，用一字形螺絲起子鬆開零件並且卸下。

3 將縱導水管往下壓，連接部分往上抬，就可以鬆開了。連接部分用接著劑固定時，就必須進行「切開縱導水管」作業。

4 從上方用鐵絲去除阻塞物。

5 阻塞物太硬而推不動時，勉強從上方壓下鐵絲，會使內部的阻塞物變得更紮實。應該改為由下方將鐵絲深入，逐步去除內部的阻塞物。

6 鐵絲能通過時，則將一端綁上破布的鐵絲由上往下疏通，仔細的清理水管內壁。

3 利用接頭將縱導水管插入。

4 將下方的縱導水管往上推、上方的水管往下壓。

5 上方的水管插入縱導水管用接頭，用承擋五金加以固定。

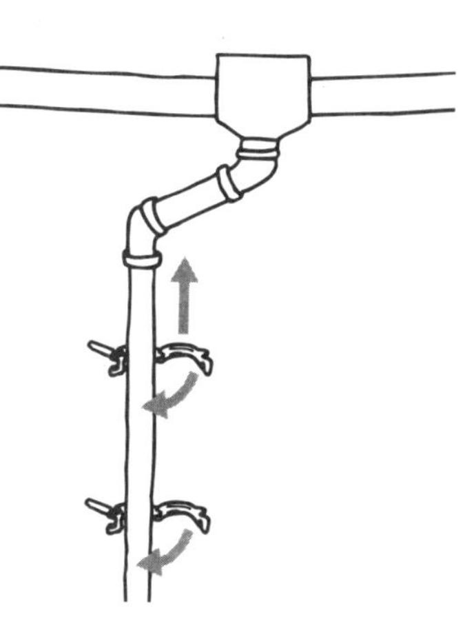

7 插入縱導水管連接部分，再嵌入固定縱導水管的承擋五金。

切開縱導水管進行作業

1 鬆開將要切開部分的下方的二個承擋五金，切開下方直的阻塞部分。

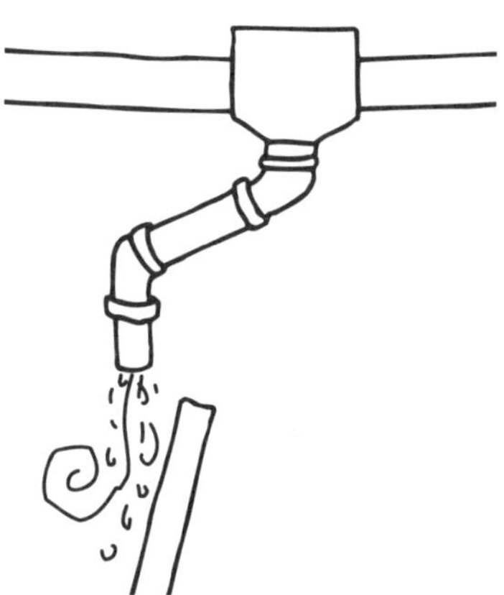

2 和「拆卸縱導水管的作業」的方法相同，去除阻塞物。

螺絲起子的選擇方式與使用方法

需要三把十字形螺絲起子

十字形與一字形螺絲起子，都分為貫通型和普通型兩種。軸只連接到柄的為普通型；軸一直通到柄後端的為貫通型。進行不必擔心觸電的作業時，則選擇可以直接用榔頭敲打後端的貫通型較方便。

十字形螺絲起子的尺寸，從0到4號共有五種，經常使用的是1、2、3號。選擇單一購買或是整組商品時，都要考慮這三種螺絲起子。在價格方面，不要選擇太便宜的製品。螺絲起子的尖端如果出現缺損，就無法固定在螺絲溝內。

準備三把大小不同的一字形螺絲起子。一字形螺絲較少，只要配合必要情況購買就可以了。

●貫通型螺絲起子

●普通型螺絲起子

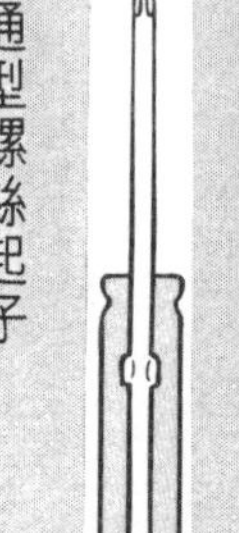

以壓力七、旋轉力三的比例來操作

鎖緊螺絲時，自然的從上面往下按壓同時旋轉，因此很少會讓螺絲溝滑脫。但是，螺絲起子傾斜或鎖太緊時那又另當別論了。

鬆開螺絲時，螺絲頭溝容易滑脫。用比鎖緊時更大的力量，由上往下壓螺絲起子而旋轉。力量分配是「壓力7、旋轉力3」。鎖較緊的螺絲時壓力很重要。用左手掌將螺絲起子後端由上往下壓，固定右手手腕，則旋轉時比較容易用力。

依然無法鬆開時，則可以噴一些滲透潤滑劑。噴灑時，必須避開螺絲溝。等待一會兒，再用貫通型螺絲起子從上方抵住，以榔頭用力敲螺絲起子後端。只要這麼做，就能夠轉動螺絲了。

●螺絲起子的旋轉方法

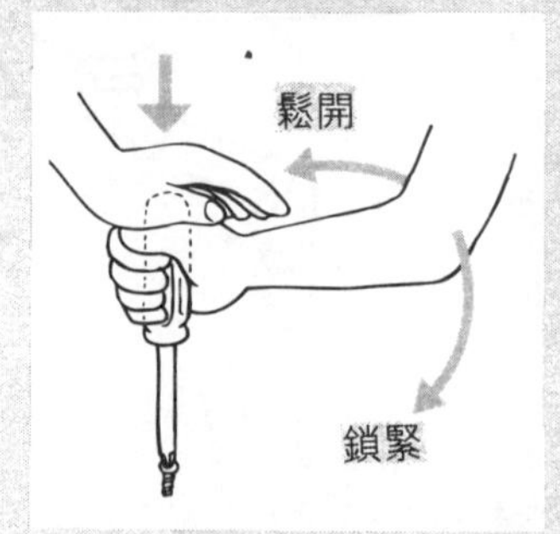

水

修理水龍頭、抽水馬桶等

修理漏水與更換水龍頭─構造與種類

漏水原因大都出在襯墊劣化

水龍頭包括橫水龍頭和混合水龍頭兩種，又可以分成轉動把手型和拉桿型。

可以進行ＤＩＹ修補漏水的是轉動把手型。種類繁多，包括金屬製的三角形把手或塑膠把手、混合水龍頭等。內部構造則幾乎完全相同。

無論哪一種類型，最常見的漏水原因是襯墊劣化。只要查出漏水位置，就知道應該要更換哪裡的襯墊。

修理漏水時，一定要先關上總開關（止水栓）。

水龍頭的種類

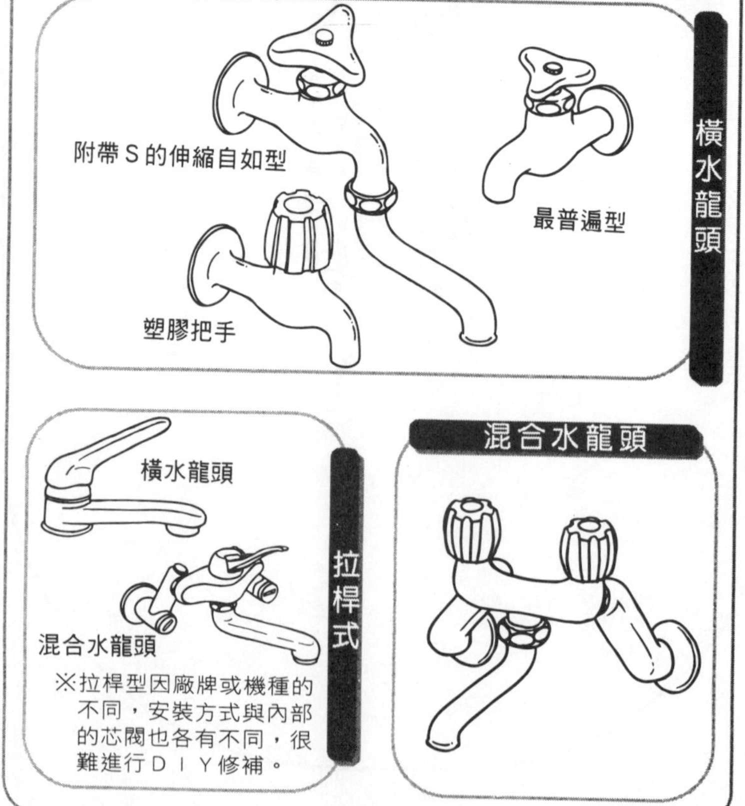

橫水龍頭

附帶Ｓ的伸縮自如型

最普遍型

塑膠把手

拉桿式

橫水龍頭

混合水龍頭

※拉桿型因廠牌或機種的不同，安裝方式與內部的芯閥也各有不同，很難進行ＤＩＹ修補。

混合水龍頭

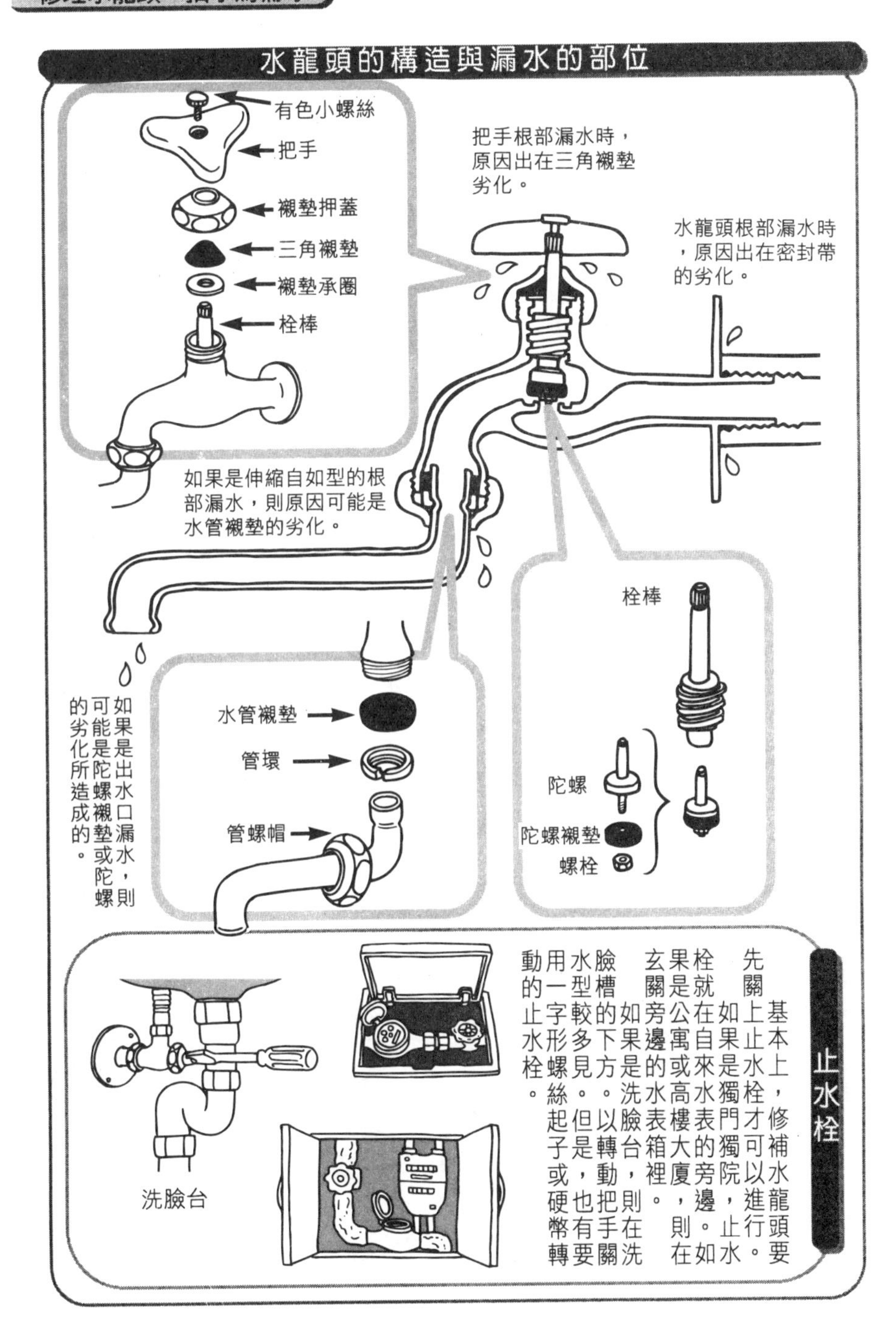
水龍頭的構造與漏水的部位
有色小螺絲
把手
襯墊押蓋
三角襯墊
襯墊承圈
栓棒
把手根部漏水時，原因出在三角襯墊劣化。
水龍頭根部漏水時，原因出在密封帶的劣化。
如果是伸縮自如型的根部漏水，則原因可能是水管襯墊的劣化。
如果是出水口漏水，則可能是陀螺襯墊或陀螺的劣化所造成的。
水管襯墊
管環
管螺帽
栓棒
陀螺
陀螺襯墊
螺栓
止水栓
基本上，修補水龍頭要先關上止水栓才可以進行。如果是獨門獨院，止水栓就在自來水表的旁邊。如果是公寓或高樓大廈，則在玄關旁邊的水表箱裡。如果是洗臉台，則在洗臉槽的下方。以轉動把手關水型較多見。但是，也有要用一字形螺絲起子或硬幣轉動的止水栓。
洗臉台

把手下方漏水的修理與更換

更換三角襯墊和襯墊承圈

如果把手的根部漏水，那麼原因可能是三角襯墊劣化。三角襯墊和襯墊承圈一次要買一套，因此要一起更換。更換作業很簡單。

更換把手時，只要鬆開有色小螺絲即可，十分簡單。

鬆開把手①

1 如果是金屬製把手，則首先要用活動扳手鬆開有色小螺絲。

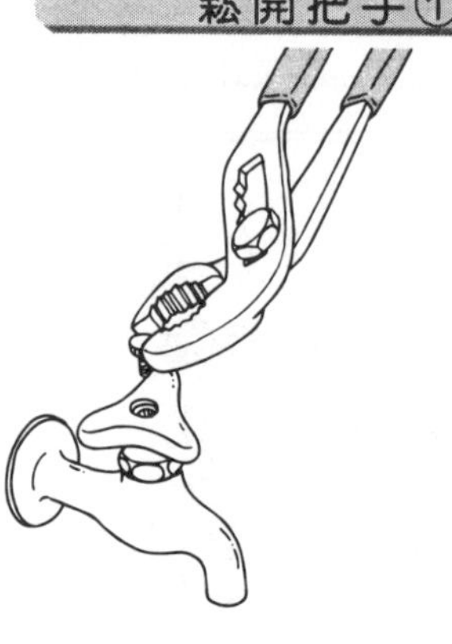

2 鬆開小螺絲，取下把手。如果把手太緊，可以從下方用木槌均勻的敲打鬆開。

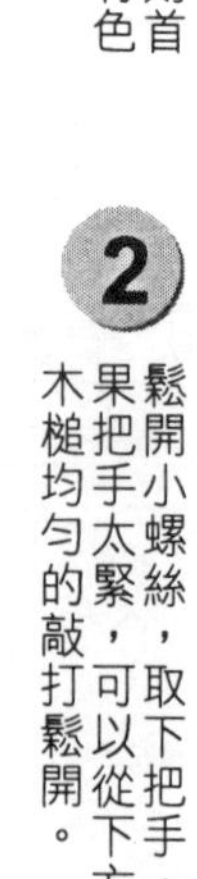

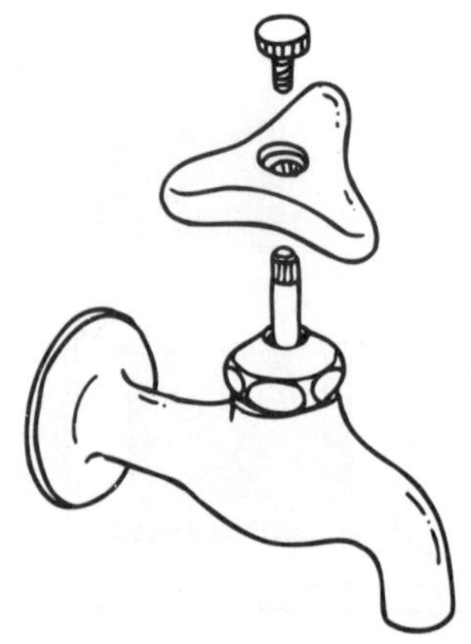

鬆開把手②

1 如果是塑膠把手，則可以將錐子刺入有色小螺絲的下方，敲啟螺絲。

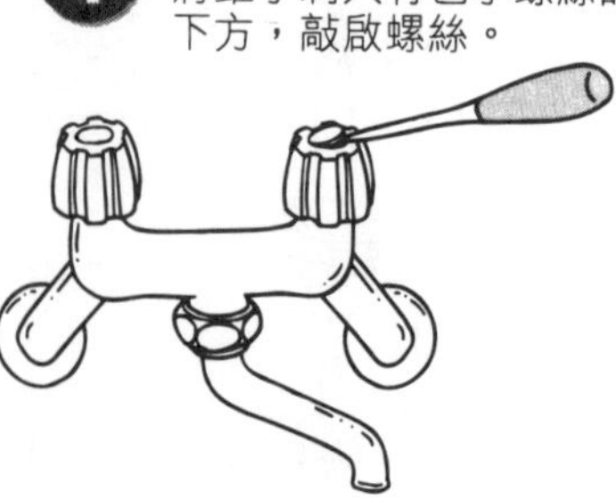

2 利用十字形螺絲起子鬆開螺絲，拔出把手。如果有連接環，也要拔出。

更換把手

可以選擇不需要握住就能夠操作的拉桿型把手，或戴上手套較易握住的四手型把手等各種把手。

準備用具

- ●三角襯墊和襯墊承圈（套件）
- ●活動扳手
- ●木槌
- ●墊布
- ●錐子（鬆開塑膠把手時使用）
- ●十字形螺絲起子（鬆開塑膠把手時使用）

更換三角襯墊

1 用活動扳手鬆開螺帽。如果用墊布墊著，就不會損傷螺帽。鬆開到某種程度之後，用手指旋轉鬆開。

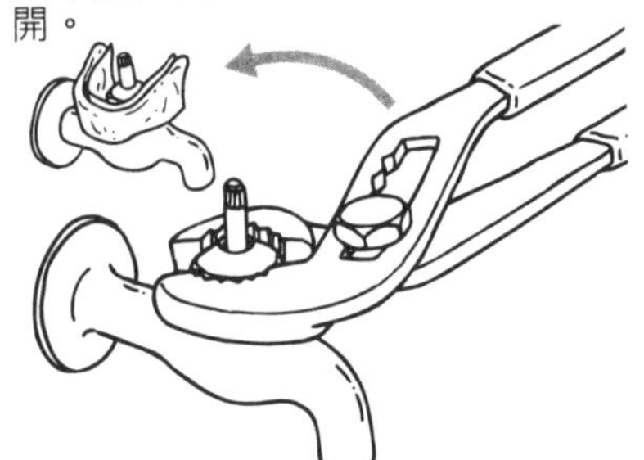

2 鬆開螺帽之後，將栓棒朝左旋轉，同時拔出。太緊時，可以用扳手旋轉。

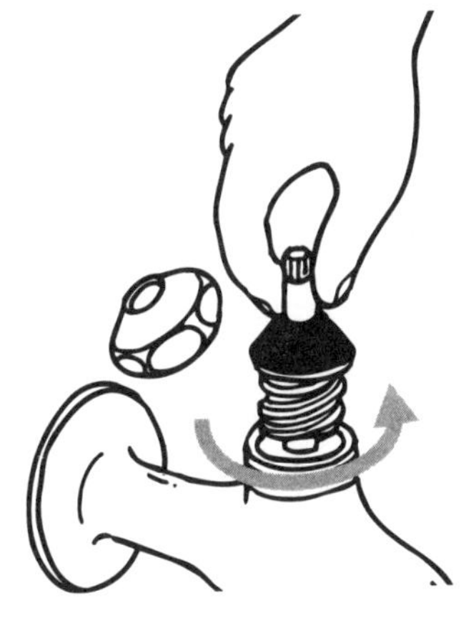

3 卸下栓棒的三角襯墊和襯墊承圈，更換新的零件。

4 如果三角襯墊在螺帽中緊緊卡住了，那麼，就用一字形螺絲起子敲開。

修理出水口的漏水

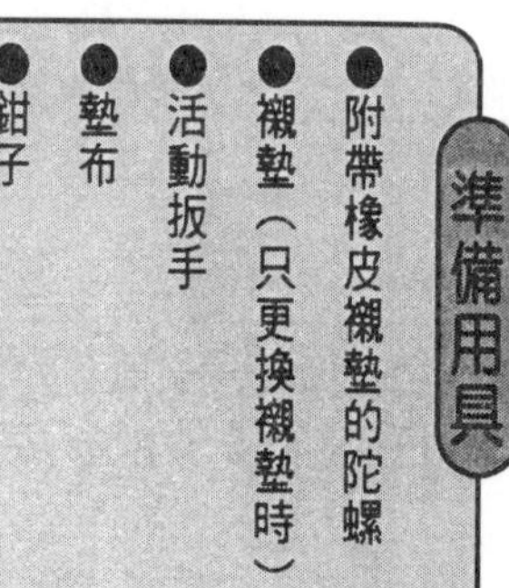

準備用具

- 附帶橡皮襯墊的陀螺
- 襯墊（只更換襯墊時）
- 活動扳手
- 墊布
- 鉗子

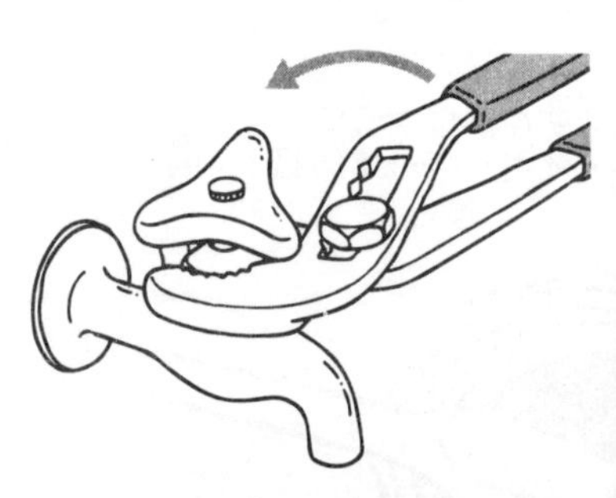

1 用活動扳手鬆開螺帽。用墊布墊著，使螺帽不易受損。鬆到某種程度之後，只要用手旋轉，就可以卸下螺帽。

更換陀螺襯墊

即使關緊水龍頭，但是，出水口仍有水滴滴答答的流出來，則原因可能是，陀螺襯墊劣化。

陀螺加上橡皮襯墊都安裝在螺帽內，則可以更換整個陀螺襯墊，或是只更換橡皮襯墊。如果陀螺和襯墊合為一組，那麼就要整組更換。

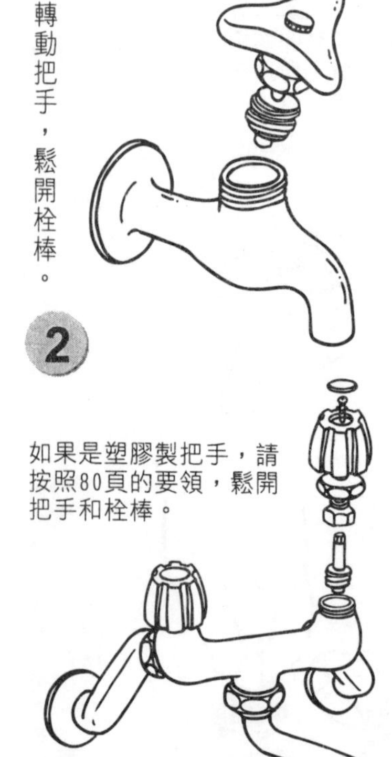

2 轉動把手，鬆開栓棒。

3 如果是塑膠製把手，請按照80頁的要領，鬆開把手和栓棒。

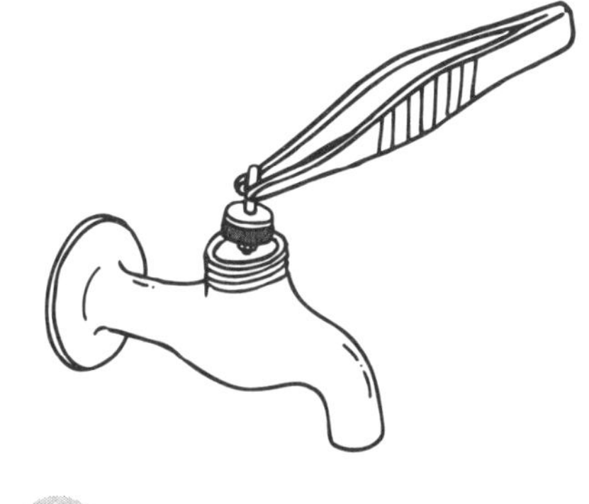

4 用小鑷子夾住陀螺，拔出來。

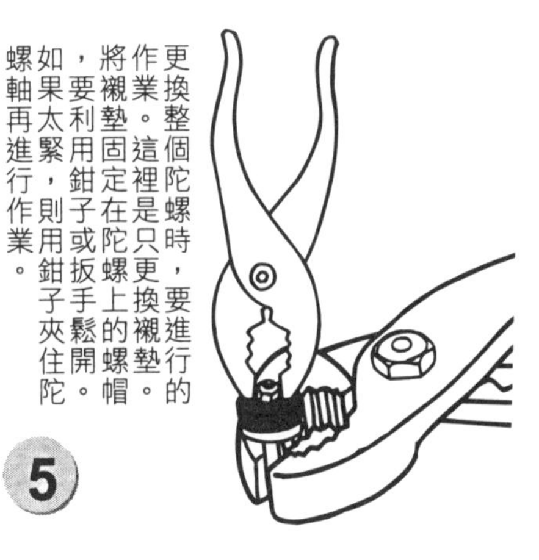

5 更換整個陀螺時，要進行的作業。這裡是只更換襯墊。將襯墊固定在陀螺上的螺帽，要利用鉗子或扳手鬆開。如果太緊，則用鉗子夾住陀螺軸再進行作業。

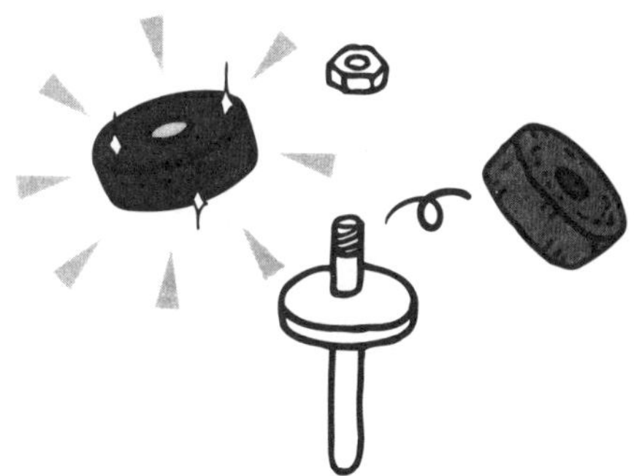

6 鬆開螺帽之後，更換新的陀螺襯墊。

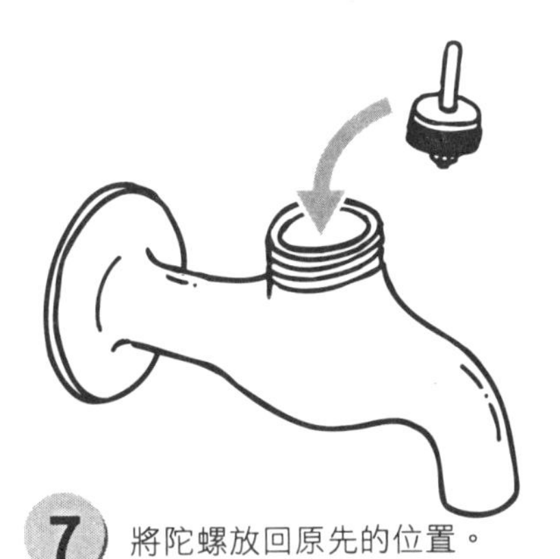

7 將陀螺放回原先的位置。

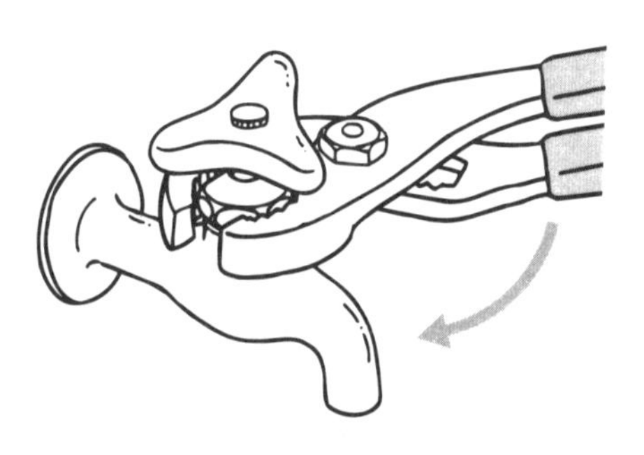

8 栓棒和把手塞入水龍頭中，鎖緊螺帽。如果鎖得太緊，則把手也會太緊，只要鎖到不會漏水的程度即可。

9 陀螺的種類很多，包括可以更換橡皮襯墊的陀螺，還有陀螺和襯墊合為一體型，以及節水陀螺等。

伸縮自如型水龍頭的漏水修理和管子更換

準備用具

- 水管襯墊（有時和管環合為一套）
- 活動扳手
- 墊布
- 一字形螺絲起子

更換伸縮自如型水管

可以更換出水口位置會變高的Z型管或泡沫管，或是可以調節長度的伸縮管等各種水管。

更換水管襯墊

伸縮自如型水管的根部漏水，原因可能是管螺帽太鬆或水管襯墊劣化所致。如果鎖緊管螺帽後而水管漏水的情況仍未改善，那麼，就要更換水管襯墊。

伸縮自如型有很多種，可以更換水管。

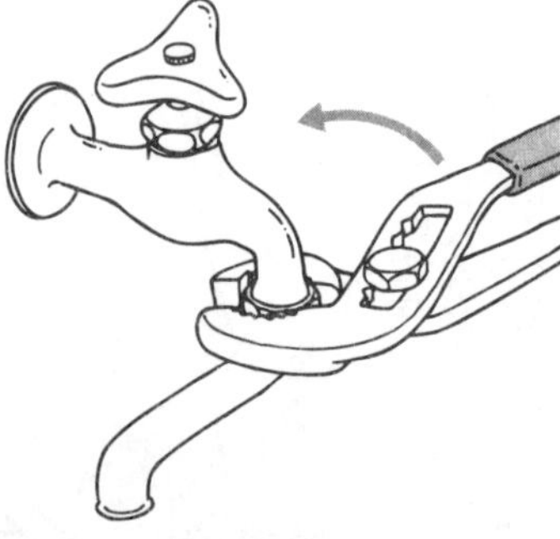

1 首先試著活動扳手鎖緊螺帽。如果還是一直漏水，那就要更換水管襯墊。

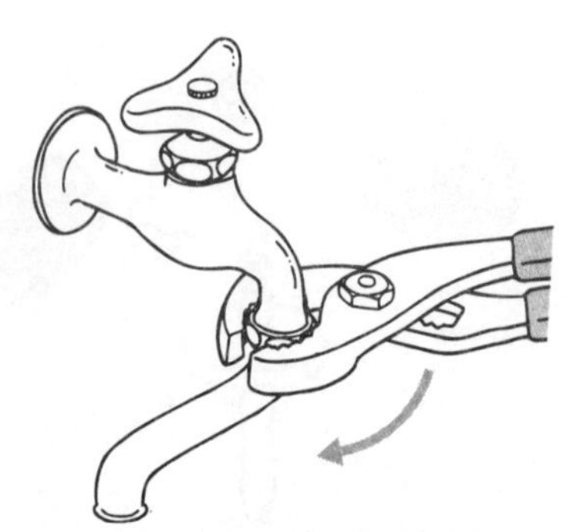

2 用活動扳手鬆開管螺帽。用墊布墊著，就不會損傷螺帽。

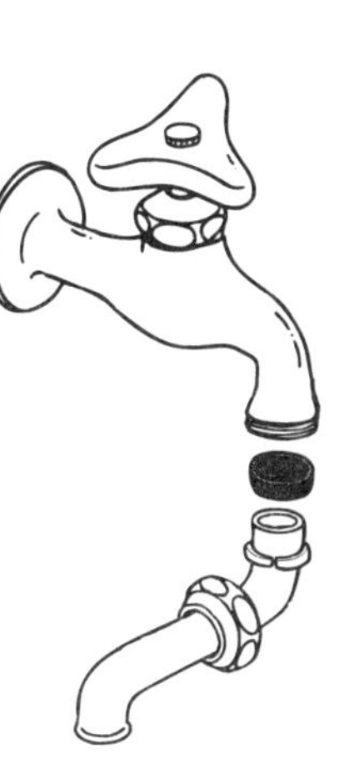

3 鬆開到某種程度之後，就用手旋轉鬆開，將長管從龍頭中拔出。也可以卸下水管襯墊。

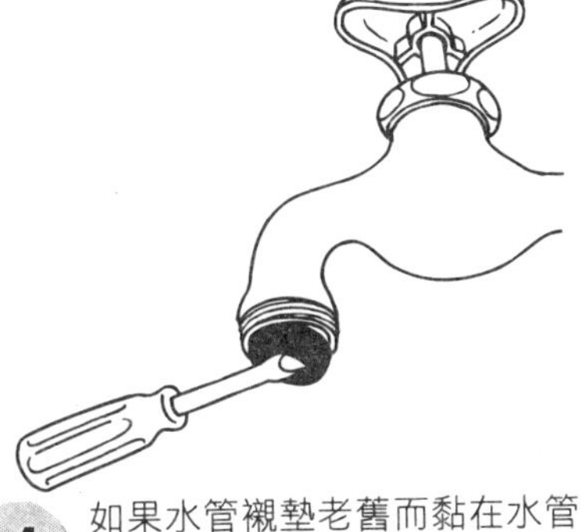

4 如果水管襯墊老舊而黏在水管內部，可以用一字形螺絲起子拉出。

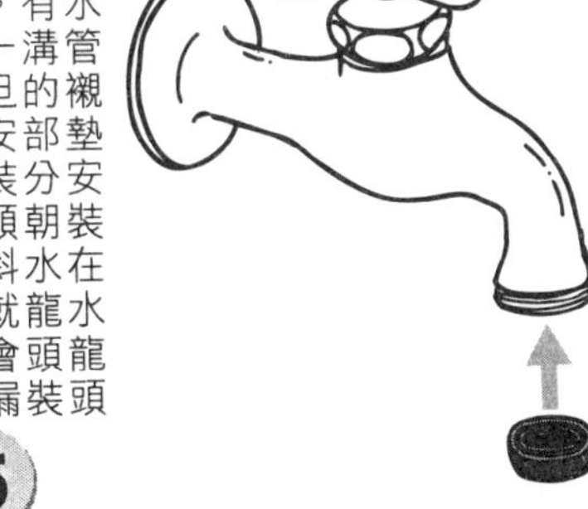

5 將新的水管襯墊安裝在水龍頭裡。新帶有溝的部分朝水龍頭裝好固定。一旦安裝傾斜就會漏水，所以一定要確認是否平衡。

6 更換附著於長管的管環。新的管環穿過水管。

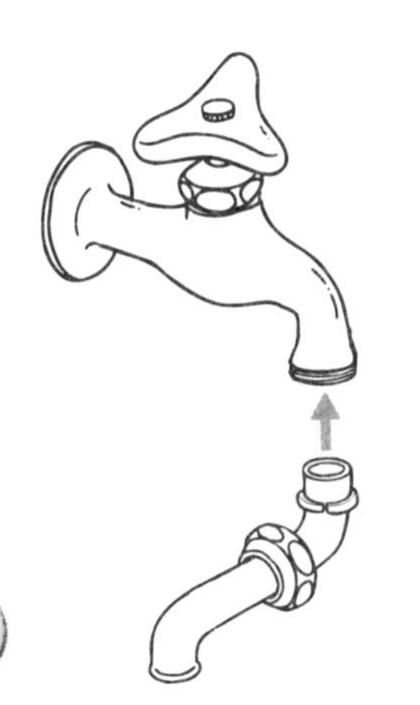

7 將長管固定在龍頭上。

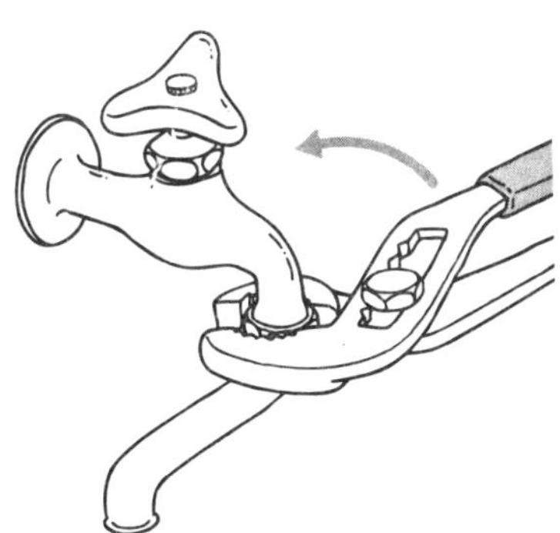

8 用扳手鎖緊螺帽即可。避免螺帽鎖得太緊，否則管子不易活動。

水龍頭根部的漏水修理

準備用具

- ●專門卸下水龍頭的扳鉗（也可以用活動扳手）
- ●水龍頭密封帶
- ●根部襯墊
- ●一字形螺絲起子

注意

通常只卸下水龍頭，但是有些環和水龍頭在一起，因此要一併卸下。這時用ＤＩＹ無法進行作業，要暫時先將龍頭還原，再請專業人員來修補。

更換水龍頭密封帶

水龍頭的根部漏水，應該是包在水龍頭螺絲部分的龍頭密封帶劣化所造成的。

修補時要卸下水龍頭，這並不難，但是，如果水龍頭或配管老舊、生鏽，則在鬆開水龍頭時，會有破損的危險，宜請專業人員來更換。

1 使用卸下水龍頭的專用扳鉗，將水龍頭往左旋轉卸下。

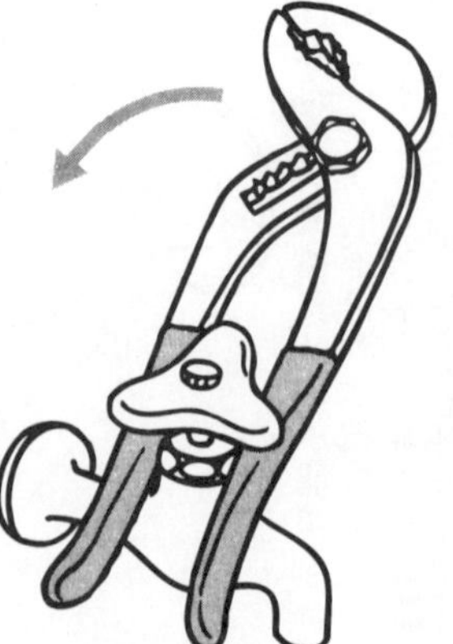

2 卸下水龍頭專用扳鉗，除了用來卸下水龍頭之外，沒有其他用途。如果使用活動扳手，也可以進行這項作業。

3 一字形螺絲起子可以用來撕開水龍頭密封帶，同時卸下根部襯墊。

4 拉緊水龍頭密封帶，同時纏繞3～4圈。以順時鐘方向纏繞。

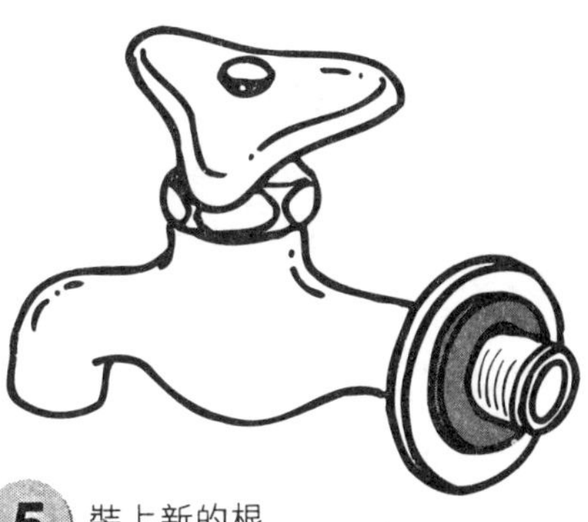

5 裝上新的根部襯墊。

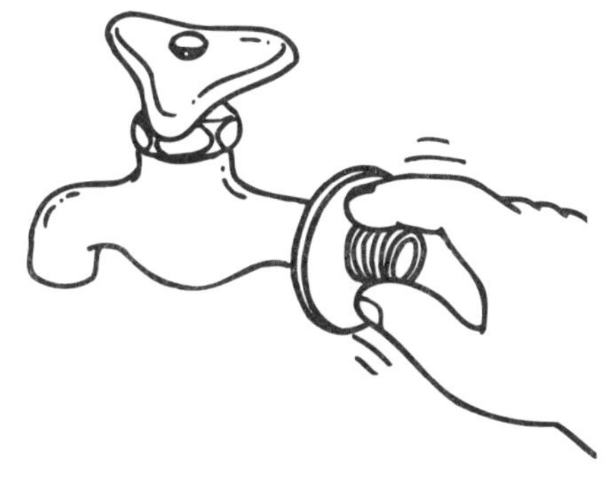

6 用手指按壓包好的密封帶，讓水龍頭密封帶緊密貼合。

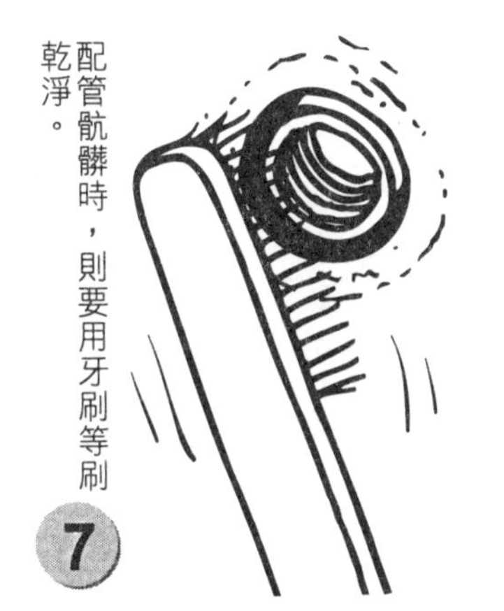

7 配管骯髒時，則要用牙刷等刷乾淨。

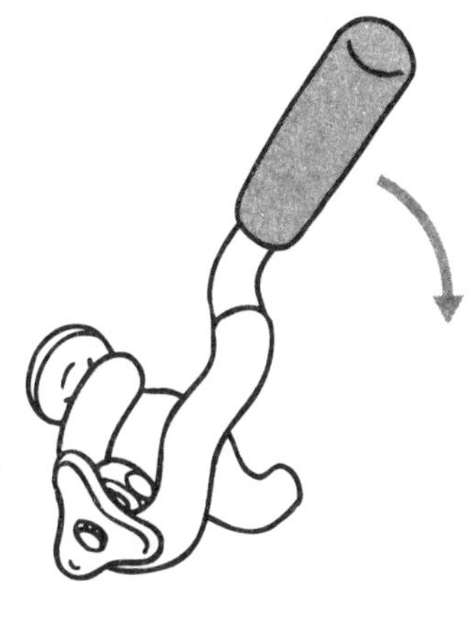

8 安裝水龍頭時，如果抓得太緊而使得水龍頭無法直立時，則不要勉強轉動。先卸下來，重新纏上新的水龍頭密封帶即可。

更換混合水龍頭

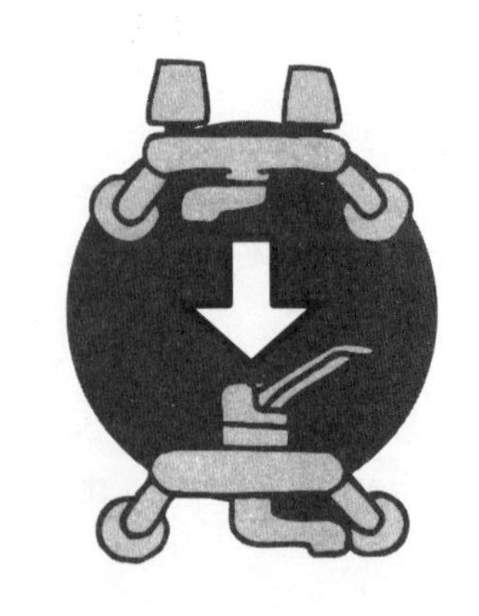

更換為單把式水龍頭

二把手型的混合水龍頭更換為單把式的混合水龍頭。如果會修捕橫水龍頭根部的漏水問題，那麼安裝混合水龍頭也不是什麼難事。

如果有二個橫水龍頭，而且當二個間隔在二二〇毫米以內時，就可以更換為混合水龍頭。

鬆開老舊的混合水龍頭

用活動扳手鬆開水龍頭和曲柄相連的曲柄螺帽，先墊上墊布，就不會損傷螺帽。

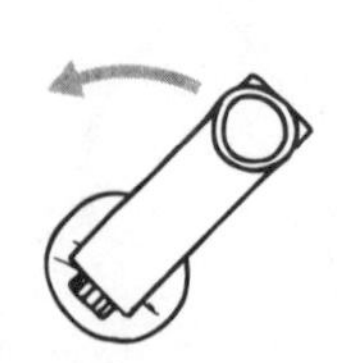

2 將曲柄朝左旋轉卸下。

安裝新的混合水龍頭

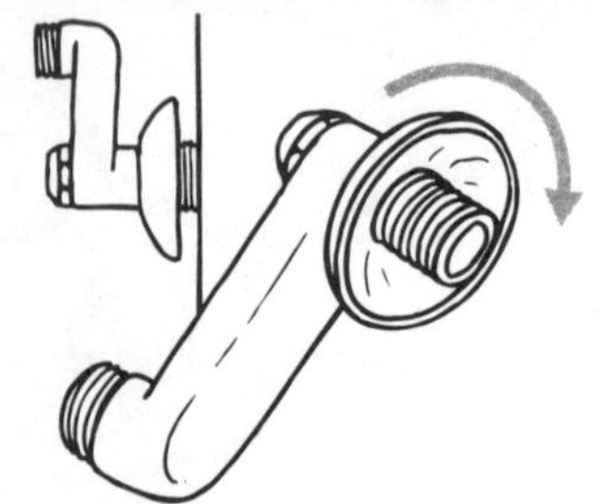

1 曲柄安裝在自來水管上時，要讓墊圈和地面之間留下一些縫隙來旋轉墊圈。

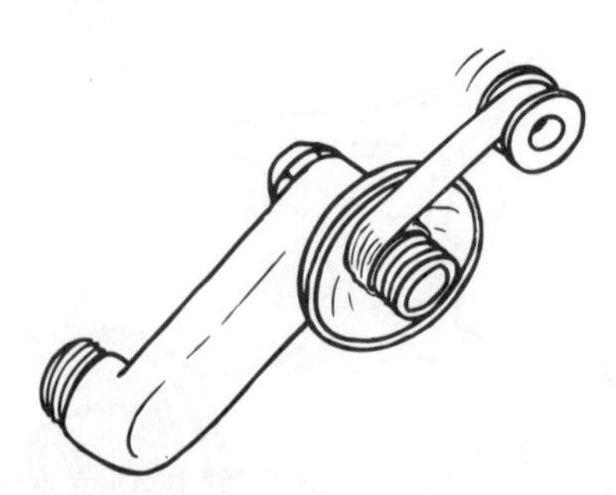

2 曲柄安裝在自來水管上的螺絲部分要裹上水龍頭密封帶（參照87頁④的做法）。

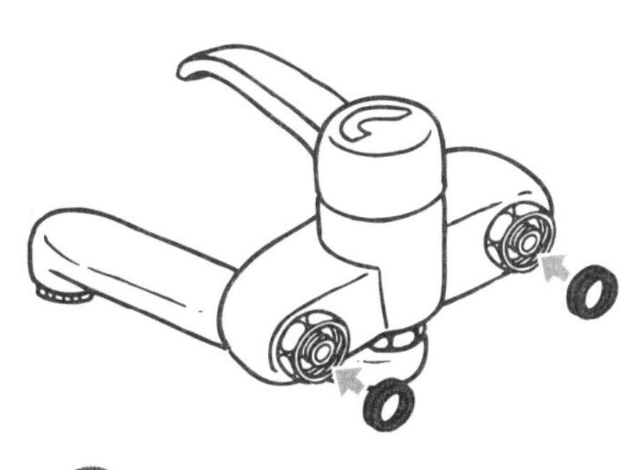

5 水龍頭曲柄螺帽的部分安裝襯墊。

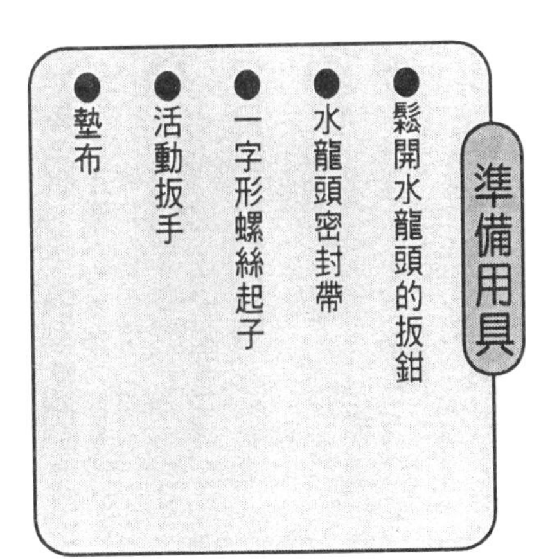

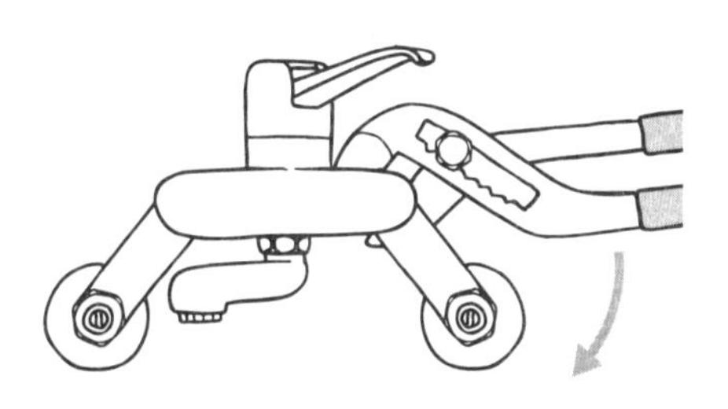

6 水龍頭安裝曲柄。左右曲柄的螺帽慢慢交互鎖緊，然後將墊圈朝右旋轉，貼於牆壁上。

3 將曲柄安裝在自來水管上，左右曲柄要對稱。此外，一開始鬆開墊圈的部分和地面之間要留下縫隙。

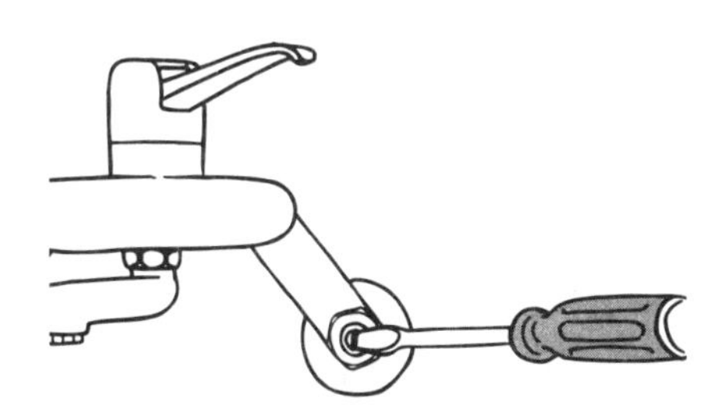

7 最後，墊圈根部的止水栓用一字形螺絲起子旋轉，調節熱水和冷水量，使得拉桿在正中央時能夠得到適當的水温，這樣較容易使用。

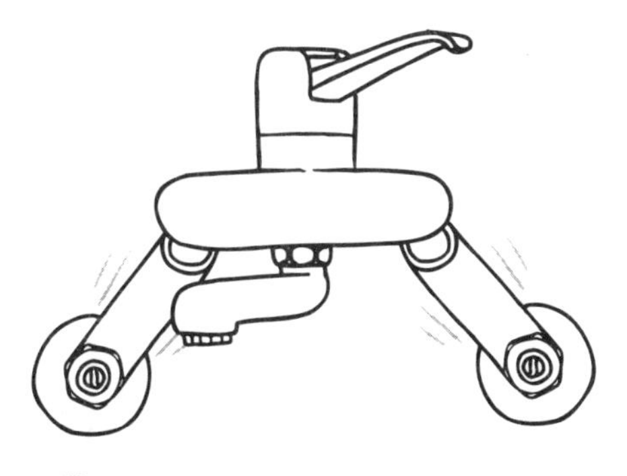

4 裝上水龍頭看看，調整曲柄的位置。

廁所水箱的構造與故障

了解構造就可以知道原因

只要扭住沖水把手，水就會流出來，不久之後水就會停止的水洗式馬桶，使用方法簡單，但水可能會突然流不出來或流個不停，這時就慌了手腳了。

這些問題的原因，幾乎都在水箱內部。也許你認為自己無能為力，但是其構部並不是很複雜。依問題部位的不同，有時並不需要更換零件，只要採用緊急處置的方式就可以處理。所以，一定要好好的了解水箱的構造。

不過，若是要修理安裝在高處的高水槽時，則最好請專門人員來進行。

水箱的構造及部分的作用

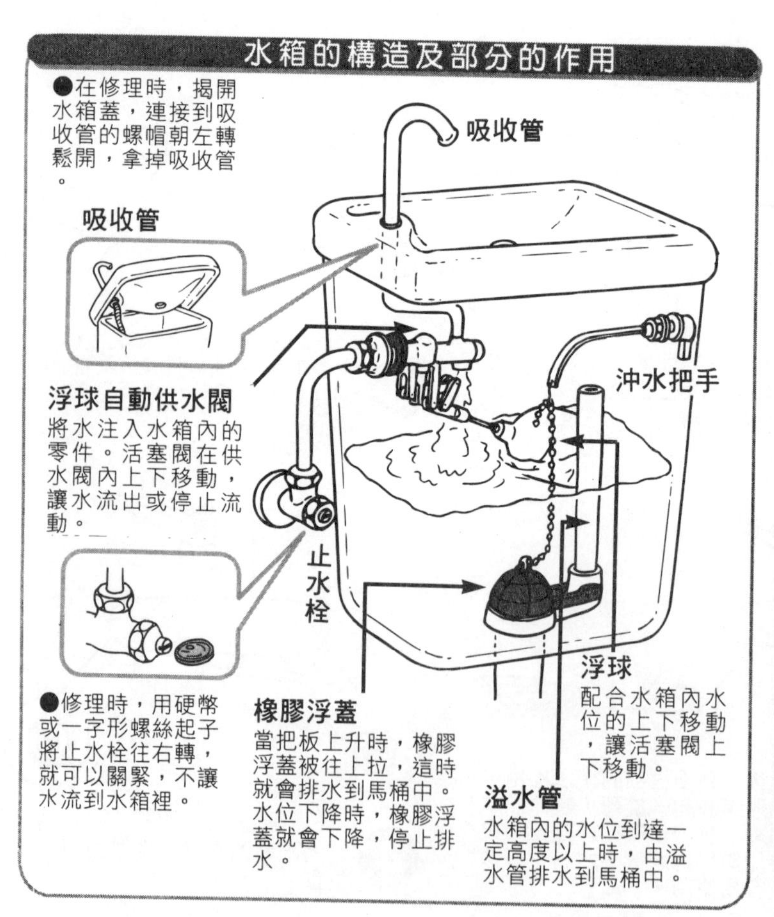

水流不止的原因

從橡膠浮蓋處排水

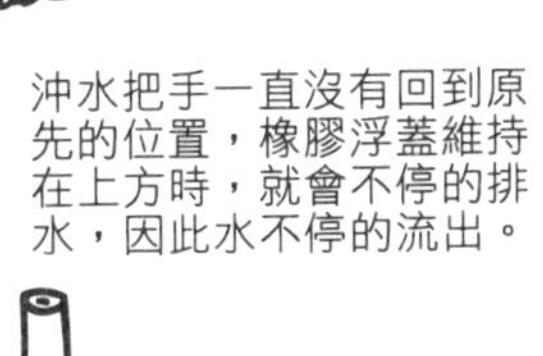

沖水把手一直沒有回到原先的位置，橡膠浮蓋維持在上方時，就會不停的排水，因此水不停的流出。

橡膠浮蓋下方有異物、橡膠浮蓋鬆脫或劣化時，會不停的排水，通常水會不停的流出。

水在溢水管上

浮球鬆脫或勾到什麼東西而一直維持在下方，或是浮球破損、內部有水進入時，則水會不停的流入水箱裡。

浮球自動供水閥內活塞閥的襯墊劣化時，則水會不停的流入水箱裡，水箱裡滴滴答答的水流聲不止。

無法流出水的原因

水箱內有水

將橡膠浮蓋往上拉的鏈子斷裂，因此水箱內的水無法排出。

水箱內沒有水

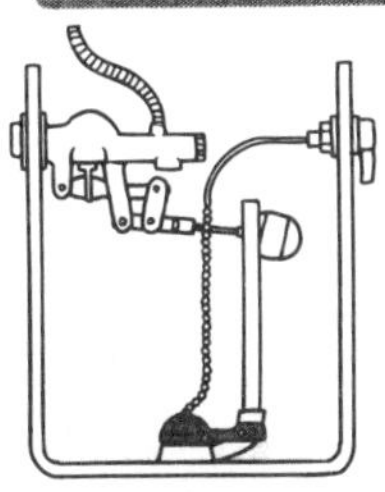

浮球勾到東西而無法下降，活塞閥一直維持在上方時，則無法注水到水箱內。

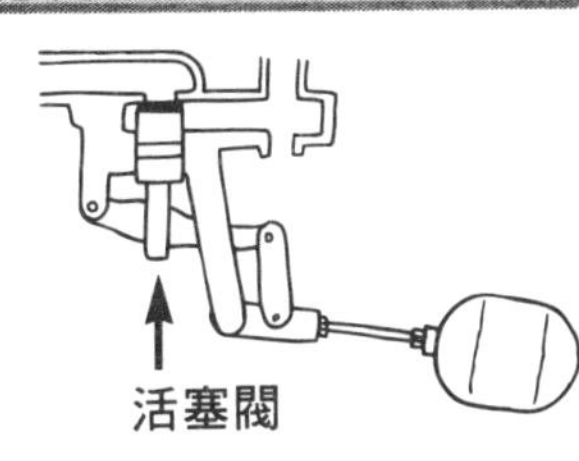

水垢等積存，活塞閥一直保持在上方時，則無法注水到水箱內。

水流不出來時的處理法

首先要確認止水栓

水箱內有水，但是卻流不出來，這時有可能是將橡膠浮蓋往上拉的鏈子斷裂或鬆脫。

修補時可能要更換新的鏈子，或是使用尼龍繩等做緊急處置。

水箱內沒有水時，則可能是浮球勾到水箱壁，或是活塞閥有污垢附著，使浮球無法下降，而無法將水注入水箱所造成的。

但是，止水栓緊閉而使得水無法流入水箱的例子也屢見不鮮，所以，首先要確認止水栓再進行作業。

橡膠浮蓋鏈子的故障

準備用具

- 新的鏈子
- 尼龍繩（緊急處理用）

1 橡膠浮蓋從溢水管上卸下來，排水之後，再將斷裂的鏈子從橡膠浮蓋上卸下。

2 帶有新的鏈子的橡膠浮蓋安裝在溢水管上。鏈子的上端固定在L形金屬零件的鐵絲上。鏈環要多留二～三個份，勾在上面。

3 也可以暫時用尼龍繩等代替鏈子，這時，不可以將尼龍繩拉緊，要稍微放鬆些。

浮球的故障

準備用具

- 扳手或鉗子（二個）
- 浮球支持棒（腐爛時）

1 浮球勾住時，只要往下壓就可以立刻修好。如果原因是浮球鬆弛，要將整個浮球取下來，重新修理。

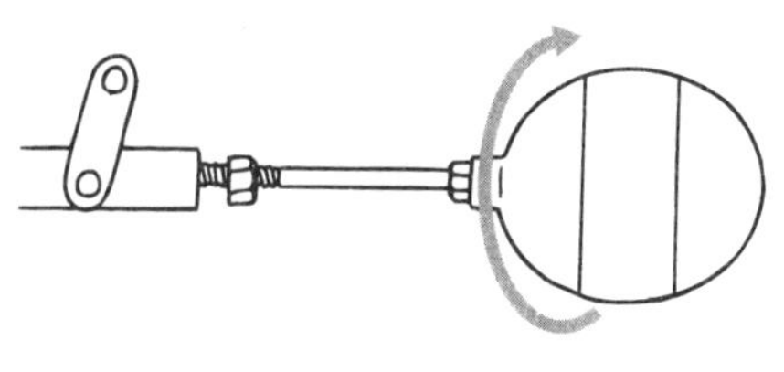

2 用扳手等轉動連接浮球自動供水閥部分的螺帽，鬆弛到某種程度之後，再用支持棒旋轉鬆開。

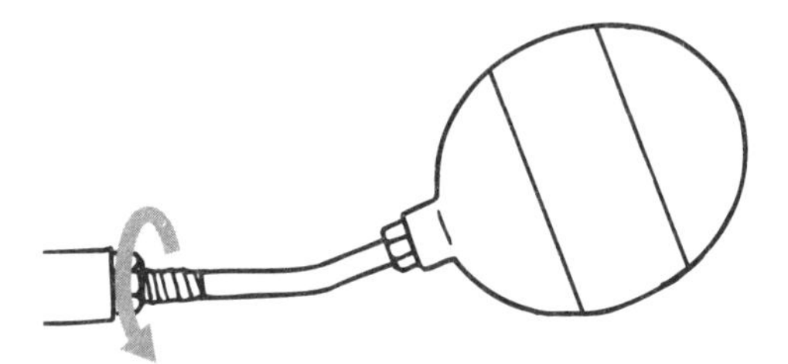

3 用扳手或鉗子矯正彎曲處。支持棒腐爛時則會斷裂，這時只要買支持棒即可。

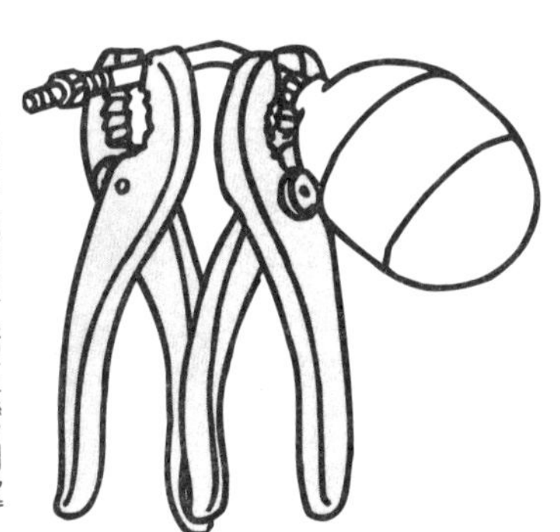

活塞閥的故障

準備用具

- 活動扳手或鉗子
- 耐水砂紙（六○○號左右）
- 牙刷

1 首先將浮球往下壓，在活塞閥的側面注入防鏽的潤滑噴霧劑，然後上下移動來噴灑噴霧劑，如果能夠順暢活動就ＯＫ了，如果還是無法改善，則進行下一個步驟。

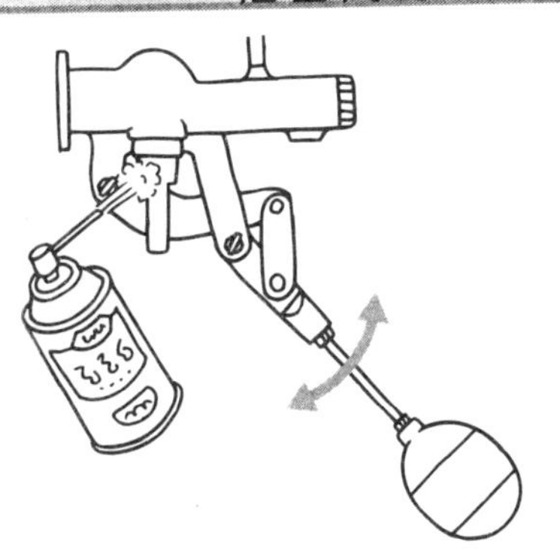

2 用扳手鬆開連接水箱外側給水管和浮球自動供水閥的螺帽。

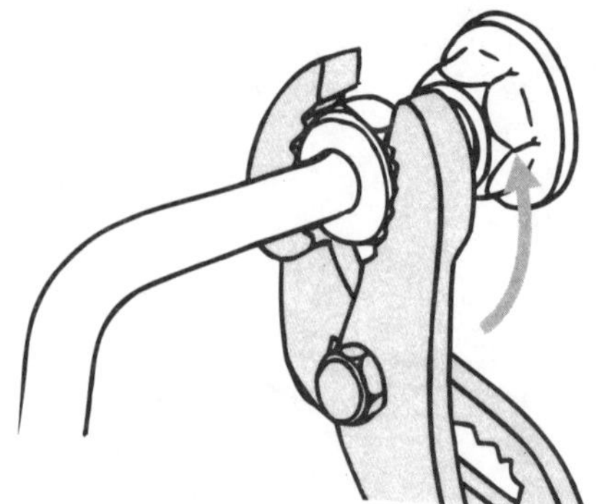

3 卸下給水管（別弄丟給水管和自動供水閥之間的襯墊等零件）。接著鬆開固定浮球自動供水閥的螺帽。

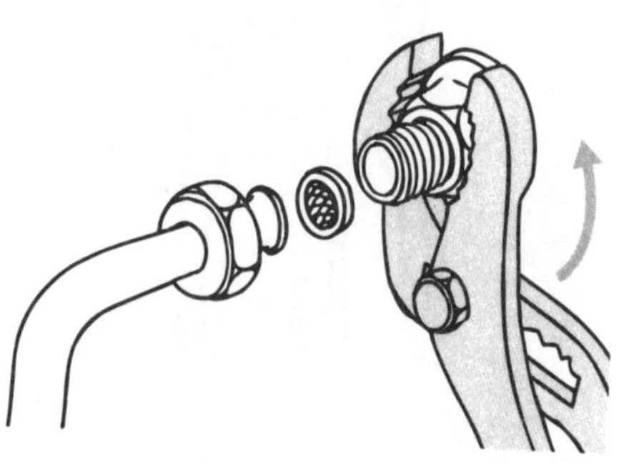

4 鬆開螺帽之後，將浮球自動供水閥從水箱中取出（附帶在供水閥上的襯墊也不要弄丟了）。

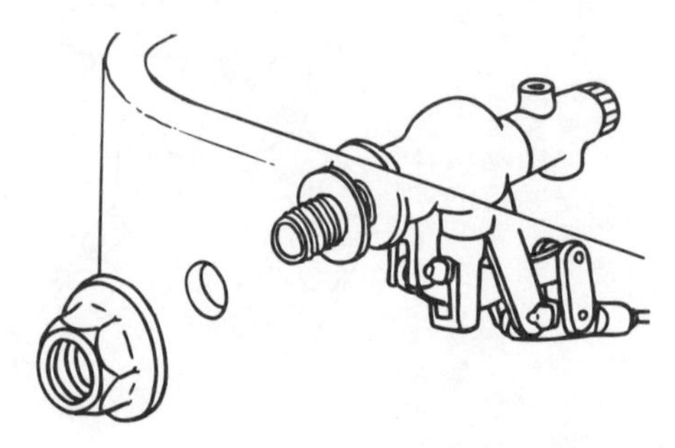

5 把讓活塞閥上下移動的懸臂鬆開。如果是用卡鎖型的螺絲固定，則朝左旋轉即可鬆開。

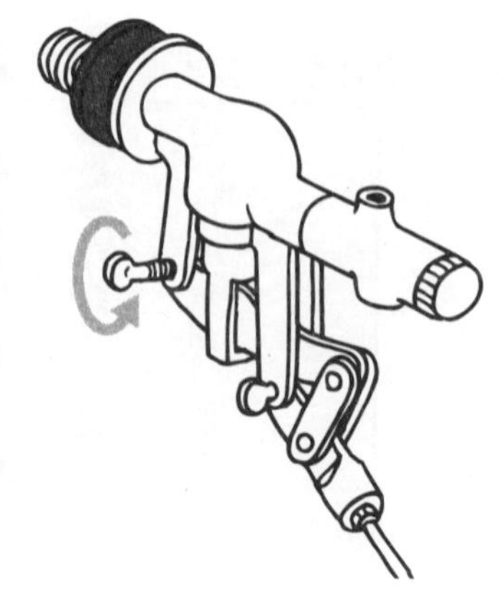

6 將懸臂從活塞閥中抽出，即可將活塞閥從浮球自動供水閥中抽出。

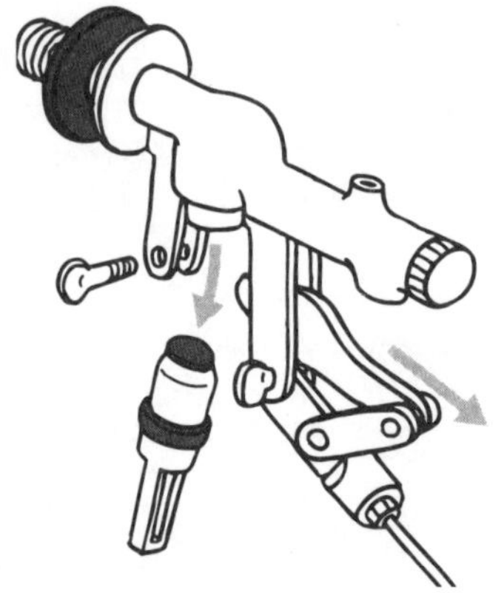

7 將活塞閥沾著的水垢用牙刷刷乾淨，側面的污垢則用耐水砂紙磨擦，然後用與卸下時相反的順序安裝。

水流不止時的處理法

將橡膠浮蓋和浮球帶到現場去購買

水流不止的原因，可能是活塞閥的襯墊劣化，但也可能是沖水把手、橡膠浮蓋或浮球異常，但有時也只是鏈子勾住所造成的。

拿掉橡膠浮蓋後，如果橡膠浮蓋下方夾雜著異物，那麼就用水沖洗縫隙。當沖水把手生鏽，無法恢復原狀時，也會出現相同的狀態。

浮球鬆脫或一直被壓在下方時，則水箱裡的水會不停的流。因為水面上升，溢水管才會一直排水到馬桶中。如果是活塞閥的襯墊劣化，則水還是會不停的流到水箱中。

準備用具

●新的橡膠浮蓋（更換時）

依牌子的不同，形狀也不相同。此外，也有安裝在高處或馬桶側面的水箱等，所以大小也會有所不同。

橡膠浮蓋的故障

1 抬起橡膠浮蓋，若有異物就將之去除。如果接觸到橡膠浮蓋的手又黑又髒，那麼就表示其品質已經相當的差，必須更換。

2 購買大小、形狀與原來的橡膠浮蓋相同的零件。這一型柄的部分比較大，所以要選擇大小適中的洞，才能夠配成一組。

3 ＴＯＴＯ等幾乎所有的牌子都是半球形，而ＩＮＡＸ則是球形。依水箱形狀的不同，大小也不同，把現貨帶到店裡去購買，才是比較聰明的做法。

活塞閥的問題

準備用具

- 活塞閥的襯墊（浮球自動供水閥內襯墊）
- 活動扳手或鉗子
- 牙刷
- 耐水刷子（六〇〇號左右）
- 鋸子或一字形螺絲起子

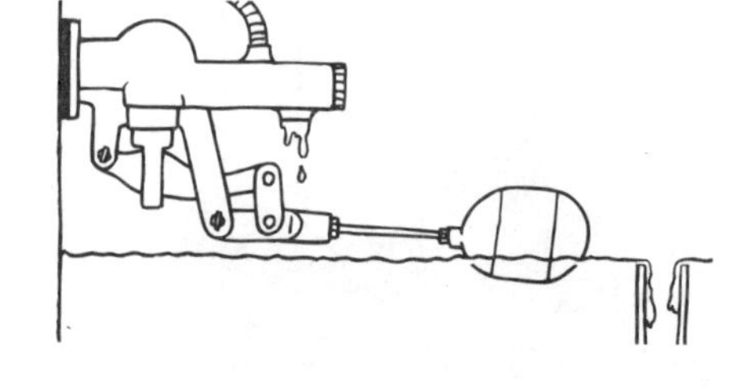

1 雖然浮球浮起，但水卻不停的流，原因可能是活塞閥劣化。

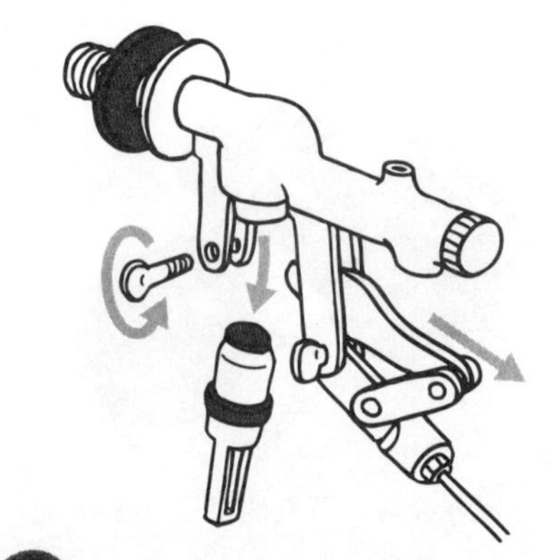

2 按照 94 頁的要領，卸下浮球自動供水閥，再卸下活塞閥。

3 先用牙刷刷乾淨，去除水垢。難以去除的污垢用耐水砂紙磨擦。如果很明顯的是襯墊劣化，那麼就要更換。

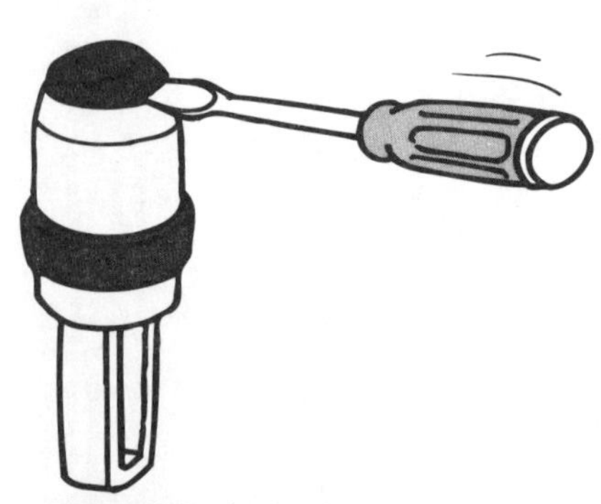

4 將襯墊從活塞閥上取下。如果難以取下，則用鋸子或一字形螺絲起子撬開。

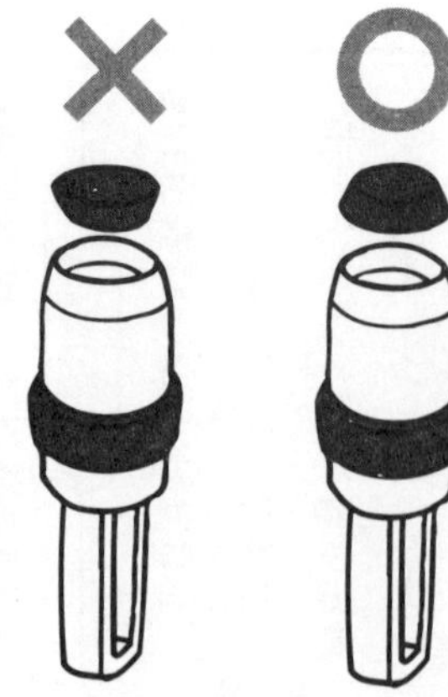

5 梯形的襯墊較寬的部分裝入活塞閥內，鬆開時，則以相反的順序進行。

浮球的故障

準備用具

- 活動扳手或鉗子二個（支持棒的彎曲情況）
- 浮球（破損時）

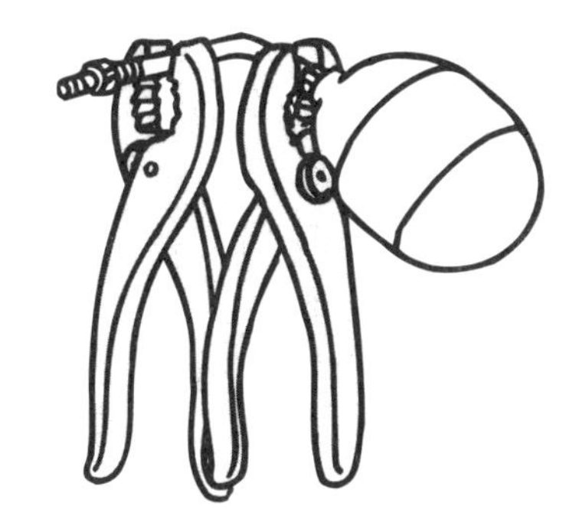

2 勾住或鬆弛時，要重新勾緊。如果是支持棒彎曲所造成的，則要矯正彎曲（參照93頁）。

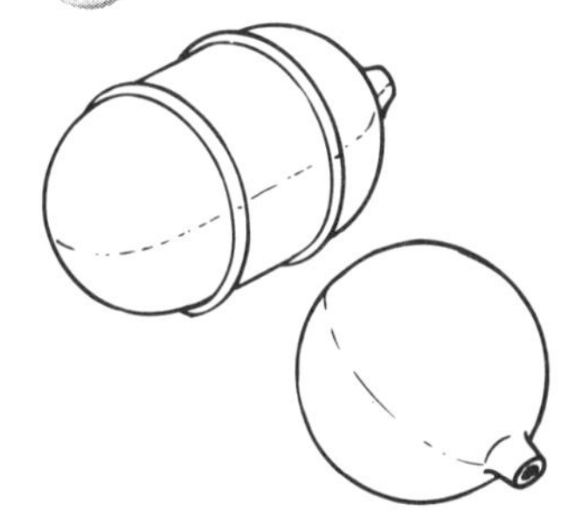

1 浮球一直下沉，無法浮起、被勾住、破損或有水進入時，將浮球鬆開，水還會持續流。

3 如果浮球連支持棒一起卸下，則要朝右轉，安裝在浮球自動供水閥上。如果只要卸下浮球，則用手朝右轉嵌入。破損的話，則要將現貨帶到店裡去購買相同的零件回來更換。

沖水把手的故障

準備用具

- 含有防鏽劑的潤滑噴霧劑

1 沖水把手的心棒生鏽，把手無法恢復原狀，浮球一直被拉扯時，那麼如果只是鏈子被勾住，只要鬆開，重新修理一下即可。

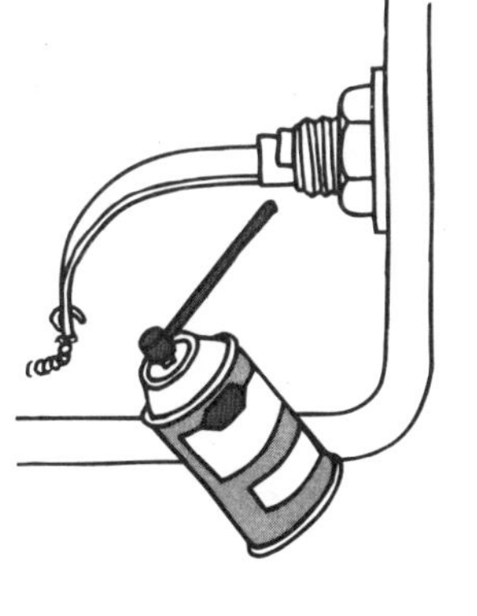

2 打開蓋子，將帶有噴嘴的潤滑噴霧劑噴在心棒旋轉的部分，就能使沖水把手順暢的運作。

疏通堵塞的馬桶

確認馬桶通了才可以放水

疏通堵塞的馬桶時，要使用吸引杯。但是不斷的擠壓、放鬆的話，污水會飛濺四周，因此，要先蓋上塑膠布後再進行作業。

此外，還有一種附帶長鐵絲的排水管專用刷，可以去除異物。不過，最近抽水馬桶的排水管時而上時而下，非常複雜，很難好好的去除異物。

使用吸引杯而仍然無法疏通馬桶時，那麼只好請專業人士來幫忙了。

準備用具

- 吸引杯
- 塑膠布
- 膠帶

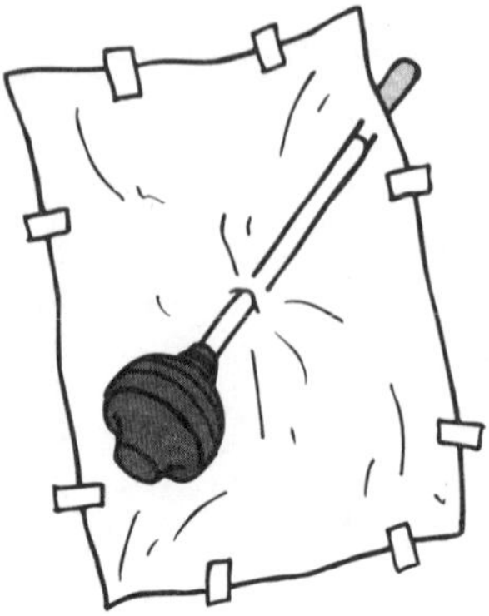

1 在塑膠布的正中央挖洞，讓吸引杯通過。用膠帶將塑膠布固定在馬桶上。

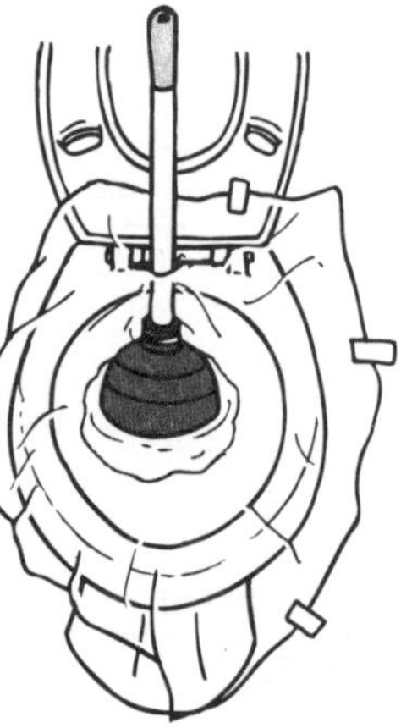

2 慢慢的將吸引杯壓入排水口上，然後用力的拔起來。反覆操作幾次。

3 去除異物之後，將水桶的水一點一點的倒入馬桶內，測試阻塞的情況是否已經改善了。不要一下子就按下沖水把手讓水流出。

更換馬桶蓋

測量尺寸之後再購買新的馬桶蓋

國產品安裝零件的間隔大約為一四〇毫米，但是，馬桶蓋的長度各有不同，所以要先測量馬桶內徑的長度，再購買新的馬桶蓋。

有些馬桶蓋只要用螺絲固定附屬的零件即可，所以，只要鬆開螺絲，把馬桶蓋拆下即可。

準備用具

- 新的馬桶蓋（附帶安裝零件）
- 活動扳手

1 一定要事先測量馬桶蓋內側較長的尺寸。為了謹慎起見，也要測量固定器具和器具之間的間隔，這樣就不會弄錯了。

3 先固定金屬零件，將橡皮襯墊穿過金屬零件，然後再穿過安裝孔，鎖緊墊圈和螺帽。

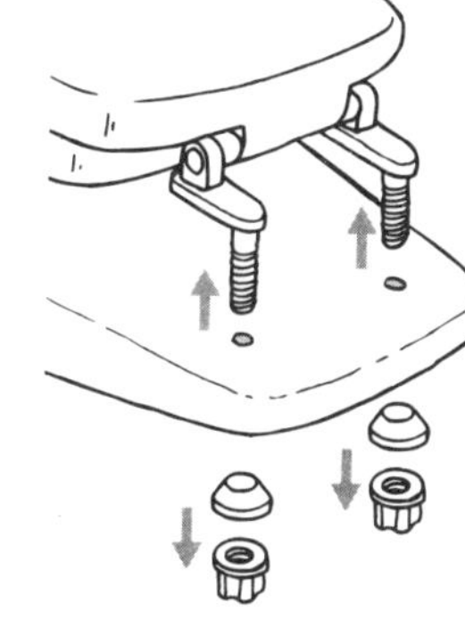

2 用扳手鬆開固定金屬零件的螺帽，鬆開馬桶蓋，將馬桶蓋抬起抽出。

4 將馬桶座和馬桶蓋重疊起來，固定在安裝孔之間，插入固定插銷。

更換蓮蓬頭和水管

確認襯墊沒有裝歪

最近市面上可見具有按摩功能、除氯功能、水流變換功能、節水功能等的蓮蓬頭。更換老舊的蓮蓬頭非常簡單，不需要使用工具。

更換蓮蓬頭管子時，需要工具，但是，只要幾分鐘就能完成。

不管哪一種情況，只要注意襯墊等附屬零件是否好好的安裝在固定的位置上，就可以進行作業。

此外，連接不同牌子的零件時，需要接頭。要把現貨帶到店裡去購買，然後再更換器具。

準備用具

- 活動扳手
- 墊布
- 一字形螺絲起子

更換蓮蓬頭

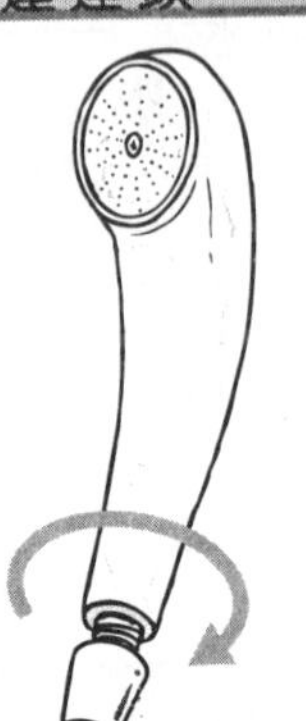

1 用手按住水管金屬部分，將蓮蓬頭朝左轉鬆開。如果老舊的襯墊黏在水管內，則用螺絲起子等取出。

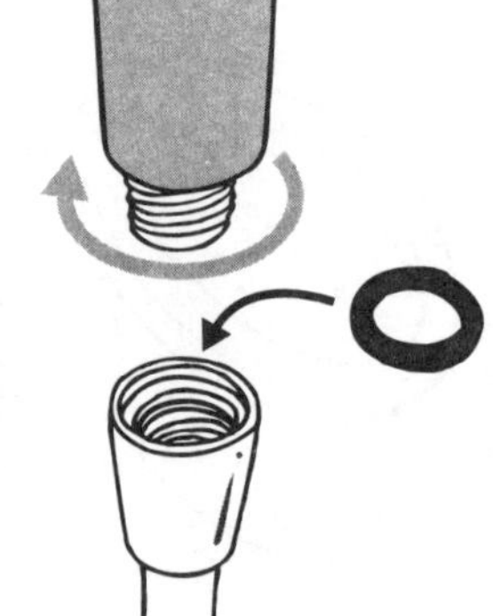

換上新的襯墊，將蓮蓬頭朝右轉，安裝固定。襯墊挪移或彎曲，會成為漏水的原因，一定要注意。

如果蓮蓬頭和水管的牌子不同，則粗細也會不同，這時必須安裝接頭互相連接，不要忘記安裝襯墊。

更換整個噴灑水管

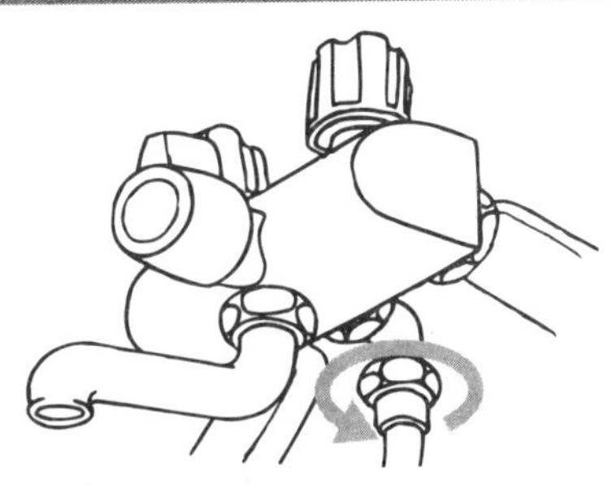

1 將水管安裝在水龍頭上的螺帽用活動扳手鬆開。如果用墊布墊著，就不會損傷螺帽。

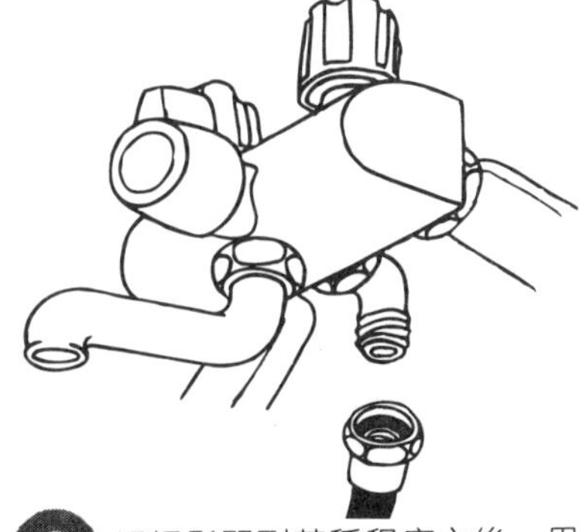

2 螺帽鬆開到某種程度之後，用手旋轉，鬆開水管。

3 將新的水管附帶蓋子拿下來，確認襯墊在正確的位置。

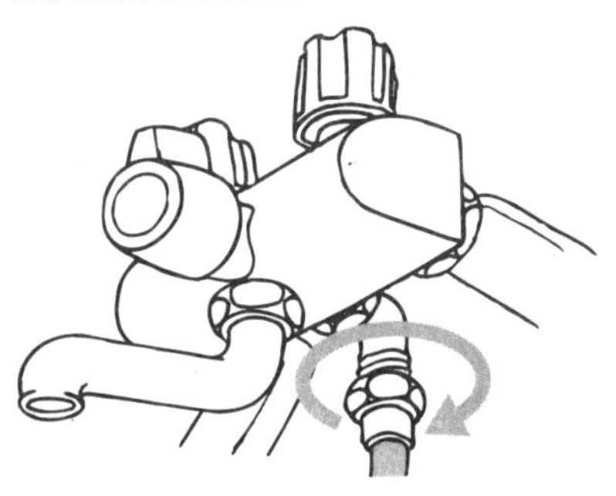

4 將水管安裝在水龍頭上。先用手轉動螺帽，扭緊之後再用活動扳手轉緊。

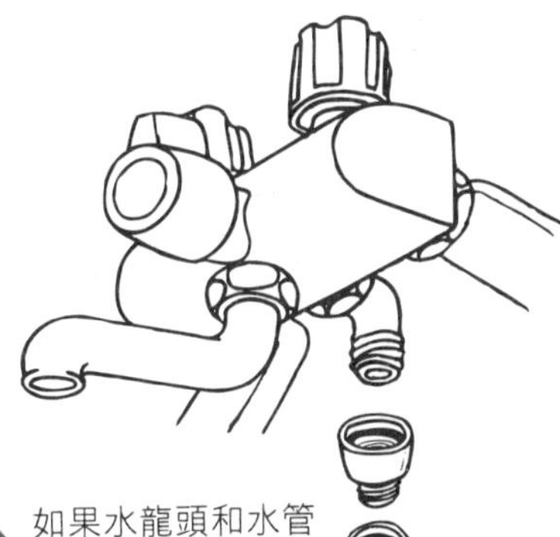

5 如果水龍頭和水管的牌子不同，則必須利用接頭連接。

重點

蓮蓬頭堵塞時，如果是用螺絲固定蓮蓬頭板的蓮蓬頭，則要先鬆開，用刷子等磨擦，去除污垢。

但是，如果蓮蓬頭老舊，襯墊劣化，反而會漏水，而且蓮蓬頭板的襯墊並沒有一定的規格。想要找尋相同的襯墊很困難，因此，最好不要分解老舊的蓮蓬頭板。

重新粉刷浴室的牆壁

保持通風順暢再進行作業

浴室是去除一天疲憊的重要場所。

但是，因為經常有濕氣積存，所以容易發霉。灰泥牆壁及粉刷油漆的牆壁，更是容易發霉，而油漆剝落的地方，就是黴菌的棲息地。

「刷油漆好像很困難……」也許有人會這麼想。不過，最近水性塗料不容易滴落，而且只要使用滾筒刷，刷起來非常的均勻。

雖然比不上專業人士，但是浴室牆壁不需要在意他人的眼光，自己動手粉刷之後，都會覺得非常滿意。

準備用具

- 浴室用洗劑和長柄刷等清掃用具
- 廚房用氯系列漂白劑（發霉時）
- 抹子刷（附帶連接柄）
- 油灰（補土）
- 刮刀（金屬製刮刀）
- 砂紙和墊木

- 掩蔽膠帶
- 水性防水漆
- 加入防霉劑的水性塗料
- 免洗筷
- 托盤
- 交叉用刷
- 滾筒刷（防水漆用與粉刷用）
- 四角梯
- 硅系列充填劑

事前準備

1 打開門窗，保持通風順暢。利用浴室用洗劑刷洗牆壁，如果天花板也要粉刷，則天花板也要刷洗乾淨，等到乾燥即可。

浴室用洗劑

2 如果發霉，那麼就按照說明書的指示，稀釋氯系列漂白劑，用抹子刷或滾筒刷塗抹在牆壁或天花板，靜待30分鐘（由於漂白劑可能會飛散，所以要用毛巾掩蓋頭及口唇周圍，戴上蛙鏡、橡皮手套，穿上工作服。

3 用水沖洗，用抹布擦乾水分，等待乾燥。如果發霉的顏色無法變淡，就要再進行一次相同的作業。

4 如果原先粉刷部分的油漆快要剝落了，要用刮刀等刮除，用包著墊木的砂紙（200 號左右）去除突起處或小的凹凸不平處。

5 如果有龜裂或陷凹處，則必須塞住油灰（補土），再用刮刀抹平。乾了之後，用包著墊木的砂紙抹平。大概要 2 小時以後才會變乾，所以先進行⑥以後的作業。

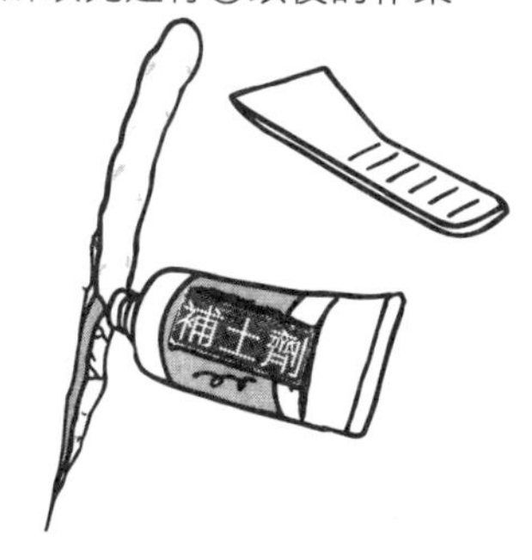

6 浴缸、水龍頭、地板、窗子或換氣扇等不須粉刷的部分，全都要遮蓋起來。在塑膠布的一端黏貼掩蔽膠帶，再蓋起來。必要時，可以配合利用掩蔽膠帶補強。

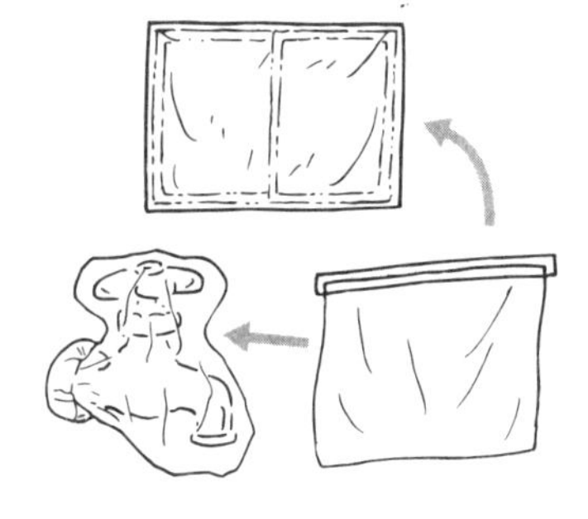

7 若牆壁的下半部貼了磁磚，則因為上面的塗料可能會滴落下來，所以要仔細的遮蓋住。

8 塗抹防水漆，塗料才容易附著並且提高防水性。

粉刷塗料

1 用雙手夾住交叉用刷柄，不斷的旋轉，去除雜毛並用手去除還沒有掉落的雜毛。

2 先搖晃油漆罐，再打開蓋子。用免洗筷從底部往上攪拌，保持整體濃度均勻。

3 將必要量的塗料倒入托盤中，交叉用刷刷毛 3 分之 2 的部分浸泡在塗料中吸收塗料，然後利用托盤斜度的部分去除多餘的塗料。

4 打開門窗，保持通風良好。先用交叉用刷子刷角落或窗邊，再用滾筒刷刷比較難刷的部分。塗料只會沾在交叉用刷刷毛上二分之一的部分，所以要先去除多餘的塗料，讓塗料不會滴下來之後再粉刷。

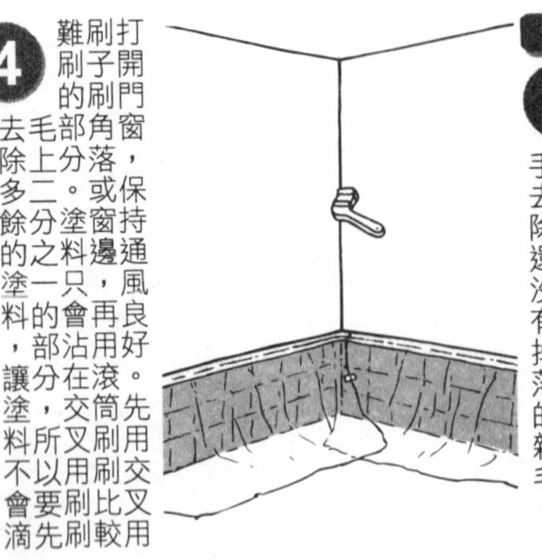

5 滾筒刷在托盤中滾動幾次，使塗料被充分吸收後，再塗抹於較寬廣的部分。

6 如果天花板也要粉刷，就先從天花板開始粉刷。快速滾動滾筒刷時，塗料會飛濺，因此要以按壓的方式慢慢的滾動。

7 從左右任何一端開始粉刷。接著，在最初粉刷的部分要重疊4分之1到3分之1處，平行粉刷，慢慢的朝側面移動。

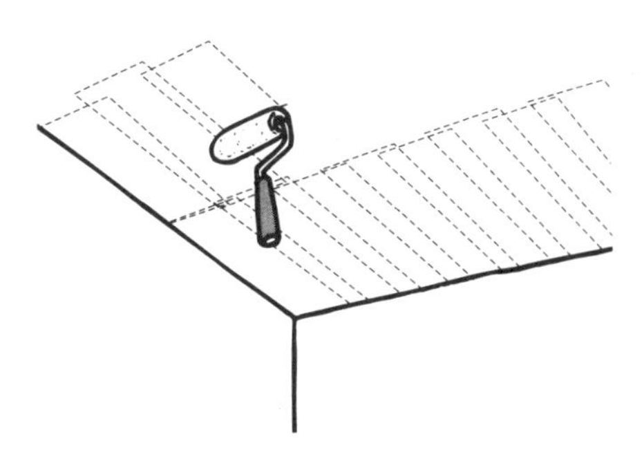

8 如果無法一氣呵成的到達對面一端，可以分為2段來粉刷。粉刷完之後，要確認有沒有不均勻之處，如果出現濃淡不均的情況，要粉刷到使其均勻為止。

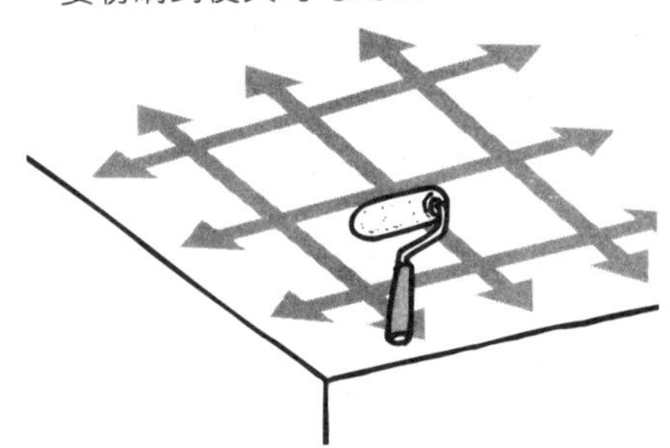

9 牆壁部分也要以同樣的方式粉刷。滾筒刷由上往下滑動，較容易粉刷。

10 粉刷完必要的部分之後，就撕開交界處的掩蔽膠帶。如果等到塗料乾了、凝固之後，則沾上掩蔽膠帶的塗料會連粉刷在牆上的塗料也一併撕下來。

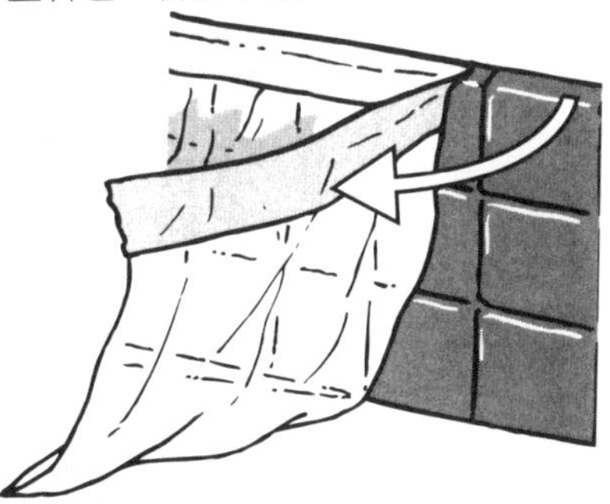

! 重點

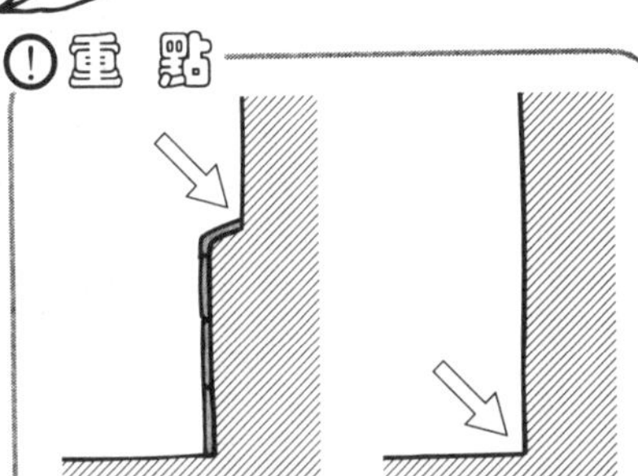

如果在粉刷途中遇到磁磚，則要等到在交界處或牆壁與地面的交界處（轉角處）的塗料乾了之後，再使用硅類充填劑。將充填劑埋入轉角處，能夠使得排水更加順暢。

在距離轉角2～3毫米處，牆壁側與地面側貼上掩蔽膠帶，注入充填劑，用手指抹平，再撕開掩蔽膠帶，轉角部分就會形成一道充填劑坡。

修補磁磚的裂縫

裂縫用接縫劑條補，角落則用充填劑修補

磁磚的耐久性甚佳，而且污垢容易去除。但是接縫處容易發霉，這是它的缺點。

使用除霉劑來清掃，通常可以去除霉，但如果還殘留發黑的部分，則整個接縫處就要重新塗抹接縫劑。

當接縫處出現龜裂或缺損時，即使浴室的牆壁已經粉刷上防水塗料，但是放任不管，則破損的範圍會愈來愈大，因此能夠修補的部分就要儘早修補。

準備用具

- 磁磚接縫劑（水泥型）
- 托盤
- 橡皮刮刀
- 抹布
- 一字形螺絲起子

接縫的修補

1. 用一字形螺絲起子刮平接縫部分的缺損處。為了讓接縫劑能夠順利的塗抹上去，要用濕抹布擦拭接縫處，使其潮濕。

2. 將接縫劑倒入油漆托盤中，加入説明書指示量的水，充分攪拌均匀。不要一次全部倒入，而要一點一點的慢慢倒入。

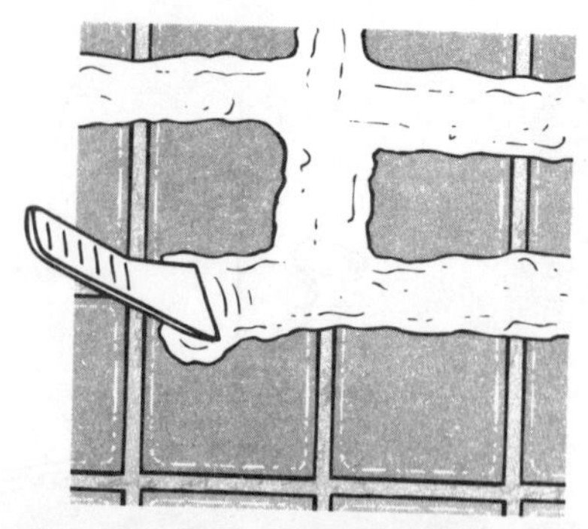

3. 用橡皮刮刀將接縫劑塗抹在整個接縫處。沾到磁磚面的接縫劑擦得掉，不必太在意。

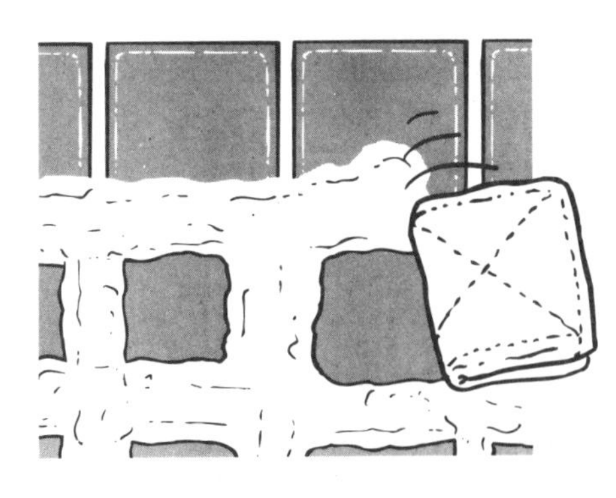

4 沾在磁磚面上的接縫劑可以用濕毛巾擦掉。擱置 1 天，使其乾燥，再進行與部分修補相同的方法。

轉角處的修補

壁面磁磚接縫可以用水泥接縫劑修補。面與面交接的轉角處，因為振動等的影響，容易龜裂，這時要用硅類的充填劑修補。

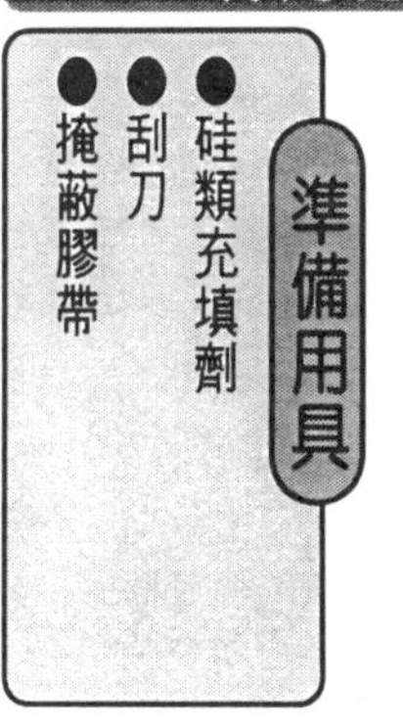

準備用具

- 硅類充填劑
- 刮刀
- 掩蔽膠帶

1 轉角部分在距離 2～3 毫米處貼上掩蔽膠帶。

2 注入硅類充填劑，用刮刀刮平。

3 立刻撕下掩蔽膠帶，使其乾燥。

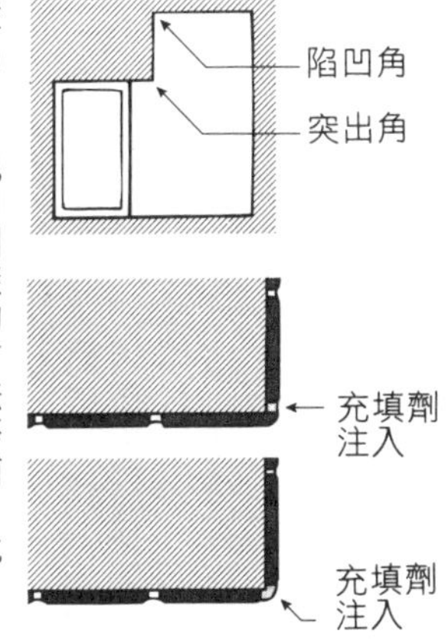

4 突出角，也用同樣的方法修補。此外，通常突出角用的磁磚大多附帶裝飾，但是，進口磁磚多半沒有裝飾，不管哪種情況，都要比陷凹進去的角落多使用一些充填劑。

磁磚的剝落和缺損的修補

破損明顯的磁磚要更新

磁磚一旦剝落，就要貼新的磁磚。如果缺損明顯或形成深的龜裂時，就要去除殘破的磁磚，換上新的磁磚。如果磁磚的龜裂或破損的範圍較小，則不須要更換新的磁磚，但是放任不管會破損擴大，因此要儘早修補。

貼新磁磚時，要使用2液型的接著劑，龜裂或破損的修補，則可以使用2液型的修補劑。不管哪種情況，都要在混合主劑和硬化劑之後迅速進行修補作業。

準備用具

- ●重貼磁磚：新的磁磚（大小相同）／環氧樹脂接著劑（浴室磁磚用）／一字形螺絲起子／吹風機／鎯頭
- ●缺損或龜裂的修補：掩蔽膠帶／琺瑯修補劑／膠布

修補大的龜裂

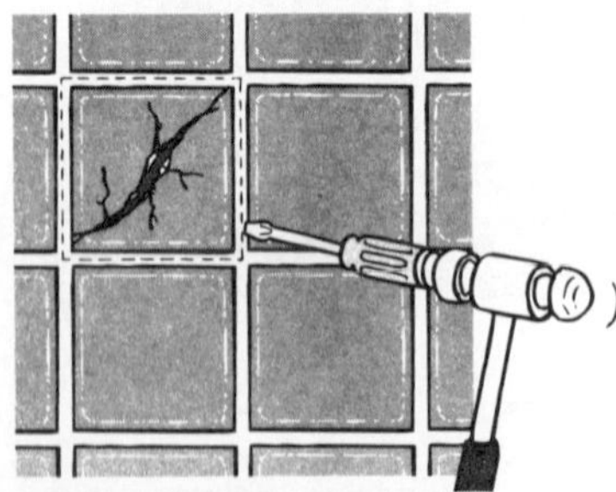

1 用一字形螺絲起子撬起破損磁磚周圍的接縫處，去除舊的磁磚。

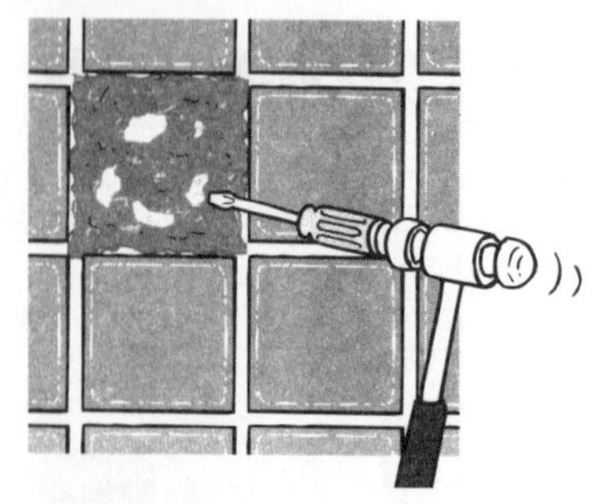

2 用一字形螺絲起子，去除殘留在底部的接著劑，使其平坦。周圍的接縫也要盡量清除乾淨。

3 如果底部潮濕，則要用吹風機吹乾。加熱過度，會使底部出現龜裂，所以吹風機不要太靠近。

修補小的缺損或龜裂

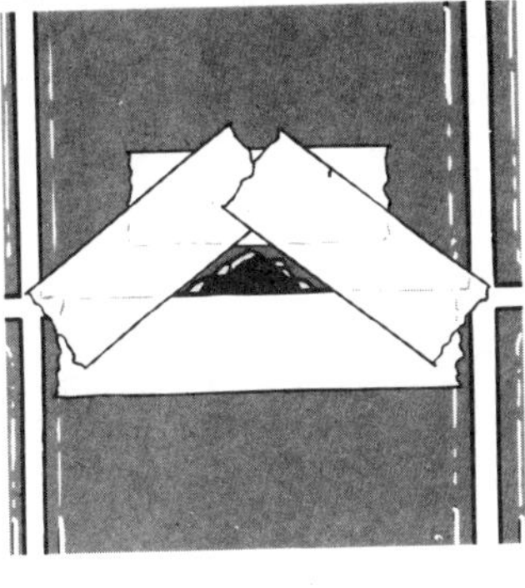

1 先去除缺損或龜裂部分骯髒和脆弱的部分，用吹風機吹乾，周圍貼掩蔽膠帶。

2 擠出等量的琺瑯修補劑的主劑和硬化劑。主劑中混入少許的水彩顏料，就會形成與磁磚相同的顏色。

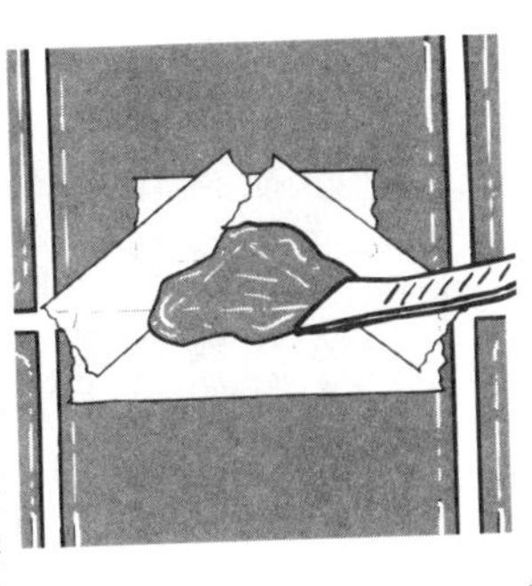

3 著色過的主劑和硬化劑要迅速混合，用刮刀塗抹在修補部位，然後撕掉掩蔽膠帶。使其乾燥。就算顏色有點差距也無妨，如果用硅類充填劑進行修補，作業就更簡單了。

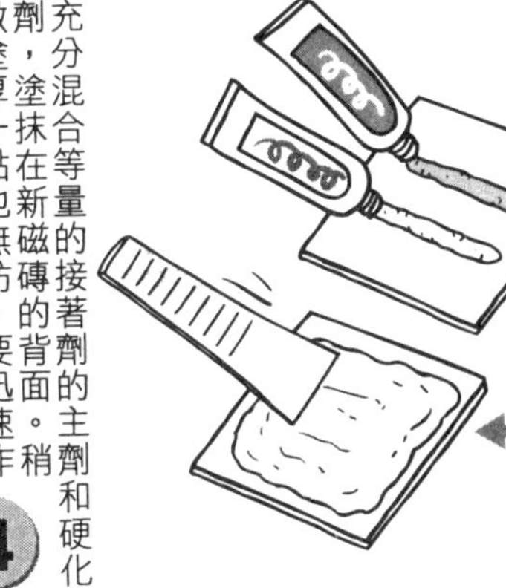

4 充分混合等量的接著劑的主劑和硬化劑，塗抹在新磁磚的背面。稍微塗厚一點也無妨，要迅速作業。

5 周圍接縫部分的寬度要保持均勻，然後貼上磁磚。按壓之後，用膠布暫時固定，等到接著劑乾燥為止。

6 接著劑乾燥之後，撕掉膠布，用刮刀刮入用水調勻的接縫劑，擦掉沾在磁磚上多餘的接縫劑（參照 107 頁）。

浴缸周圍和洗臉台周圍的修補

與其重視外觀還不如重視防水性

浴缸或洗臉台和牆壁之間用充填劑填補。一旦老舊了，會形成很大的縫隙。這是經常碰到水的部分，所以要用防水性較高的浴室用充填劑。

琺瑯的浴缸或洗臉台表面剝落或出現龜裂時，防水性不佳。

以前所使用的面鍍琺瑯最近比較少見，這種琺瑯容易生鏽。不管哪種情況，都要儘早修補。不必執著於保持原有的外觀，宜重視防水性的修補。

準備用具

- 修補縫隙：硅類充填劑（浴室用）／美工刀／牙刷／吹風機／掩蔽膠帶
- 剝落或龜裂的修補：琺瑯修補劑／水彩顏料／刮刀／砂紙（240號）／吹風機

浴缸和壁面縫隙的修補

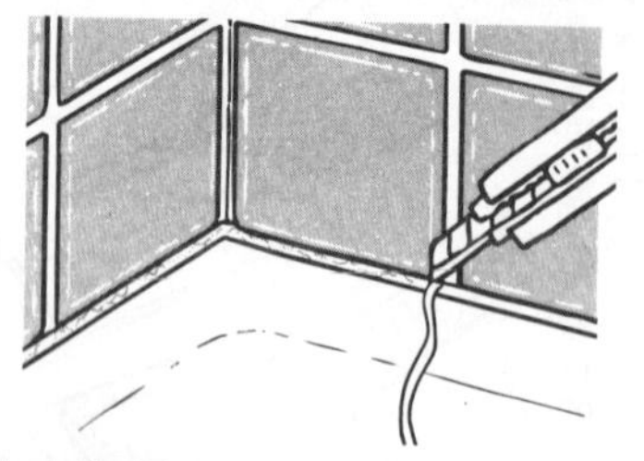

1 先去除浴缸（洗臉台）和牆壁之間老舊的充填劑。通常是用硅類充填劑填補縫隙，因此用美工刀割開，就可以輕易的去除。

2 縫隙間的污垢用牙刷刷乾淨，再用吹風機吹乾。

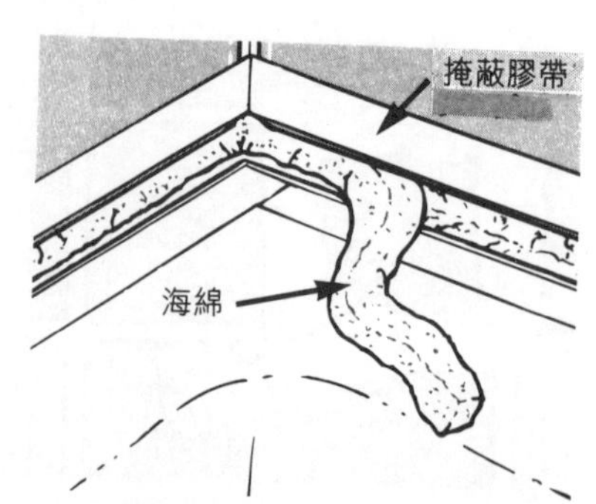

3 縫隙部分周圍貼上掩蔽膠帶。縫隙太大時，充填劑會掉落，這時要事先埋入填隙用的海綿膠布等。

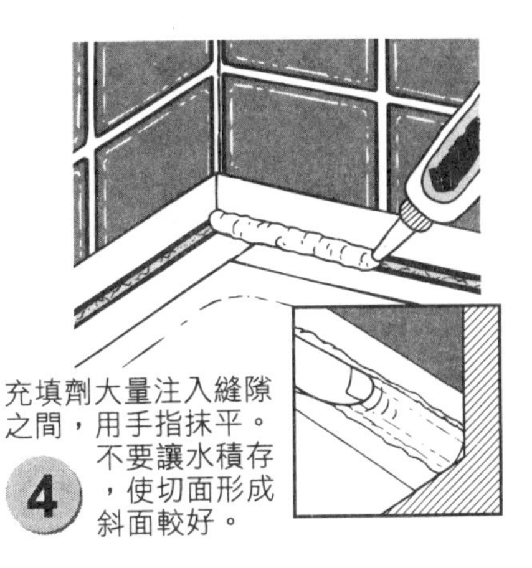

充填劑大量注入縫隙之間，用手指抹平。

4 不要讓水積存，使切面形成斜面較好。

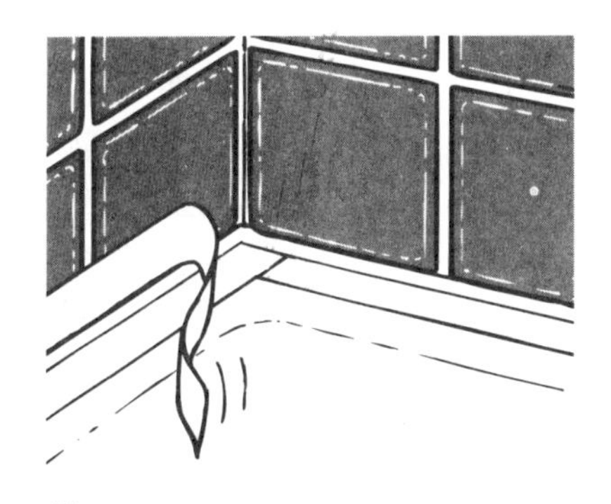

5 作業結束之後，立刻撕下掩蔽膠帶，使其乾燥。

琺瑯浴缸（洗臉台）的剝落

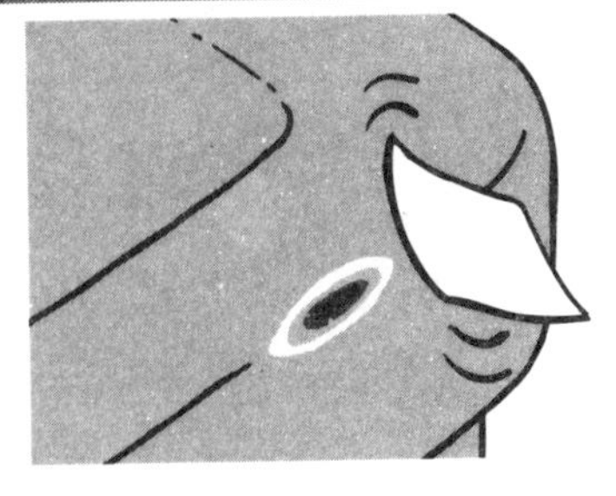

1 如果剝落的部分生鏽，就用砂紙（240 號左右）清除鏽掉的部分。修補的部分則用吹風機吹乾。

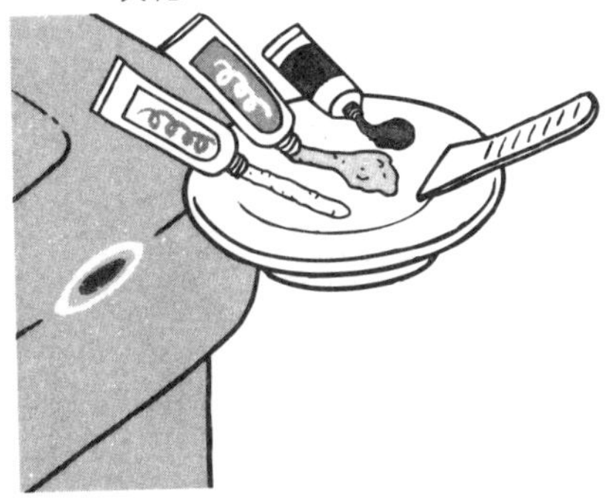

2 擠出等量的琺瑯修補劑的主劑和硬化劑，主劑中稍微混入一些水彩顏料，形成和浴缸（洗臉台）同樣的顏色。

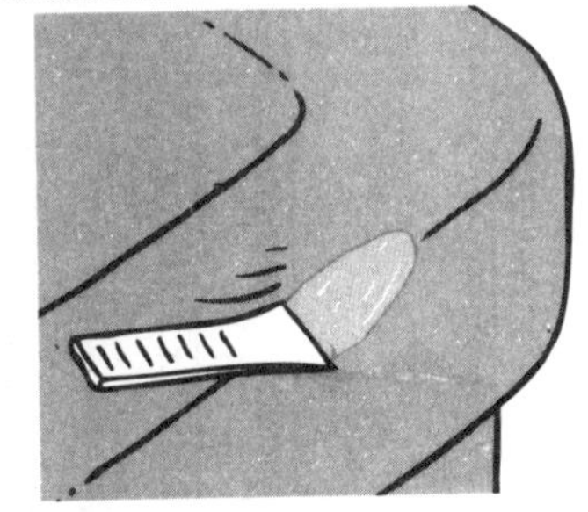

3 主劑和硬化劑混合之後，迅速用刮刀塗抹在剝落的部分，使其平坦，然後等待乾燥即可。

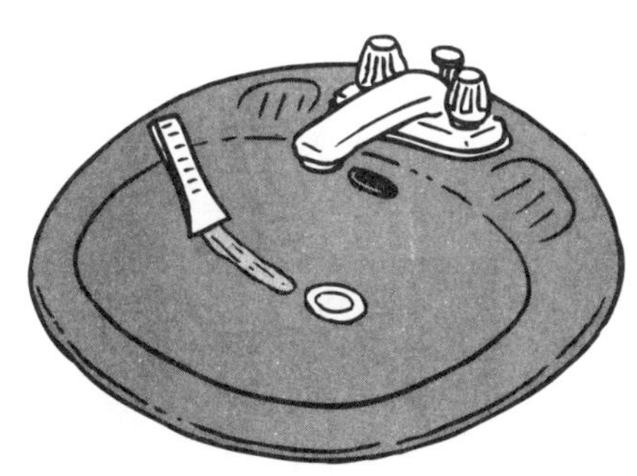

4 如果是 1 毫米左右的龜裂，則使用同樣的方法就可以改善。此外，聚酯塑料浴缸也可以使用琺瑯修補劑來修補。

浴室木質部分的修補

在腐蝕擴大之前進行修補

浴室的木質部分，容易受到濕氣的影響，尤其潮濕的身體經常出入的門下部分，更容易腐蝕。腐蝕擴大時，很難以DIY的方式改善，因此平常就要去除水氣，保持通風。

準備用具

- 一字形螺絲起子或金屬刮刀
- 木質部用充填修補劑
- 砂紙（80號左右）和墊木
- 模型用木片（木質部的角腐蝕時）
- 浴室用水性塗料
- 交叉用刷
- 托盤
- 免洗筷

1

翹起的油漆或腐蝕的木質部分，用一字形螺絲起子或金屬刮刀去除，用吹風機吹乾。

2

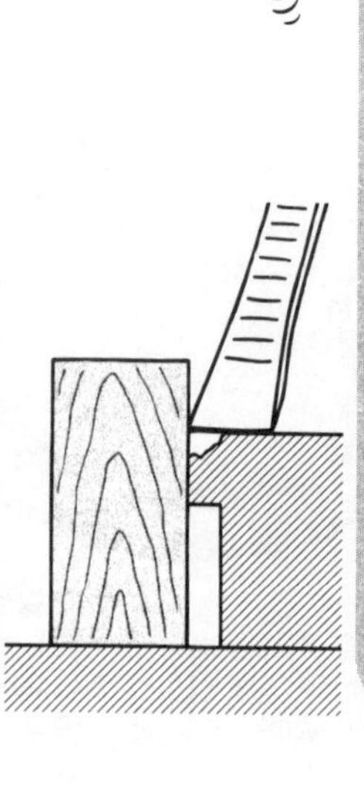

處理之後，埋入木質部用充填修補劑。打濕的木片從側面抵住，補劑上面用刮刀抹平。之後還要研磨，所以稍微隆起也無妨。接著等待硬化即可。

3

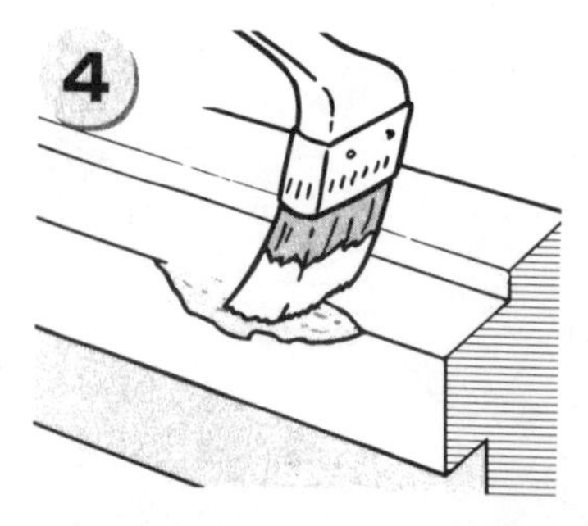

用裹著墊木的砂紙研磨木片、埋入充填劑的部分及其周圍，還有看起來快要剝落的油漆部分。

4

用交叉用刷塗抹接近浴室顏色的浴室用水性塗料(方法參考53頁)。只要塗抹修補面即可，就算與側面柱子等其他面的顏色稍有不同，看起來也不明顯。

具的修補及自行製作擱板

家具燒焦的部分以及傷痕的修補

只要痕跡不太明顯就OK了

木紋家具的傷痕或木紋桌的桌面燒焦，可以利用和地板同樣的方法來修補。

如果痕跡較淺，則塗抹著色修補劑即可。但是，不要直接塗抹，要先塗抹在不顯眼的地方，確認顏色之後再進行作業。

刷上油漆的家具，如果使用市售的修補劑，則顏色很難搭配。這時要先埋入充填劑，再用水彩顏料著色。

不管哪種情況，利用DIY的方式都很難完全保持相同的顏色，所以，只要痕跡不明顯即可。

準備用具

- 木紋家具的修補：美工刀／吹風機／地板用修補劑（蠟筆型）／地板用著色修補劑（筆型）
- 油漆家具的修補：木質用修補充填劑／水彩顏料／水彩筆（細筆）／指甲油／掩蔽膠帶

木紋家具的修補

1 燒焦的部分用美工刀或雕刻刀刮除。要一點一點的刮除，避免痕跡擴大。

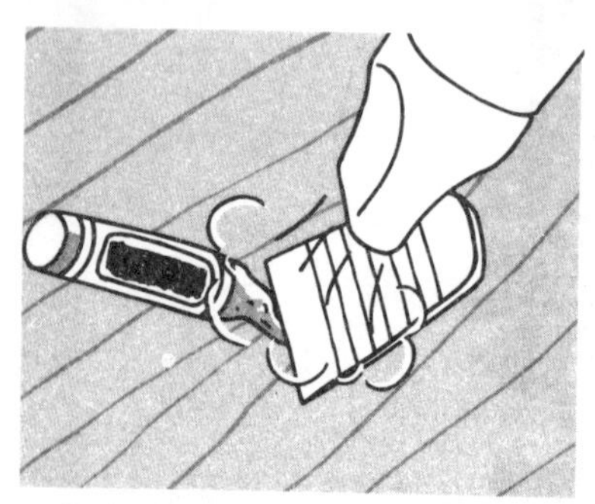

2 用吹風機將地板用修補劑吹軟，然後用刮刀刮取一些，埋入痕跡處。要選擇搭配淡色部分的修補劑。

3 淺的痕跡或櫥櫃表面的痕跡，可以直接用火烤修補劑，軟了之後，塗抹在上面。

家具的修補及自行製作擱板

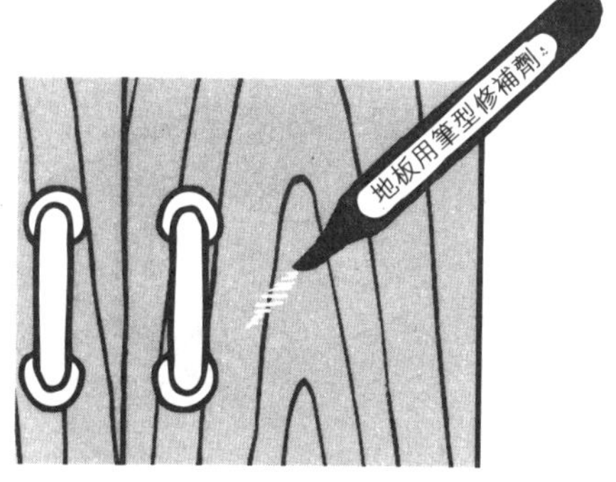

7 如果只是表面的傷痕，則塗抹著色修補劑即可。

油漆家具的修補

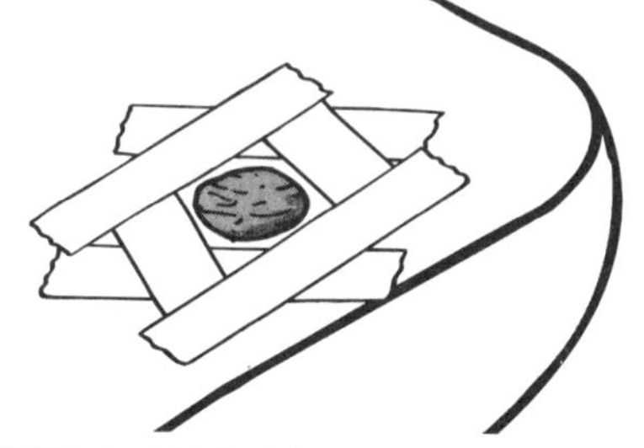

1 去除燒焦的部分，周圍用掩蔽膠帶覆蓋。

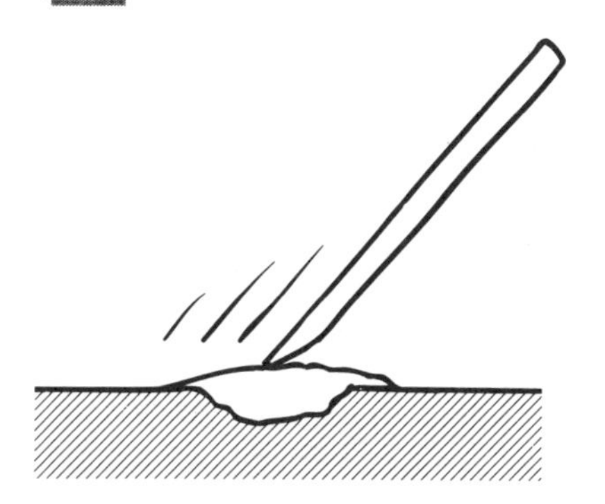

2 將木質部用修補充填劑埋入傷痕中。如果中央稍微突起，則用刮刀刮平，然後撕開掩蔽膠帶。

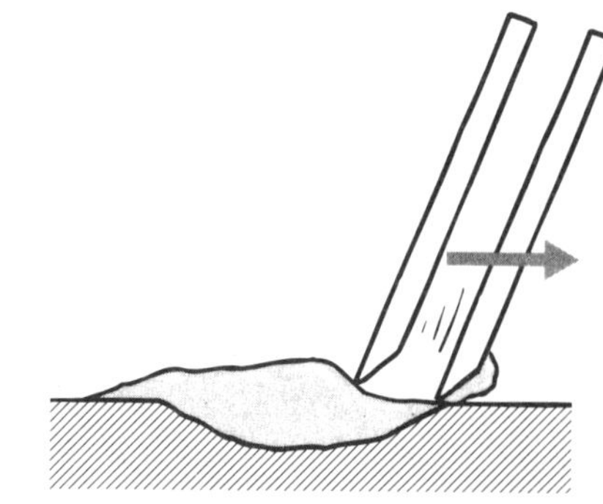

4 多餘的修補劑用刮刀一點一點的刮取之後抹平。

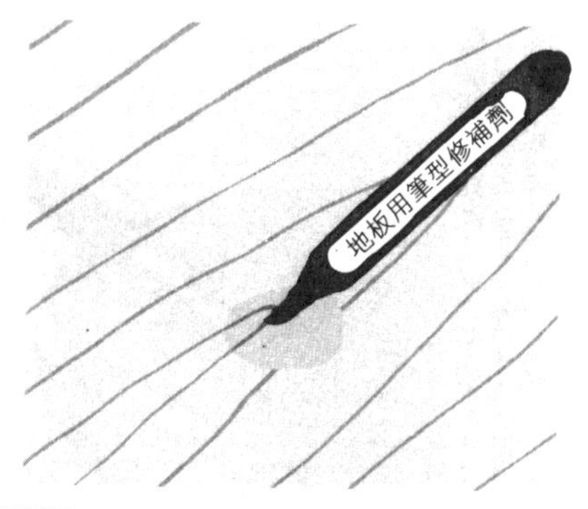

5 筆型地板用著色修補劑劃入木紋中。

6 如果顏色不搭配，則一邊用吹風機吹，同時利用牙籤或免洗筷等將修補劑挖出。反覆進行相同的作業。

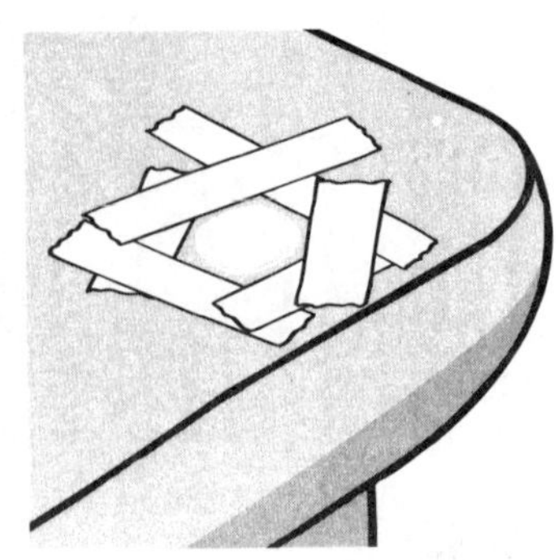

3 修補劑硬化後，遮蓋周圍，用裹著小墊木（橡皮擦亦可）的砂紙研磨修補劑，使其平坦。

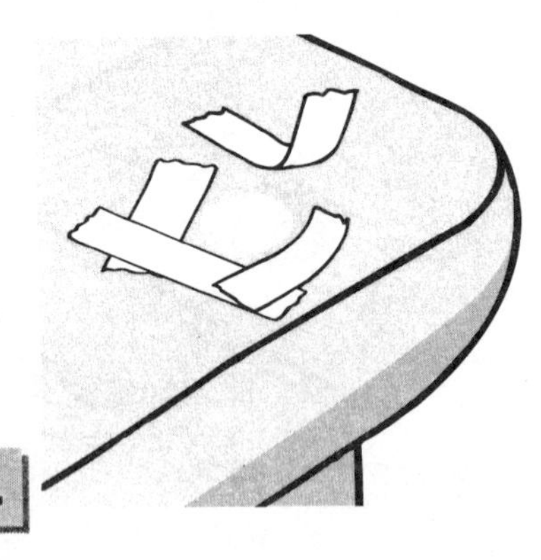

4 撕開掩蔽膠帶。

5 混合水彩顏料，調配成家具的顏色。這時不可以加入水。

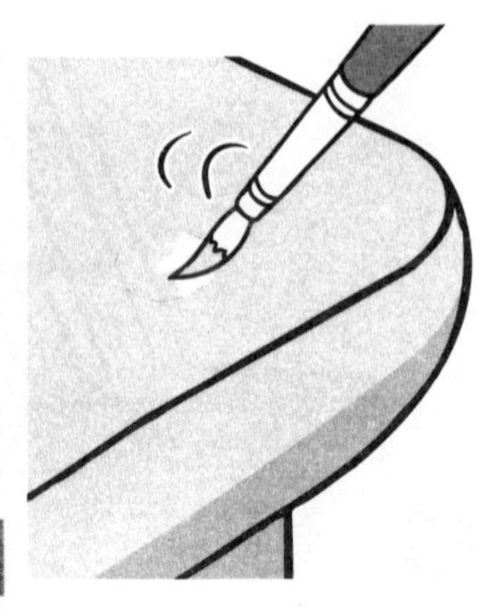

6 在埋入傷痕的修補劑上塗抹顏料。

7 顏料乾了之後，塗抹指甲油，形成保護膜。指甲油不光是塗抹在修補劑上，範圍可以擴大些。

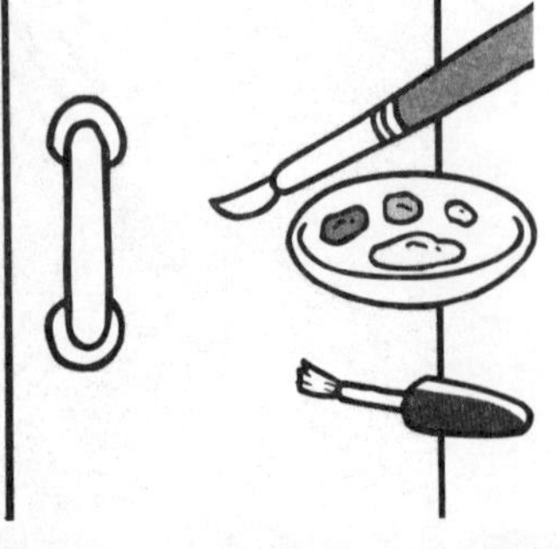

8 如果是非常淺的傷痕，則塗抹家具顏色的水彩顏料，再塗上一層指甲油保護膜即可。

椅子的修補

老舊的座面要更換

椅子的木質部有傷痕時，可以按照前面的方法修補。但問題在於座面。如果座面又破又髒，而且這個部分又很難修補的話，則最好整個更換。座面在腳部用螺絲固定的木製椅子，可以利用DIY的方式修補。

如果椅子不平穩，則只要重新鎖緊螺栓、螺帽就可以解決。但是如果是採用合榫的方式，亦即將凸部插入木材凹部固定的方式，則可能要釘入椅子或用接著劑固定。

準備用具

- ●十字形螺絲起子
- ●一字形螺絲起子
- ●重貼的布
- ●鋸齒剪刀
- ●小型定位鎚（木工用）
- ●防水噴霧劑

座面的更換

1 將椅子擺在桌子上，用十字形螺絲起子鬆開將座面固定在椅子上的螺絲。要選擇尺寸吻合的螺絲起子，筆直的抵住螺絲頭，以壓力七、旋轉力三的比例鬆開。

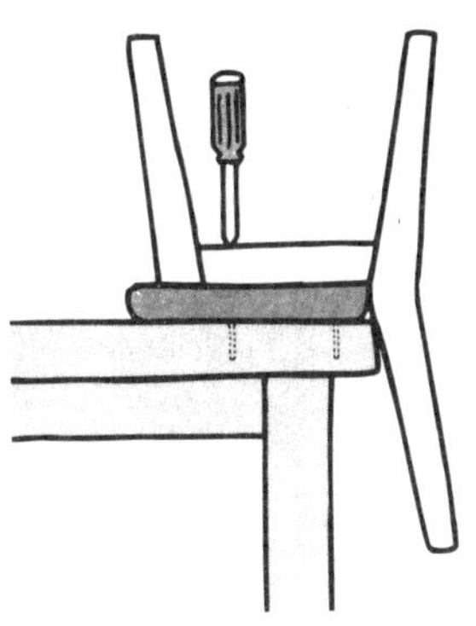

2 如果座面是從側面用螺絲固定，則把椅子側放來鬆開螺絲。不管哪種情況，螺絲並不是一個個卸下，而是所有的螺絲都稍微鬆開之後再卸下來。

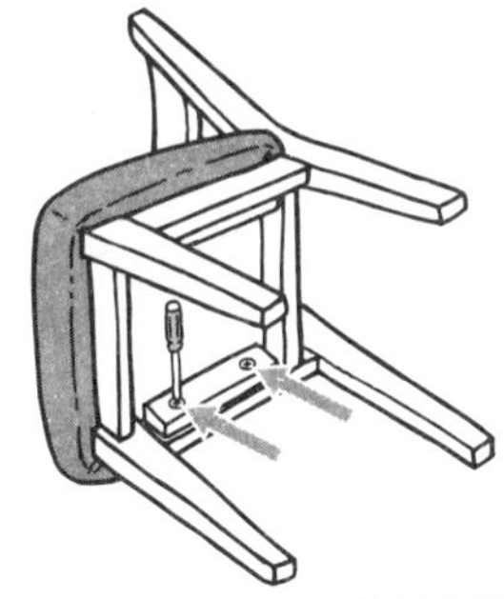

3 貼在座面上的舊布可以不用取下。但是如果新布很難貼上，則要用一字形螺絲起子翹起固定部的橫樑，再用鉗子拔除。

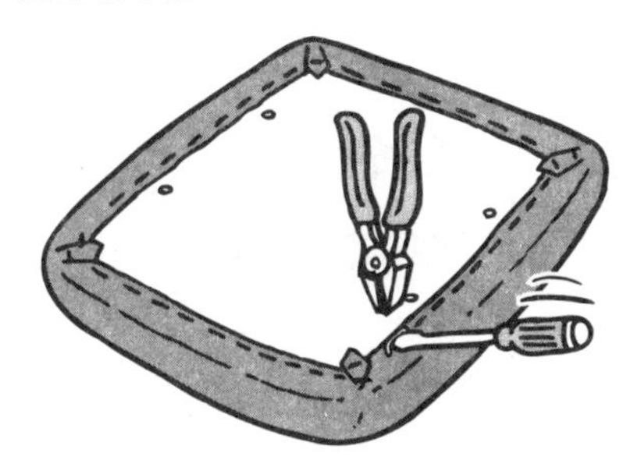

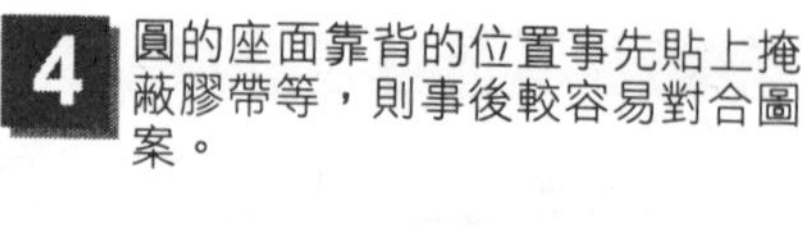

4 圓的座面靠背的位置事先貼上掩蔽膠帶等，則事後較容易對合圖案。

5 將新布鋪在座面上，確認是否對準圖案。再將座面和布一起翻過來。

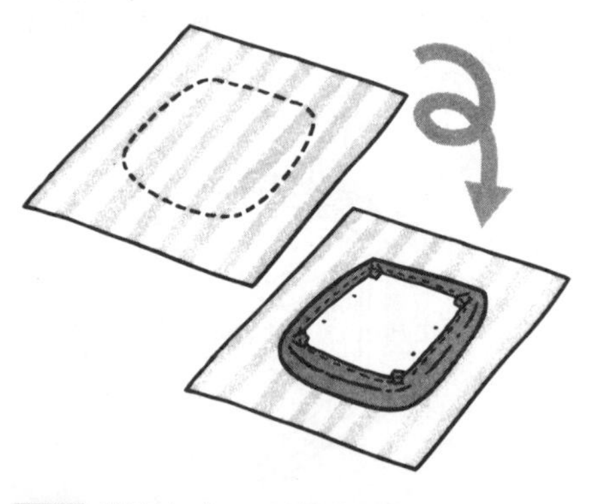

6 將布包住，測量應該剪下多大的布，用剪刀剪下必要的大小。如果使用鋸齒剪刀，則布的一端不易脫線。

7 先用小型定位鎗固定靠向椅背側的布。首先固定中央處，確認圖案之後，每隔3～4公分釘上釘書針，一直固定到轉角的部分為止。這樣就完成一邊的固定了。

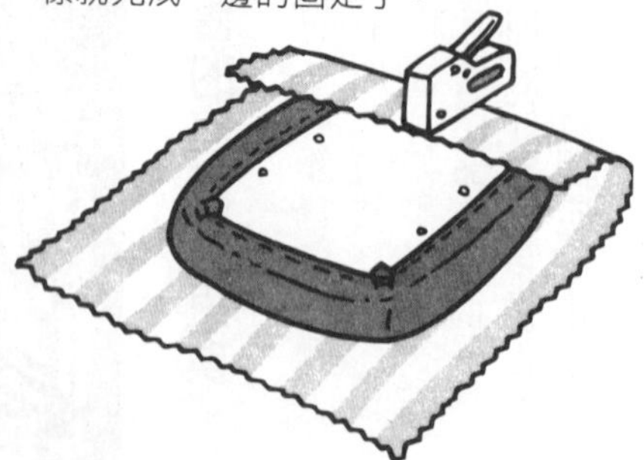

8 接著，以同樣的方式固定椅背相反側的布。進行時要拉平布，以免布面鬆弛。

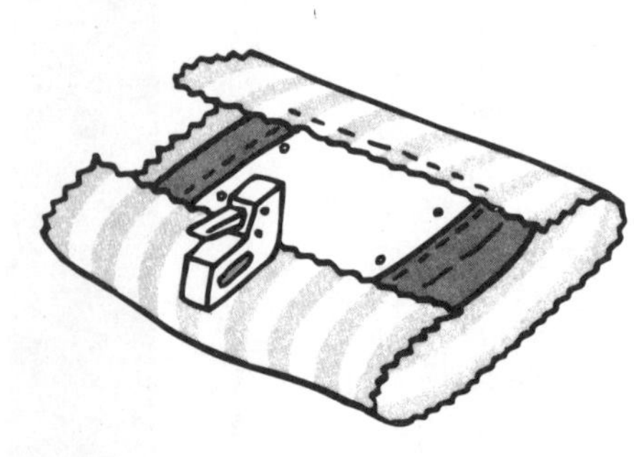

9 剩下兩邊也以同樣的方式固定，然後固定轉角部分。要一邊拉平布避免布面鬆弛，一邊往內摺，在幾處釘上釘書針固定。

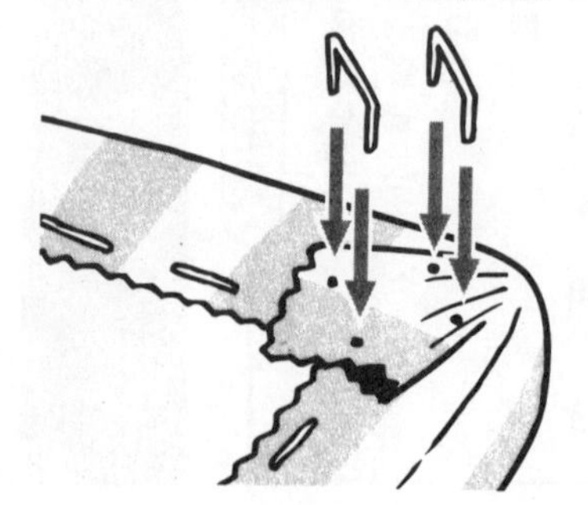

10 如果是圓形座面，則首先要固定椅背側的正中央。

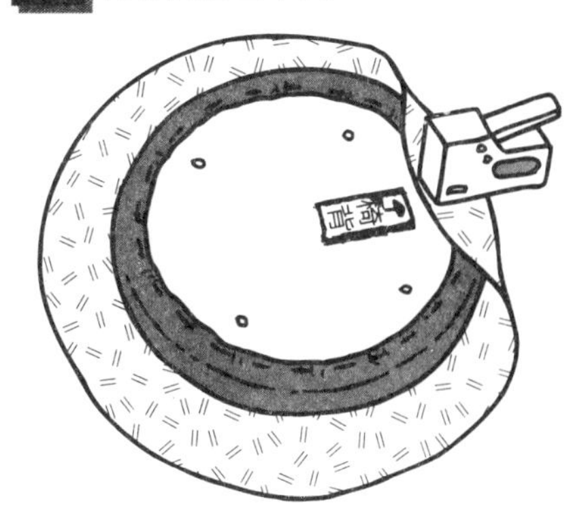

11 左右間隔3～4公分的位置也要固定。如果是轉角部分，則要將縐摺靠攏再固定。

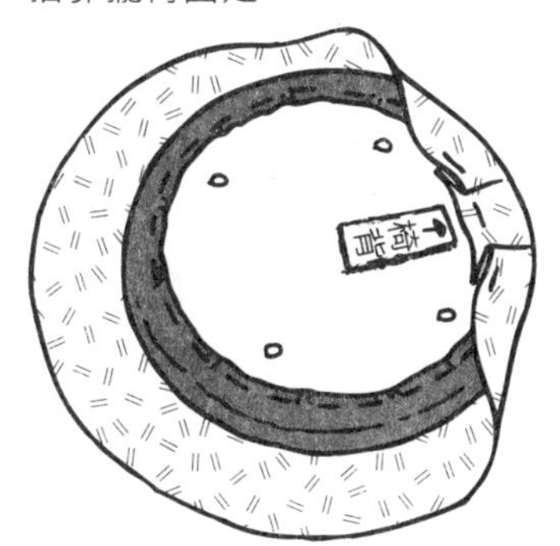

12 接著，在相反側固定 3 處，左右固定 3 處，剩下的部分則將縐摺靠攏之後再固定。

13 如果是飯廳使用的椅子，事先噴上防水噴霧劑，就不容易髒了。
新的防水噴霧劑對人體有害，因此要戴口罩或在屋外作業。

14 座面用螺絲固定即可。如果鋪厚布，則要事先將螺絲部分的布用錐子鑽孔再進行作業，這樣比較輕鬆。

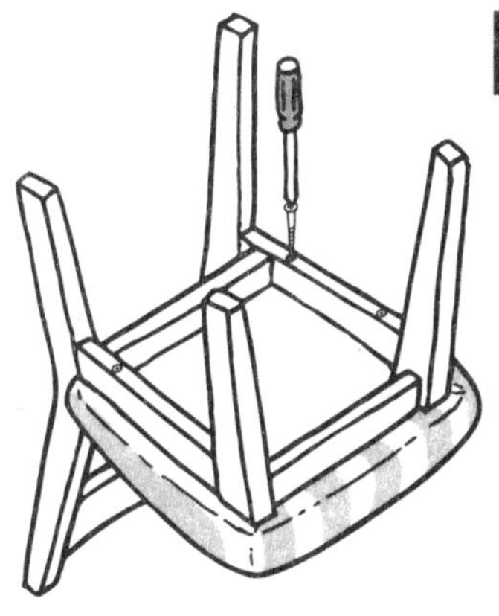

！重點

定位鎗不筆直對準，則釘書針無法準確的釘入椅子裡。如果進行得不順利，最好配合座面的厚度在其後擺雜誌等，再進行作業。

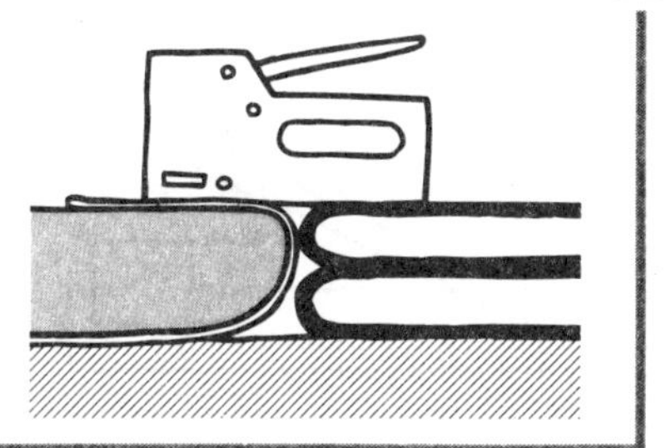

修補鬆動的椅子

用螺栓和螺帽固定的椅子，只要鎖緊，就可以修好椅子的鬆動問題。

如果是採用合榫方式的椅子，合榫鬆弛而出現搖動的情況時，勉強往外拉，可能會使其他的部分鬆動。這時最確實的方法就是釘入木椿。如果是圓形的榫或無法釘入細的木椿時，只能夠以接著劑修補。

準備用具

- ●鑿子／木椿（可以用削下的木片製作）／木槌／美工刀
- ●環氧樹脂類接著劑／臨時釘子／鎯頭／破布／鉗子

1 要配合合榫鬆掉的寬度製作木椿。鑿子抵住木頭的一端，用鎯頭敲。

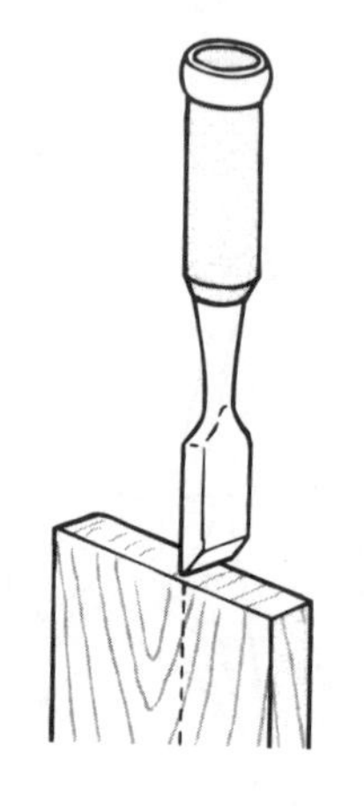

2 削下的木片尖端稍微削尖一點，製作木椿。切下木椿的部分，可以用鑿子、鋸子或劈柴刀等自己習慣的用具來進行作業。

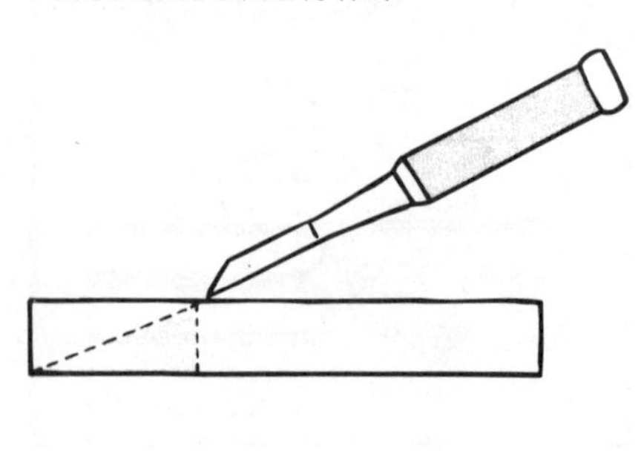

3

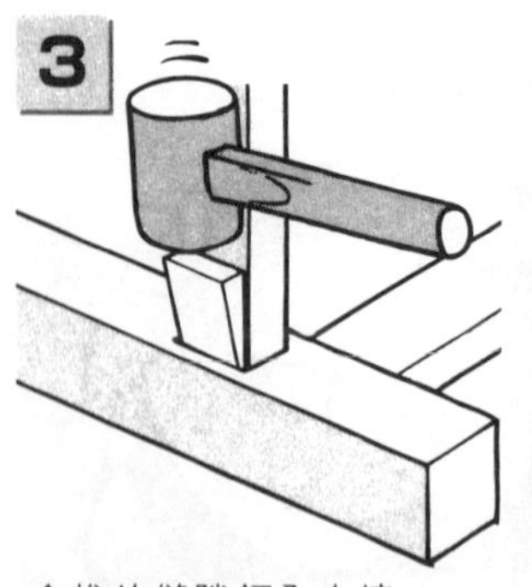

合榫的縫隙釘入木椿。擺好椅子，從上面釘入木椿。

4 用美工刀割掉露出洞外的部分，但是不要損傷椅子，要一點一點的割掉。

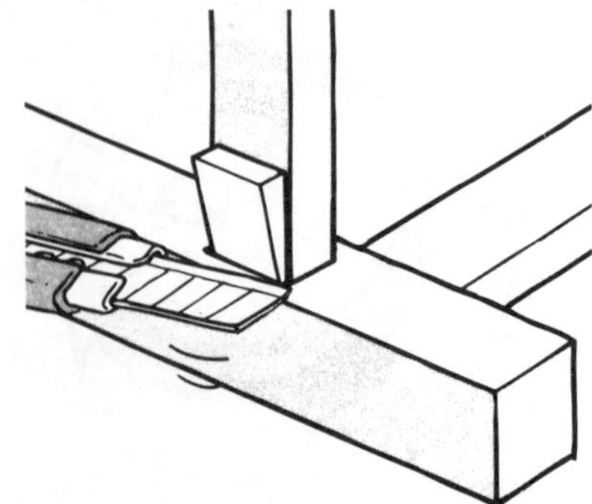

5 如果在意木椿的顏色，那麼可以配合其他部分的顏色塗抹著色修補劑。

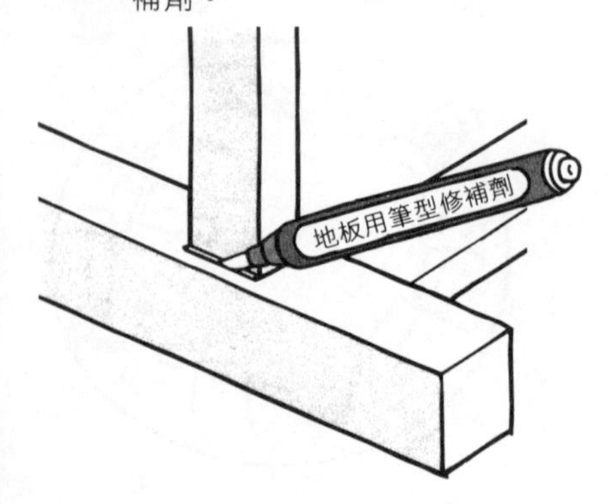

6

使用圓木合榫時，若榫孔部分較細，則可以用環氧樹脂類接著劑固定。

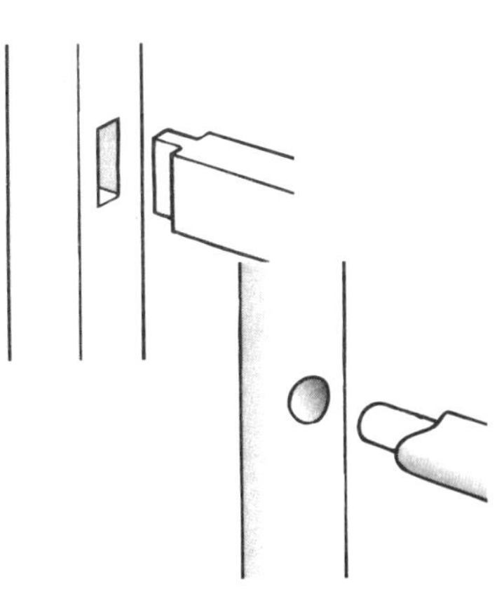

7

擠出等量的環氧樹脂類的主劑和硬化劑，用附帶的刮刀迅速混合。

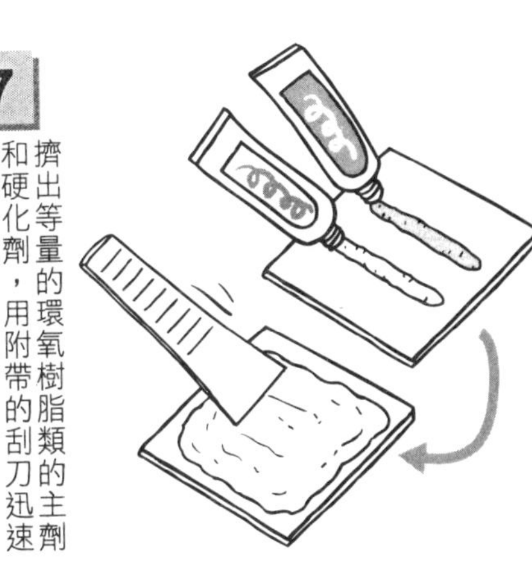

8

塗抹從榫孔伸出部分，然後立刻插入榫孔中。滲出的接著劑要立刻擦掉。

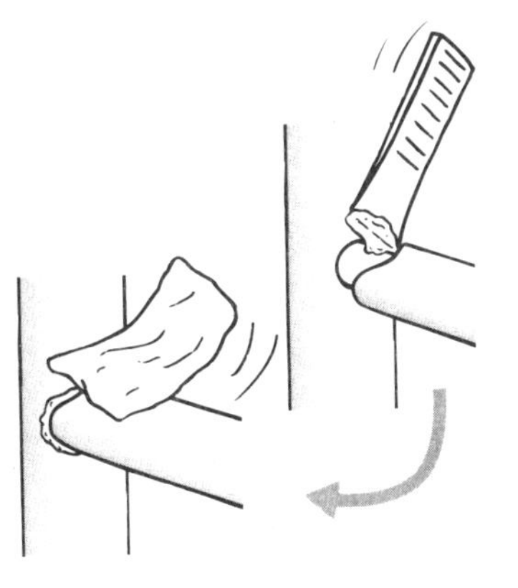

9

在接著劑完全硬化前，用臨時釘子固定。臨時釘子擺一天，然後用鉗子等拔除。

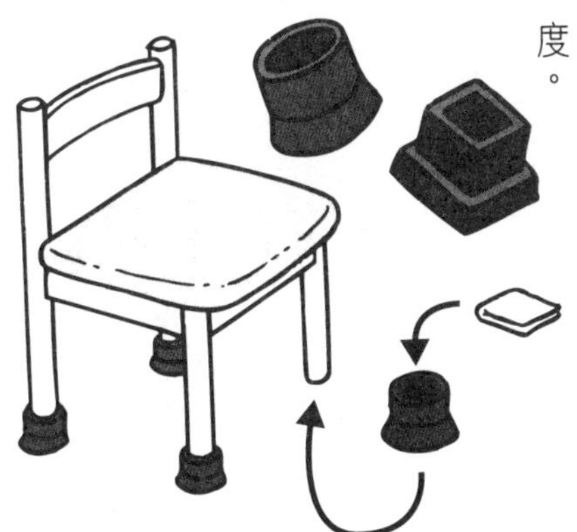

解決鬆動的問題

有時因為椅腳長度不同而形成鬆動，必須要削除較長的椅腳，保持相同的長度。但是可能做得不好。這時可以使用避免刮傷地板的材料。只要貼在椅腳下或以轉動嵌入的方式固定的商品很多。如果只是少許的鬆動，則使用轉入式的椅腳墊，就可以調整。如果鬆動的程度較大，可以利用蓋子式的腳墊調整（圖）。在蓋子裡放入布，就可以得到需要的高度。

做簡單的擱板

一定要安裝構造材料

利用托板木條或柱子安裝擱板很簡單。如果是廁所或走廊的盡頭，只要把擱板面板架在托板木條上，用釘子或螺絲固定即可變成擱板。即使不使用托板木條，只要在柱子上安裝金屬支架，即可製作擱板。

這裡介紹的是，構造材料隱藏在牆壁內側的西式房間安裝擱板的方法。沒有構造材料時，釘子無效，因此一定要找尋構造材料來安裝金屬支架。

擱板面板使用市售的加工材料比較方便。加工材料已經用刨子刨過，可以直接當成擱板來使用。想要搭配裝潢時，可以刷一層亮光漆。

準備用具

- L形金屬支架
- 擱板面板
- 錐子
- 十字形螺絲起子
- 水平器
- 榔頭

利用托板木條的擱板

只要架上擱板面板，用釘子或螺絲固定即可。

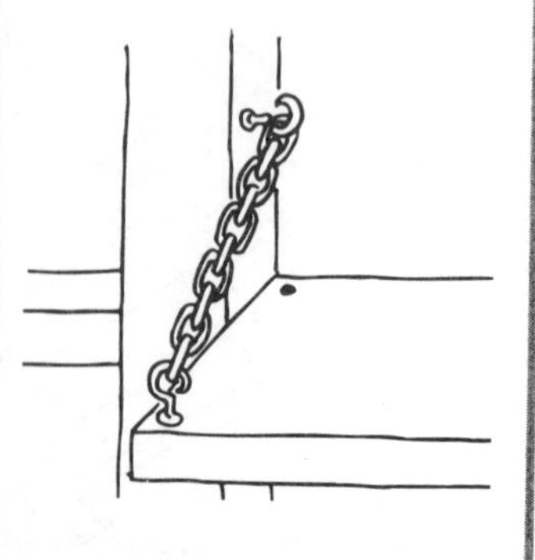

在柱子上安裝鉤子，用鏈條或鐵絲勾住，吊起擱板面板。

利用金屬支架的擱板

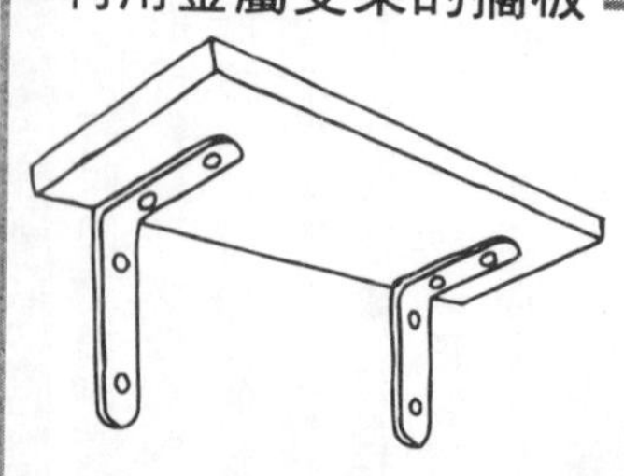

使用L形金屬支架製作擱板。如果是柱子隱藏起來的牆壁，則要找尋構造材料來安裝金屬支架。

找尋構造材料來製作擱板

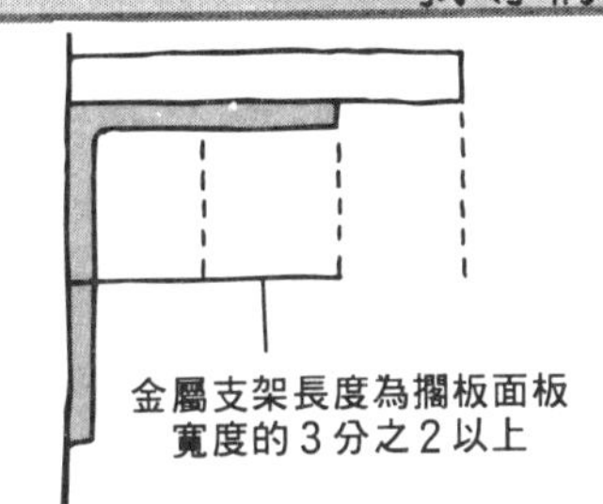

L形金屬支架較長一端釘在牆壁，較短的一端用來安裝擱板面板。較短的一端必須是擱板面板寬度3分之2以上的長度，否則會不穩定。

準備擱板面板與金屬支架

擱板面板，是使用刨過的加工材料，有各種不同尺寸的厚度和寬度，厚度至少要選擇十毫米以上。長度的變化則不多，可以請量販店為你剪裁必要的長度。市面上也有賣擱板用裝飾加工板，不過尺寸大小受到限制，可以買到完全吻合的當然很方便，但是價格比較貴。切割之後再使用，具有切口較明顯的缺點。但也可以自己在加工材料上粉刷油漆。

找尋構造材料

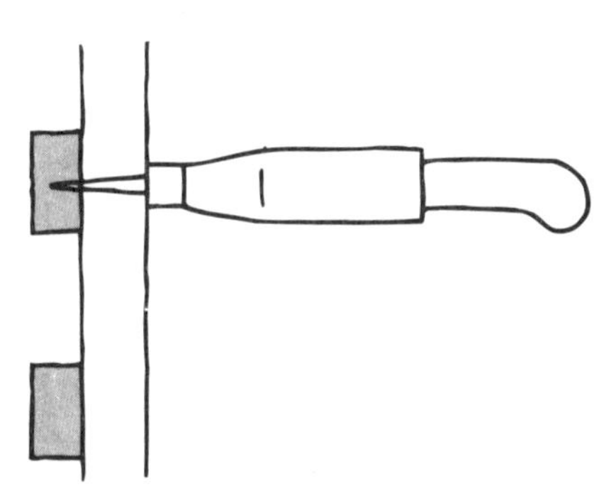

3 即使敲打也難以發現時，就要使用尖端較細的錐子戳牆壁，在有構造材料處會產生阻力。沒有構造材料處，一下子就穿透了。

1 如果是裝飾合板，則在可以看到釘子的地方就是構造材料。

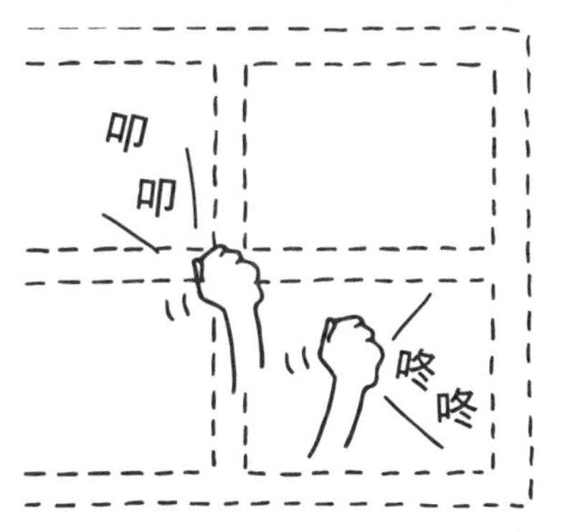

2 如果藉著壁紙等來遮住釘子時，則必須敲打牆壁，藉著聲音的變化找尋構造材料。

安裝金屬支架

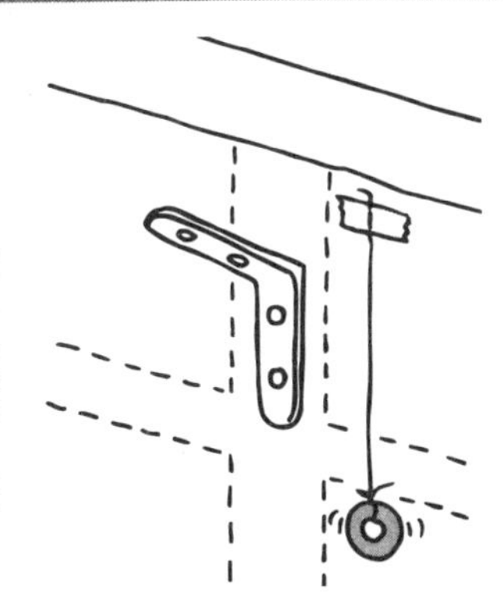

1 垂直安裝L形金屬支架時，要使用水平器。在繩子上吊有孔的硬幣，保持垂直即可。

安裝擱板面板

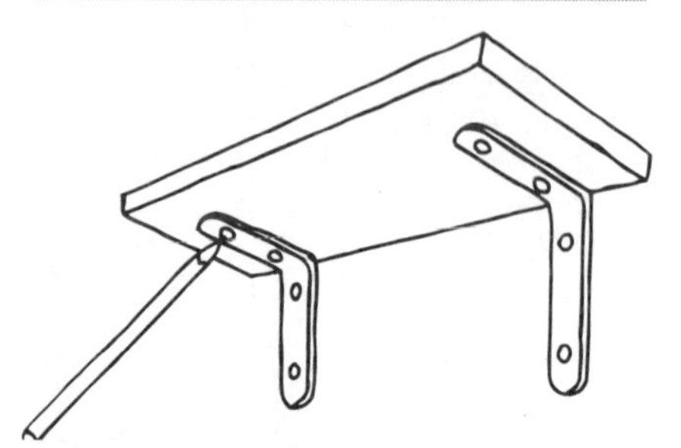

1 擱板面板擺在 L 形金屬支架上。在所有螺絲孔的位置都要用鉛筆做記號。

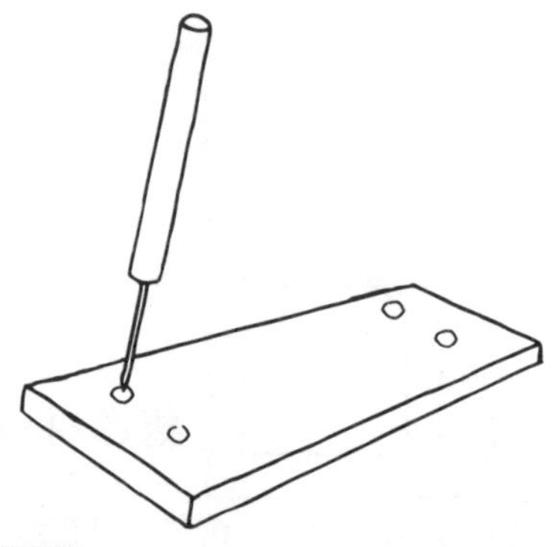

2 擱板面板先拿下來，在螺絲孔記號正中央用錐子鑽洞。

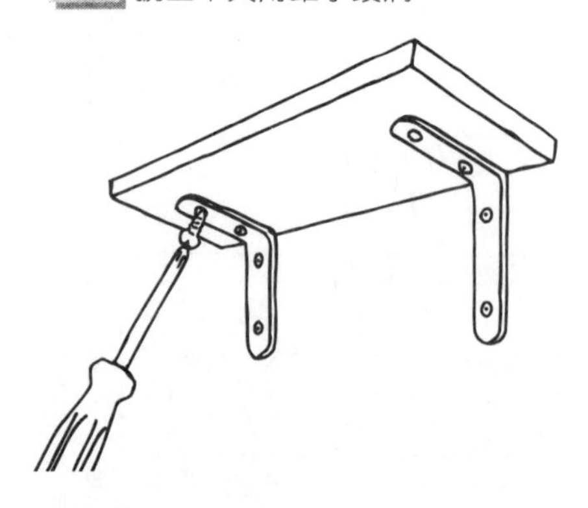

3 將吊架板擺在 L 形金屬支架上，用螺絲固定。

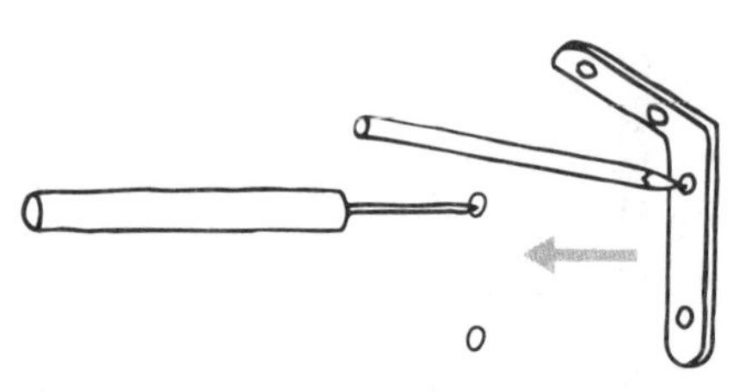

2 用鉛筆在牆上做 L 形金屬支架的螺絲孔部分的記號。在箭頭的正中央用錐子鑽下孔。

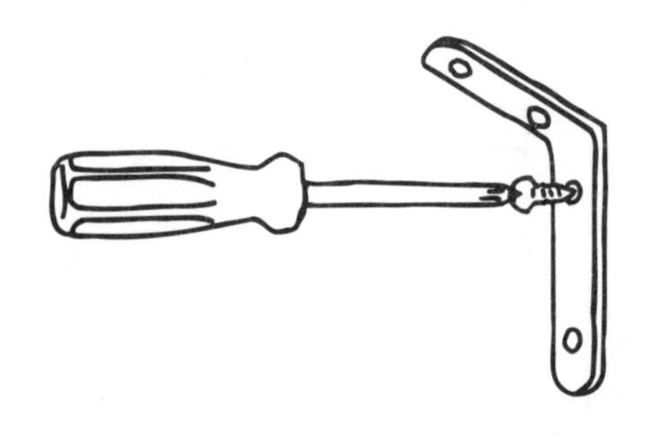

3 用螺絲將 L 形金屬支架牢牢的固定。

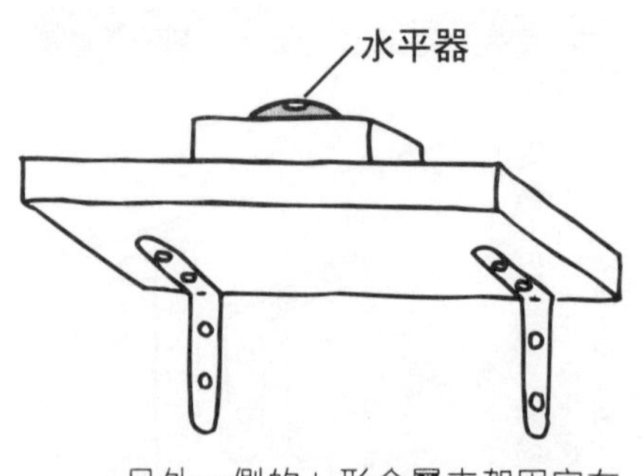

4 另外一側的 L 形金屬支架固定在牆壁，擺上擱板面板。找尋保持水平的位置，用螺絲釘將 L 形金屬支架固定在牆上。

油漆擱板面板

為了運用木頭的木紋效果，這裡可以塗抹透明型的水性亮光漆。如果要搭配房間的裝潢來著色，那麼可以使用水性木頭著色塗料。有茶色系列以及各種顏色。

配合必要的長度切割擱板面板來使用時，切割面要用320號的砂紙磨平滑。如果砂紙先用魚板狀的墊木等裹住再使用，則磨起來就比較輕鬆。

事先去除交叉用刷的刷毛。亮光漆要用免洗筷等攪拌成均勻的濃度後再使用。

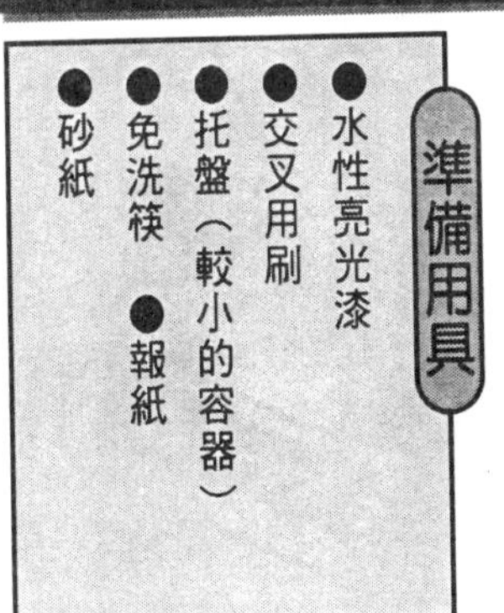

準備用具

- 水性亮光漆
- 交叉用刷
- 托盤（較小的容器）
- 免洗筷
- 報紙
- 砂紙

1 亮光漆倒入容器中。將交叉用刷的刷毛二分之一到三分之一的部分沾亮光漆，然後刮除多餘的亮光漆。

2 把擱板面板擺在報紙上進行作業。交叉用刷沿著木紋朝一定的方向塗抹亮光漆。

3 除了擱板面板朝上的一面以外，全部刷亮光漆。等乾了之後再刷第二次。

4 最後剩下的一面，以同樣的方式刷 2 次亮光漆即可。

閉口扳手與開口扳手

閉口扳手和開口扳手的不同使用方式

要鎖緊或鬆開六角形的螺帽或螺栓時，就必須使用扳手。基本上，閉口扳手與開口扳手的意義是相同的，不過在日本，開口的稱為開口扳手，而用來夾住螺栓、螺帽的環狀扳手稱為閉口扳手。

即使在螺栓、螺帽上有障礙物，開口的扳手也可以橫向插入使用。相反的，由於只能固定螺栓六邊中的兩邊，所以如果不能夠以好像畫弧形的方式轉動手柄來使用的話，則螺栓、螺帽可能會鬆脫或無法固定在角上。

而夾著的部分成環狀的閉口扳手，則能夠牢牢的固定螺栓，螺帽的六個角。只要尺寸無誤，就能夠確實的轉動螺絲。

可以依使用狀況來選用開口扳手或閉口扳手。專家當然不用說了，一般來說，可以準備幾組開口扳手和閉口扳手合而為一的混合型扳手，配合各種狀況來應用。

萬能型的活動扳手

要轉動尺寸不同的螺栓、螺帽，需要幾種扳手。而能夠將幾種扳手合而為一來使用的，就是活動扳手。

只要轉動螺旋齒輪，就能夠應付各種尺寸的螺栓、螺帽。但是，每次使用時如果不重新鎖緊螺旋齒輪，就可能產生鬆弛。此外，因為下鉗牙是活動的，所以在強度方面也是個問題，旋轉的方向有限。

●組合式扳手

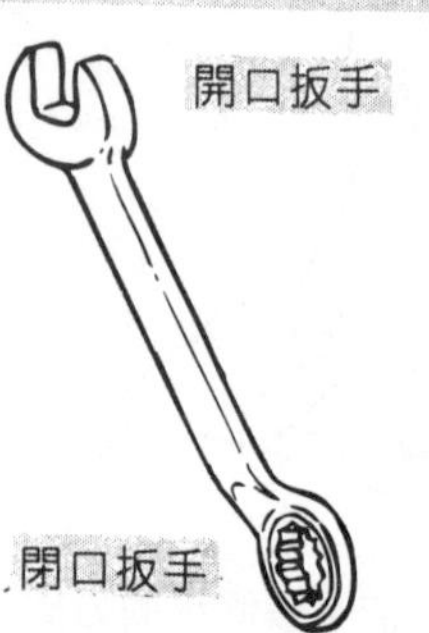

●活動扳手的旋轉方向

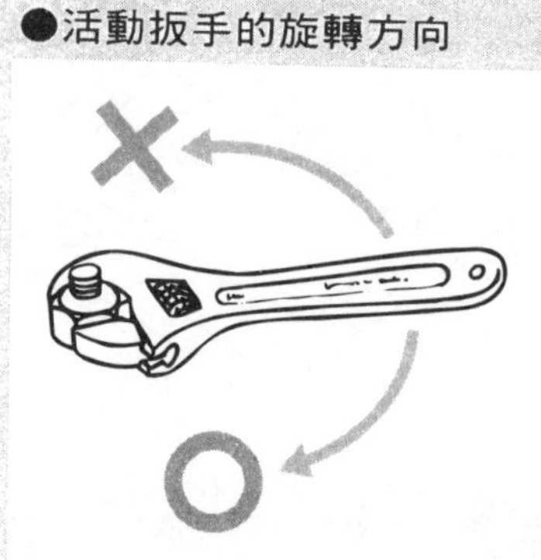

廚房周邊的修補與清潔

抽風機的更換與清潔

做好萬全的去除油污對策

與外罩式抽油煙機不同的牆壁用抽風機的尺寸，只有固定的幾種。基本上，只要用螺絲安裝，就可以輕鬆的更換。但是，老舊的抽風機被油污弄髒了，因此下面要鋪報紙等，以免弄髒。

清潔時，不需任何工具，就可以卸下抽風機的扇葉和外殼。通常家庭是在年終大掃除時清潔抽風機。清除一年份的污垢，當然相當的費事，因此儘可能在骯髒時就清潔一下。

準備用具

- 新的抽風機
- 十字形螺絲起子
- 橡皮手套
- 垃圾袋
- 報紙
- 抹布
- 去除油污用洗劑

抽風機的更換

1

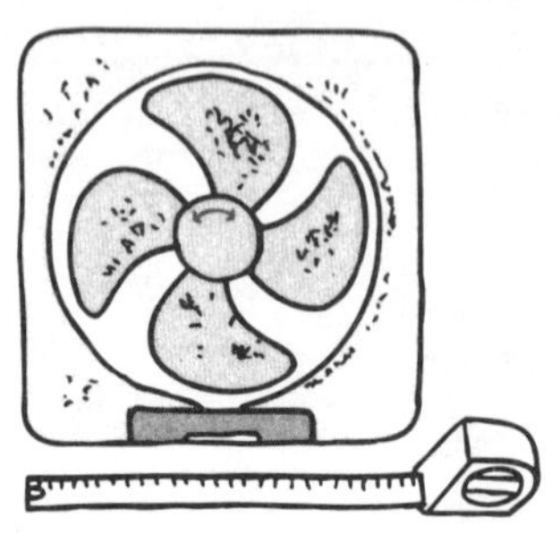

抽風機的大小有幾種，要測量抽風機的寬度，購買相同尺寸的抽風機。

2

開始作業前，戴上橡皮手套，準備垃圾袋以便拿掉抽風機時，能立刻裝入塑膠袋中。作業時，含有油的灰塵塊會掉落，下面要鋪報紙。

3

拔掉電源插頭之後再開始作業。用手壓住扇葉。將固定扇葉的蓋子朝向「鬆開→」的方向（通常是順時鐘方向）轉動鬆開。拿掉蓋子後，扇葉往面前拉，就可拉開。

4

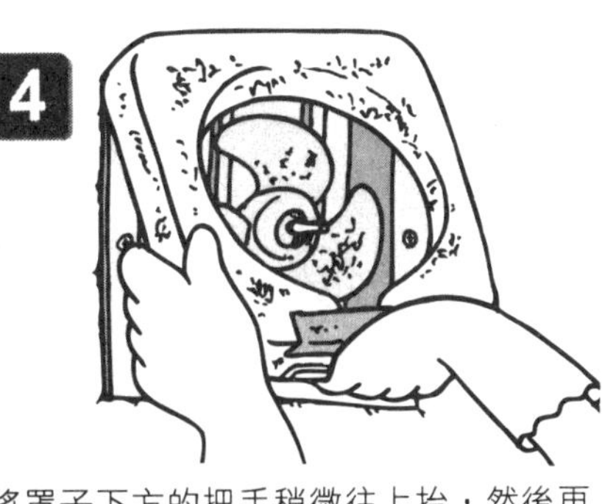

將罩子下方的把手稍微往上抬，然後再拉到面前，這樣就可以鬆開（螺絲式的把手則要把螺絲鬆開）。鬆開的零件直接放入垃圾袋中。

5

用十字形螺絲起子轉動鬆開固定抽風機的螺絲。在抽風機前面和內側上方都有螺絲。用螺絲起子抵子螺絲，以壓力七、旋轉力三的比例鬆開。

6

抽風機拿掉之後，用抹布擦掉外框的污垢。

7

污垢沾在外框上很難去除時，可以用噴霧器裝洗劑，噴灑在紙巾上，然後包住外框，等到污垢軟化之後，再加以去除。

8

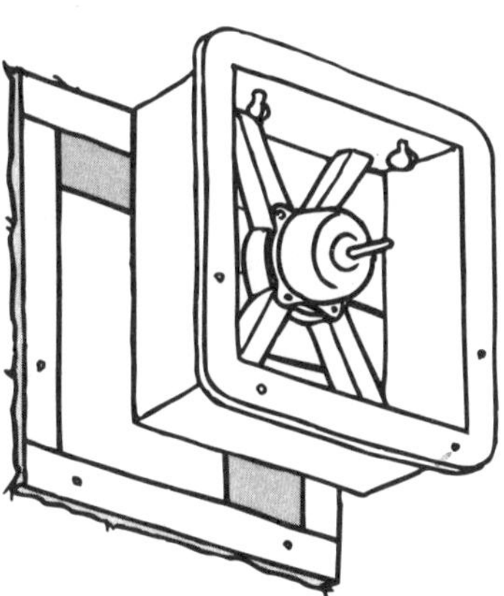

將新的抽風機裝入框內，用螺絲牢牢固定。

9

按照與鬆開時相反的順序裝上罩子、扇葉、蓋子即可。

清掃抽風機

卸下抽風機加以清掃。卸下的順序和「更換抽風機」相同。如果不是很髒，那麼只要清掃扇葉、外蓋及罩子即可。如果很髒，則連抽風機本身都要卸下來清洗。

準備用具

- 去除油污用洗劑（噴霧式和浸泡式）
- 橡皮手套
- 海綿
- 報紙
- 免洗筷
- 塑膠布
- 抹布
- 十字形螺絲起子
- 廚房紙巾
- 牙刷

不太髒時

1 將噴霧劑噴灑在扇葉、外蓋及蓋子上，擱置一會兒。

2

污垢軟化之後，用抹布擦拭。細微的部分則用牙刷刷除。然後用水沖洗，去除掉洗劑，再用乾布擦掉水分。

非常髒時

1 用免洗筷刮除黏在扇葉、外蓋和罩子上的油污，再用打濕的抹布去除。

2 流理台的水槽鋪塑膠布，再裝入大量溫水，放入洗劑，將扇葉、外蓋和罩子一起浸泡在裡面。螺絲等小東西則先放在瓶中，再浸泡於洗劑中。

3 等到油污軟化後，用抹布擦掉。細微的部分用牙刷刷除。然後用水沖乾淨，再用乾布擦掉水分。

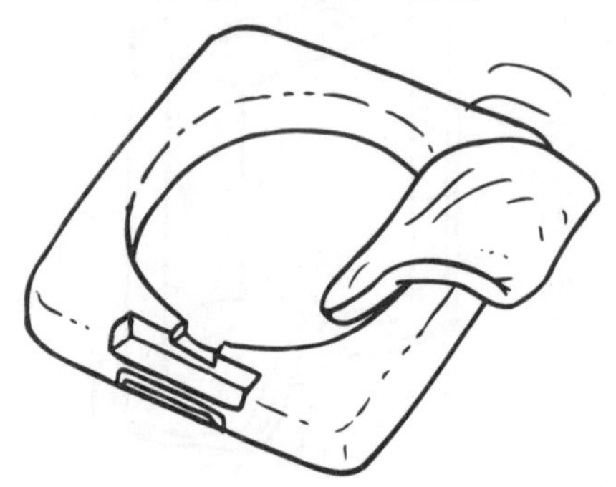

外罩式抽油煙機的清理

外罩式抽油煙機的型態很多，有些只能夠卸下濾網，無法進行清潔工作，但是，除了以下所介紹的零件之外，其他可以自行卸下的部分，可以參考牆壁用抽風機的例子來去除油污。

準備用具

- ●去除油污用洗劑（噴灑式和浸泡式）
- ●廚房紙巾 ●牙刷
- ●抹布 ●廚房用中性洗劑

1

濾網和牆壁用抽風機的情況一樣的浸泡清洗，用牙刷刷除污垢。

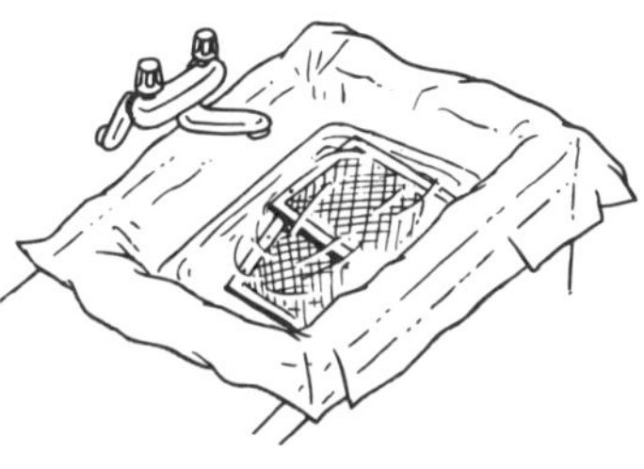

2

清潔抽油煙機的油污，要將廚房紙巾用洗劑打濕之後包在油污上，等到油污軟化，再以用溫水打濕擠乾的抹布擦乾淨。

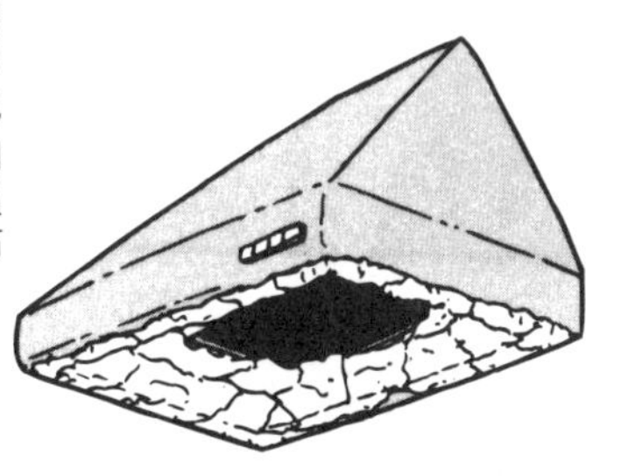

3

附帶照明時，則裡面的燈泡也要保持清潔。用抹布沾稀釋的中性洗劑的水，擠乾之後擦掉油污，再以用水打濕擠乾的抹布去除洗劑成分，然後用乾布擦拭，使其乾燥。

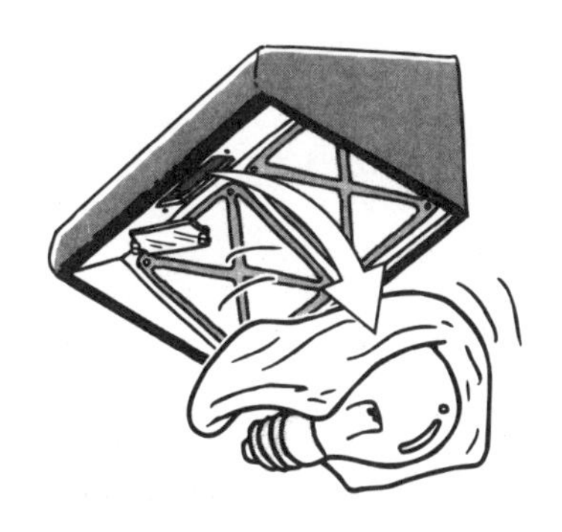

4

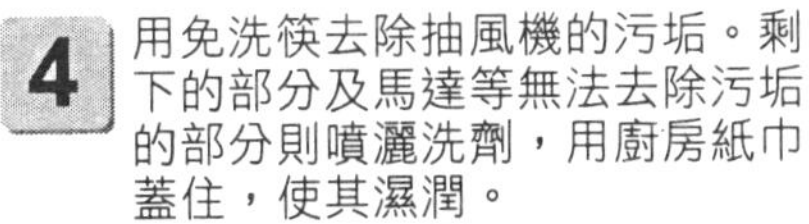

用免洗筷去除抽風機的污垢。剩下的部分及馬達等無法去除污垢的部分則噴灑洗劑，用廚房紙巾蓋住，使其濕潤。

5

等到污垢軟化後，用以溫水打濕擠乾的抹布擦拭。細微的部分用裹著布的免洗筷前端擦拭乾淨。

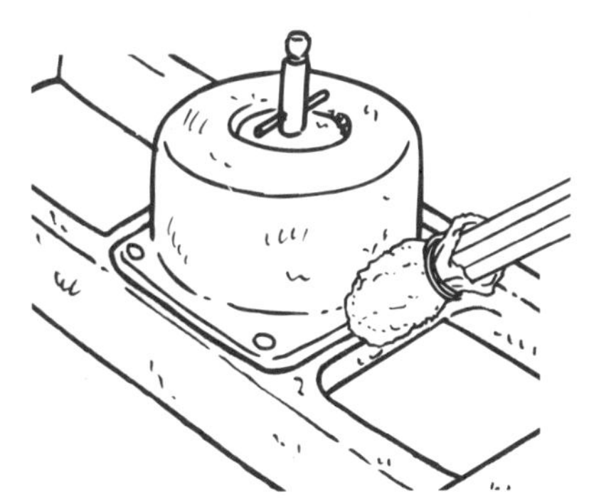

鋪塑膠地板

去除地面的污垢，保持平坦

塑膠地板是用塑膠素材製成的，耐水耐髒，污垢易除，因此廚房、浴室、廁所的地面經常使用。

厚度大概為幾毫米，具有彈性，對腳較為溫和，對於經常站著工作的廚房而言，是最適合鋪在地上的材料。

但是不耐熱，容易燒焦。燒焦當然能夠修補，一旦燒焦老舊時，就要更換。可以使用金屬刮刀刮除老舊的部分，再用裹著墊木的砂紙去除殘留的接著劑，使其平坦。

準備用具

- ●塑膠地板（90公分寬或180公分寬的整批購買）
- ●塑膠地板用雙面膠帶
- ●量尺（金屬製）
- ●美工刀
- ●剪刀
- ●按壓式滾輪
- ●金屬刮刀
- ●砂紙（80號左右）和墊木
- ●木質部用補土

必要量的計算法

到底需要多少塑膠地板才夠呢？

首先在起點和終點各取50公分長度。如果不需要配合圖案，則可以再短一些。

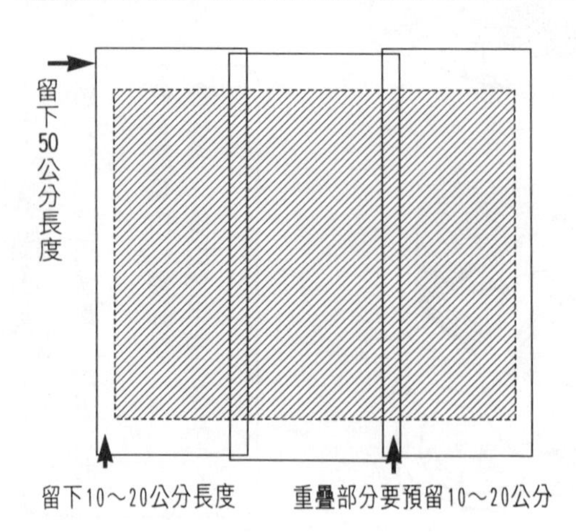

準備

攤開地板，將其擺在地上，剪下必要的尺寸。通常塑膠地板都是捲成一綑，並不平坦，因此，要花 1 天的時間擺在空房間裡。

長邊接觸牆壁的部分，要以割下10～20公分為前提來計算。

第二片的塑膠地板則要和第一片重疊，從中間割下。重疊部分也要以多出10～20公分的長度來計算。

嚴格測量尺寸，就可以減少要裁掉的部分。但是只要稍微計算錯誤，地板也可能會不夠，造成效率不佳。因此，寧可多買一些較為穩當。

地板的事前處理

1 貼在地面或磁磚上時，要用家庭用洗劑先清洗，凹凸或高低不平處要用木質部用補土填補，並用砂紙磨平。

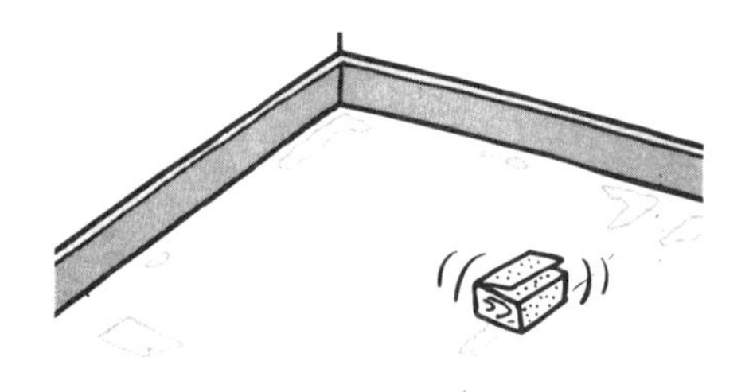

2 地板材料之間有溝，全都要用木質部用補土填補。當然也可以直接貼，但是會有一些凹凸不平，溝的部分的塑膠地板容易受損。

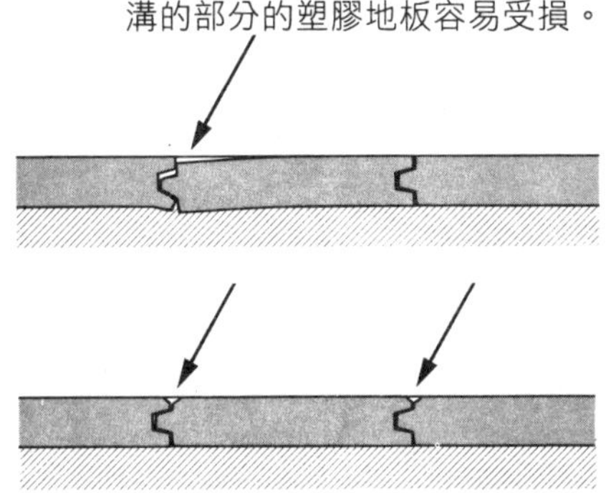

決定鋪地板的順序

先使用量尺測量大致的尺寸，填入鳥瞰圖中。並且決定貼地板的順序和寬度。

①的寬度是70公分，②與③是80公分，④則為40公分。可以配合各個房間的構造，取得容易貼的寬度。

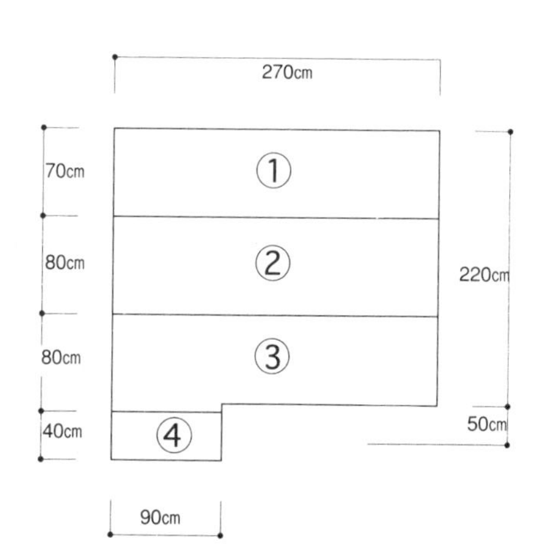

鋪塑膠地板

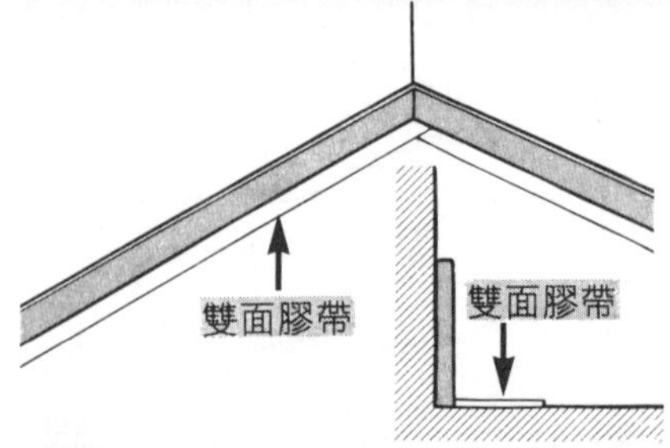

1 在房間的角落貼上雙面膠帶，盡量緊貼牆壁。剝離紙（黏貼塑膠地板的部分）暫時不要撕下。

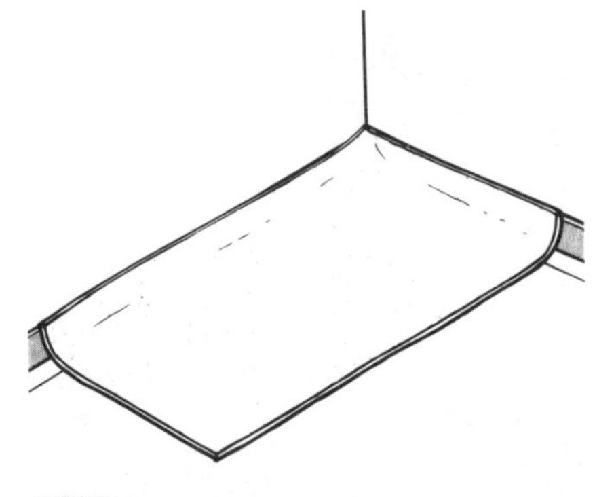

2 將第 1 張塑膠地板攤開在預定要鋪的地方，確認位置。

3 決定塑膠地板位置之後，用腳固定，同時塑膠地板的中心以臨時固定用的雙面膠帶貼上，撕下剝離紙，固定塑膠地板。

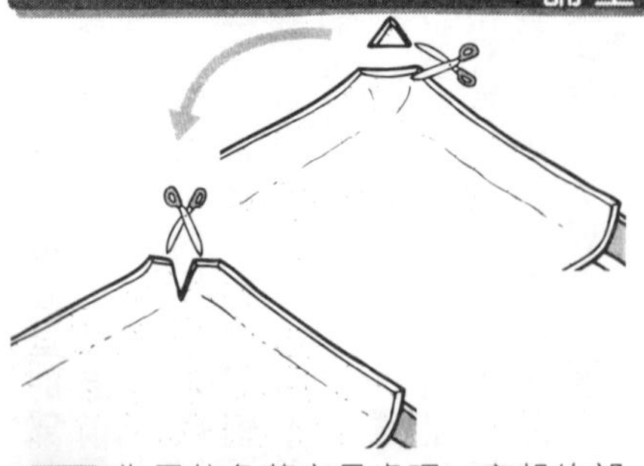

4 為了使角落容易處理，突起的部分要剪掉角，然後再剪一刀。一點一點的剪，不要剪太多。

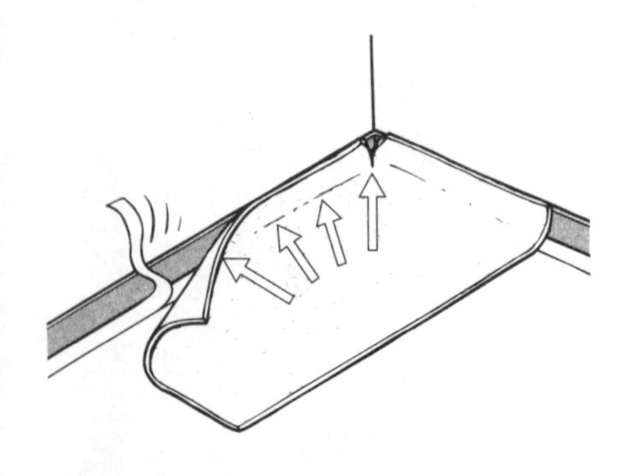

5 撕下剝離紙，從中央朝外將地板往外壓，撕一點壓一下，慢慢的進行。

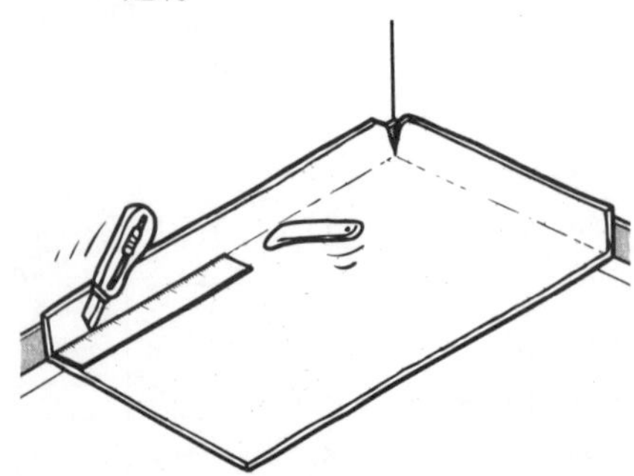

6 房間角落用裁縫用刮刀事先決定好，再抵住金屬尺，裁掉多餘的部分。接著滾動滾輪，好好的壓緊。

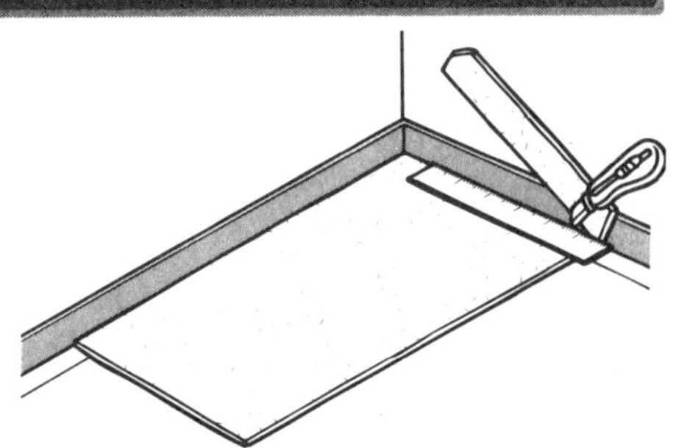

7 另外一邊也以同樣的方式連接，裁掉多餘的部分。

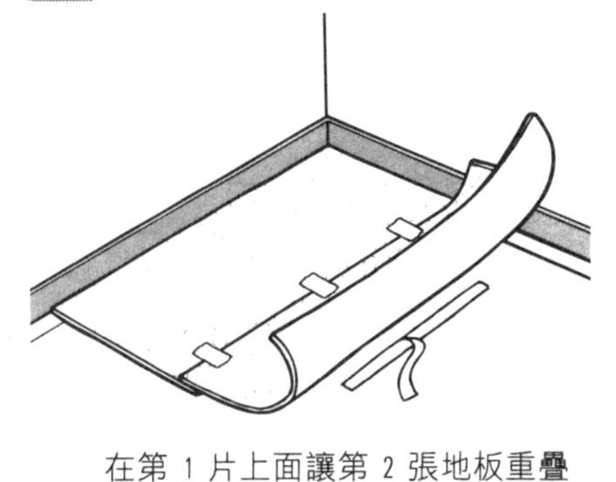

8 在第 1 片上面讓第 2 張地板重疊 10～20 公分，配合圖案，將重疊部分暫時用膠帶固定。與第 1 片地板同樣的，中心貼上雙面膠帶，暫時固定。

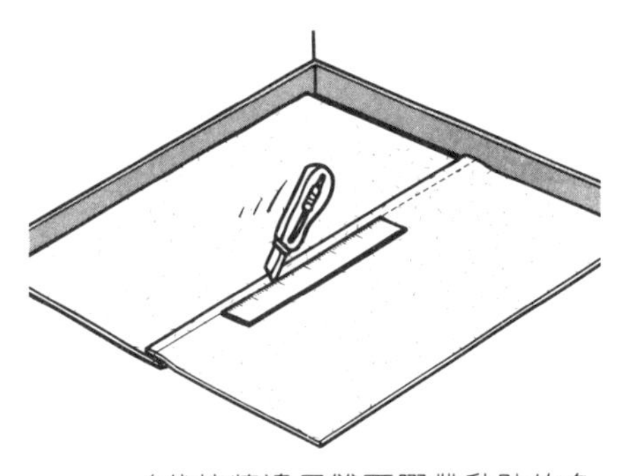

9 （裁掉牆邊用雙面膠帶黏貼的多餘部分）第 1 片和第 2 片重疊部分的中心用金屬尺壓住，用美工刀裁掉，去除一端多餘的部分。

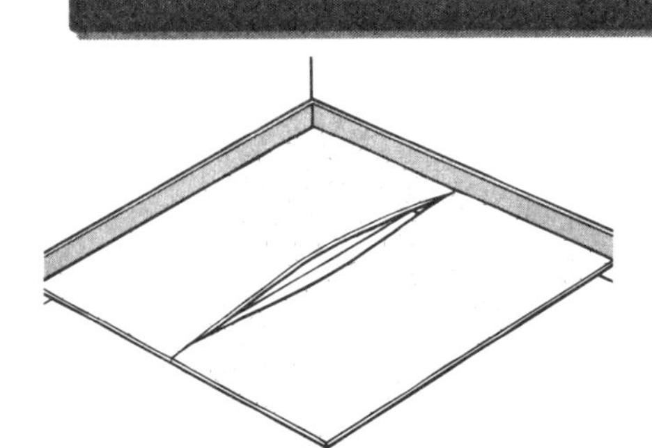

10 第 1 片和第 2 片接縫處的下方貼上雙面膠帶。

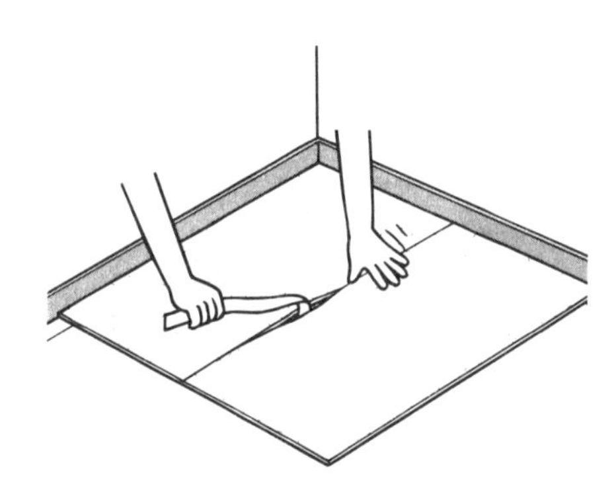

11 一點一點的撕下雙面膠帶的剝離紙，同時按壓塑膠地板。

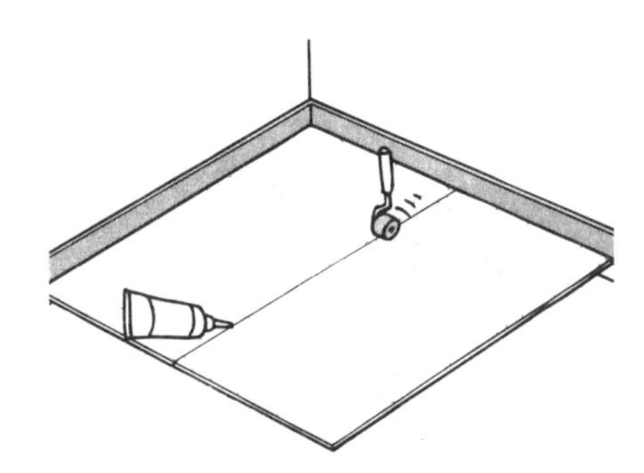

12 用滾輪按壓接縫處。最後接縫處塗抹專用封緘劑即告完成。

燒焦處的修補

剪成四方形的塑膠地板鋪在燒焦的部分上，再用印有圖案的膠帶固定。兩片一起用美工刀裁下。美工刀採側割方式。

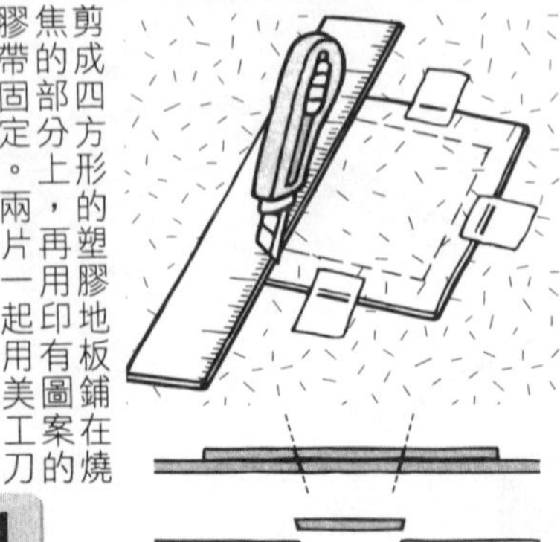

1

2 去除燒焦部分之後，四方形部分貼雙面膠帶，然後貼上重疊裁下的新塑膠地板。

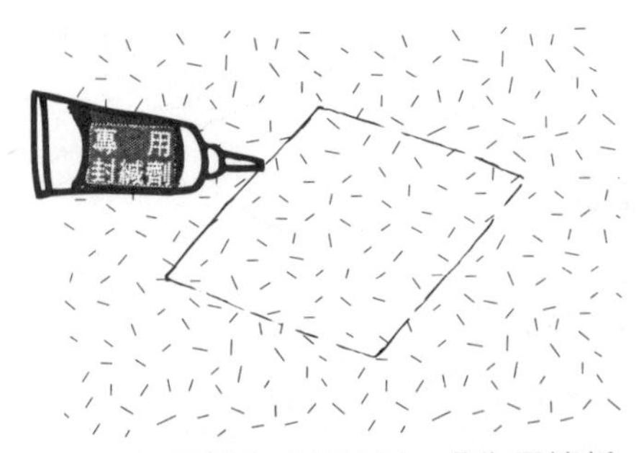

3 以側割方式裁地板，是為了讓新的地板變得稍大些。從上面按壓、黏貼，在接縫處注入專用封緘劑。

會碰水地方的處理

流理台下方會碰到水的地方，要在流理台和塑膠地板的交界處貼上掩蔽膠帶，然後注入硅類充填劑。用刮刀或手指抹平充填劑，再立刻撕下掩蔽膠帶。

凹凸部分的處理

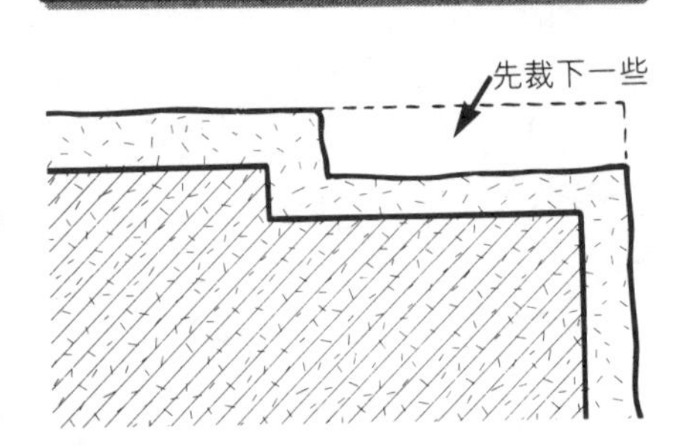

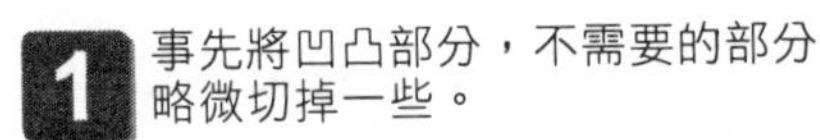

1 事先將凹凸部分，不需要的部分略微切掉一些。

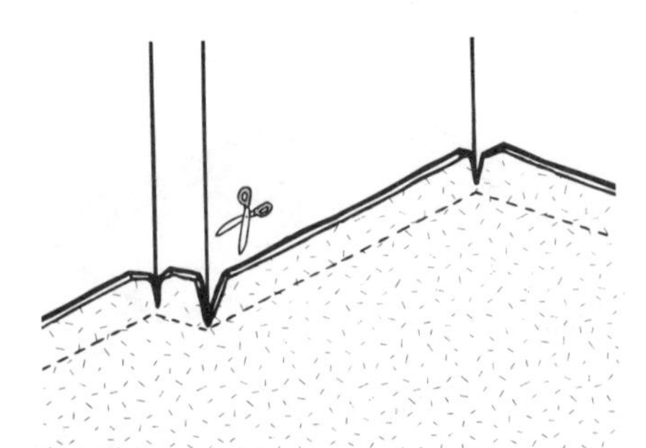

2 實際鋪在地上以決定位置，如圖所示，一點一點的用剪刀仔細剪下。注意不要剪太多。

電的知識與自行車、汽車的維修

處理家中電的問題

了解配電盤的構造

電是由輪電線利用幹線供應到各家庭。幹線與電能計相連，送到配電盤，再送到各房間。

配電盤是由安培斷路器、漏電斷路器和配線用斷路器（或安全器）所構成，電使用過多或漏電時，就會切斷電路，確保安全。

家裡遇到停電或是只有一個房間停電時，只要操作配電盤，就可以恢復供電或找出停電的原因。為了避免在緊急時刻慌張，一定要事先記住配電盤的基本構造。

配電盤的構造與作用

安培斷路器

和電力公司簽約，一旦超過契約中容許的電流量時，就會自動斷電，開關會變成「關」。一旦變成「關」的狀態，就無法用家中的電。

漏電斷路器

因為家電製品故障或漏電等而使得異常電流流過時，就會自動斷電（0.1秒以下的速度）或是開關會跳到「關」的地方。在「關」的狀態就無法使用家中的電。

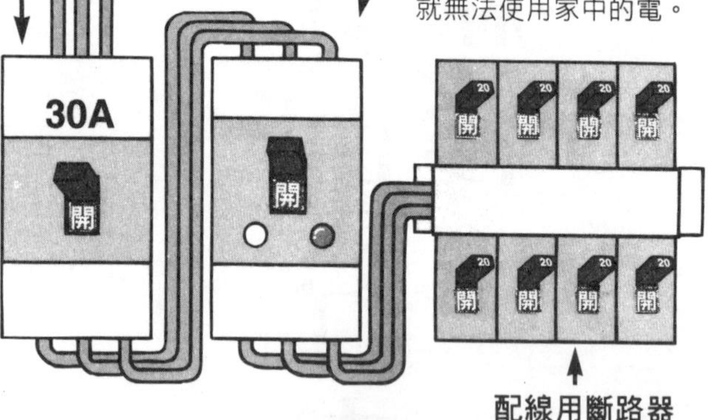

配線用斷路器

（或安全器）

能夠流入 1 個電路中的電量有限，而藉此機器就能夠將由配電盤分出的幾個電路所送出的電送到各房間。1 個電路發生異常時會斷電，開關會跳到「關」，但其他的電路則仍然可以使用。

安全器

和配線用斷路器具有同樣作用的機器。但配線用斷路器一旦發生異常，開關只會跳到「關」，而安全器則是保險絲會溶化，必須更換新的保險絲。

只有 1 個房間停電

1 關掉所有電器的開關，拔掉插頭。

2 將配線用斷路器變成「關」的開關撥到「開」的位置。如果是安全器，則必須更換新的保險絲（通常為 15 A）。

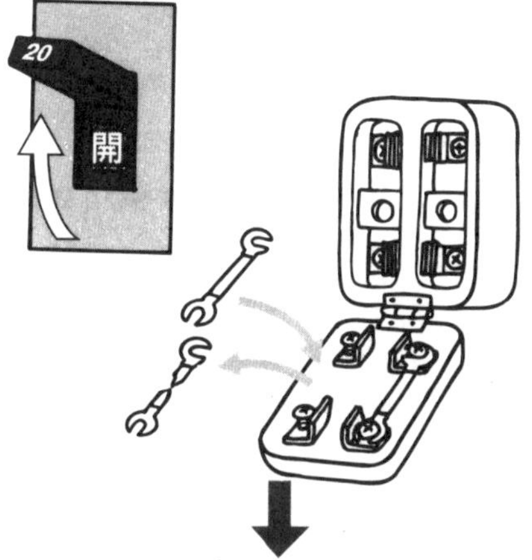

3 如果配線用斷路器再度掉落，則可能是配線異常，最好請電工來修理。

4 如果配線用斷路器沒有掉落，則要看所使用電器的「110V」等的標示，計算電量。通常家庭電壓為110V，100瓦則為1A，1000瓦則為10A。安全器為15A。如果配線用斷路器超過20A，則超過容量，就要減少所使用的器具。

5 如果電的使用量在允許範圍內，則可能是電器出了問題。

只有 1 個器具不能使用時

1 首先要確定電源插頭是否插在插座裡，為了謹慎起見，最好也插入其他的插座試試看。

2 也要檢查電源插頭和線圈的連接部分。如果電源線稍微彎曲，電源時有時無，原因就是斷線。

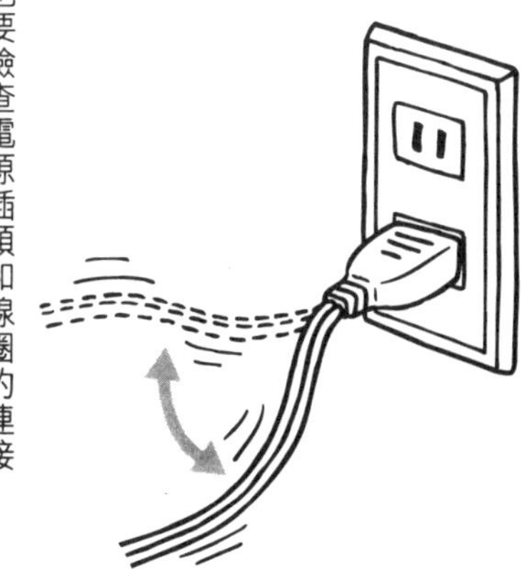

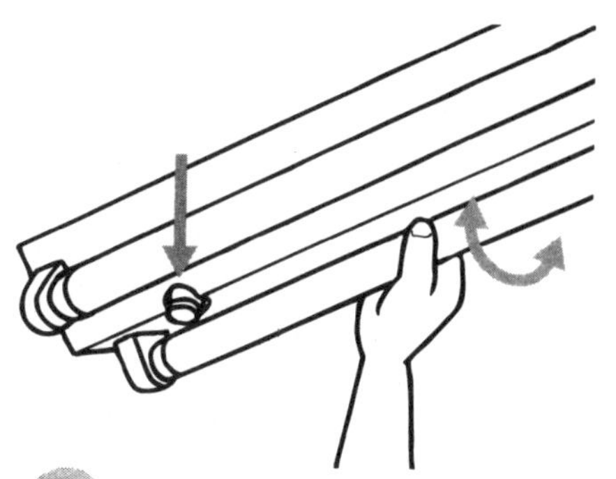

3 如果是照明器具，則要確認燈泡或日光燈是否鬆掉。

家中的電無法使用

1 安培斷路器的開關變成「關」。

2 減少使用的電器，將安培斷路器的開關撥到「開」的位置。

1 漏電斷路器的開關在「關」的位置。

2 漏電斷路器的開關維持在「關」的狀態，配線用斷路器的開關全都變成「關」。

3 確認安培斷路器的開關在「開」的位置，漏電斷路器的開關也在「開」的位置。

4 配線用斷路器的開關一一擺在「開」的位置。

5 某處的漏電斷路器的開關再度跳到「關」的位置。

6 這時如果按下開關的電路的配線用斷路器變成「關」的位置，則表示這個電路可能漏電或電器有毛病，要趕快找電工來修理，同時可以使用其他的電路。

5 配線用斷路器的全部開關都撥到「開」的位置，漏電斷路器卻沒有跳到「關」的位置。

6 為了謹慎起見，要進行漏電斷路器的作動確認。安培斷路器的開關維持在「開」的位置，按下漏電斷路器的測試按鈕（紅色或綠色）。

7 如果漏電斷路器的開關跳到「關」，則表示能夠正常作動，可以像以往一樣的使用電。

8 如果再度發生同樣的情況，最好找電工來修理。

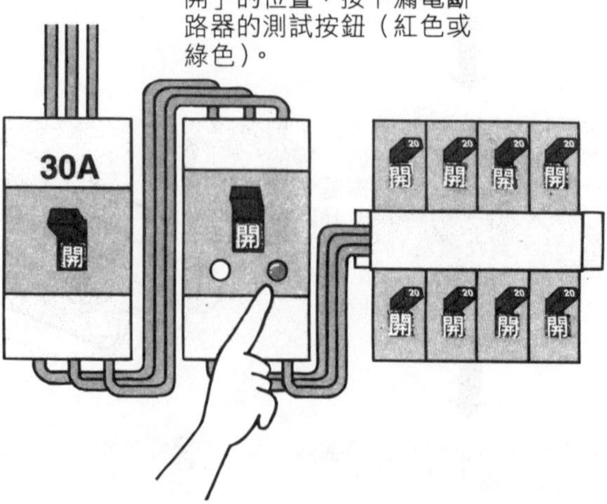

電器的電源插頭的修理

要購買符合電器規格的插頭

出了毛病，大多是電源插頭接觸不良造成的。雖然不會修電器，但如果只是插頭接觸不良，自己就可以修理了。

現在的電器和以前不同。現在的電源插頭幾乎都是線圈和插頭一體成型，無法分解，所以必須剪下電線，安插新的插頭。在此介紹最普遍的塑膠平行電線的修理法。

準備用具

- ●新的插頭　●鉗子
- ●十字形螺絲起子
- ●美工刀

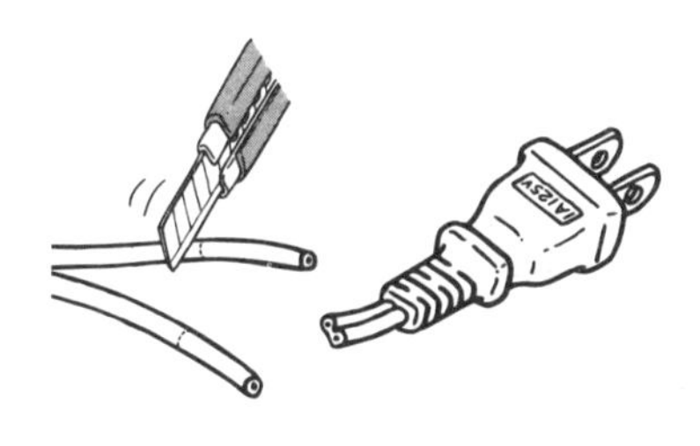

1 利用鉗子等剪掉電線，一分為二（4～5公分左右）。在前端1.5公分處用美工刀切開。

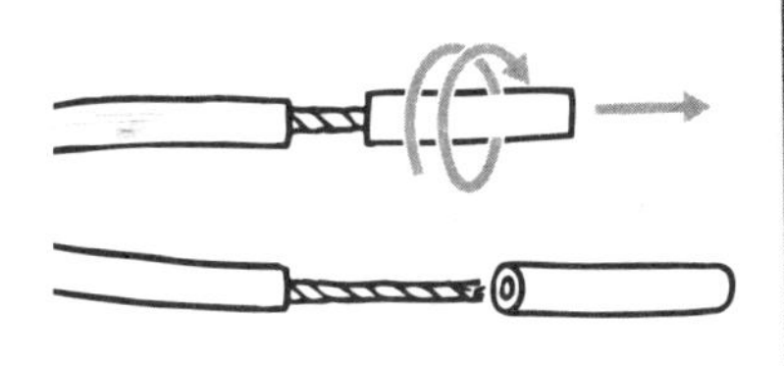

2 拉出外層的塑膠，往右轉，扭轉芯線。

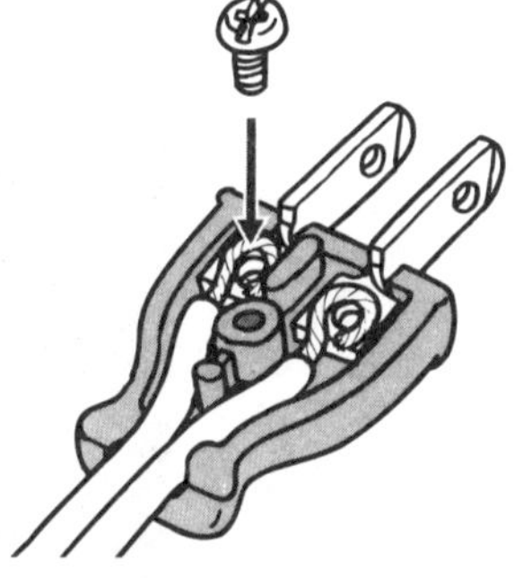

3 扭轉的線前端以順時鐘方向圍成圈，用螺絲固定在插頭上。芯線多餘的部分用鉗子剪掉前端。

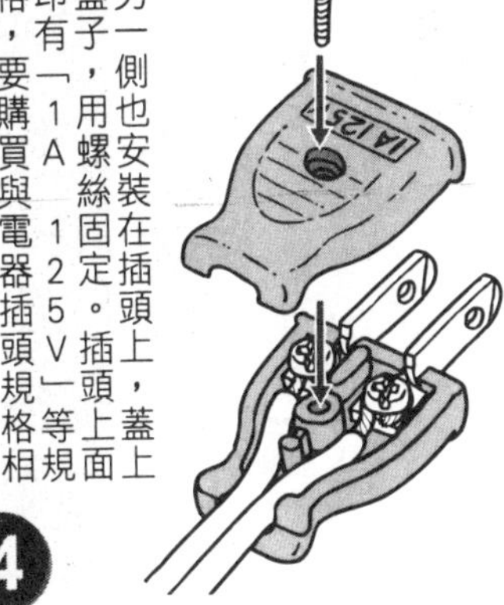

4 另一側也安裝在插頭上，蓋上蓋子，用螺絲固定。插頭上面印有「1A 125V」等規格，要購買與電器插頭規格相同的插頭。

自行車的維修

安全騎乘的維修

自行車在平常可以當成代步的工具，相當方便，但是卻很少人去重視它。

鏈條生鏽或煞車不靈，嚴重時，幾乎可以看到漏氣的輪胎。這樣，會縮短自行車的壽命，而且無法順利的騎乘，相當的危險。

調整煞車、修理爆胎等最低限度的維修，外行人也能夠輕易的進行。趁此機會趕緊學習吧！

準備用具

- ●肥皂水
- ●整組爆胎修理工具（補墊、橡皮黏膠、輪胎桿、橡皮管、砂紙）
- ●扳手
- ●水桶
- ●修正液

橡皮管的檢查

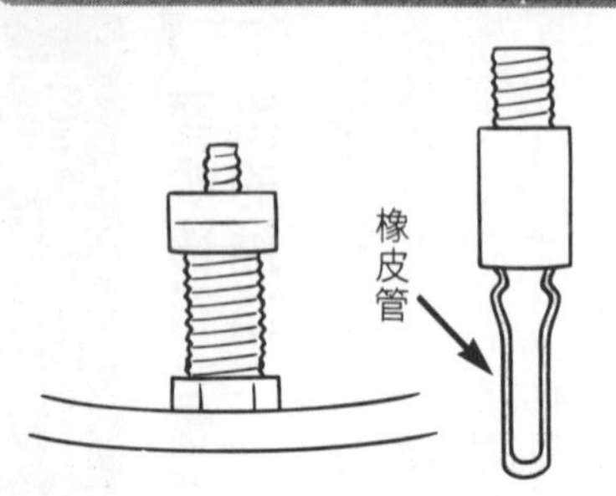

1. 氣門嘴的前端裝著管狀的橡皮管，一旦劣化，可能會漏氣。

2. 先將空氣打入輪胎內，在氣門嘴的前端塗抹肥皂水。如果冒泡泡，表示原因出在橡皮管，必須更換新的橡皮管。

3. 只要轉動氣門嘴，拔掉氣門嘴，更換橡皮管即可。

爆胎的修理

取出內胎

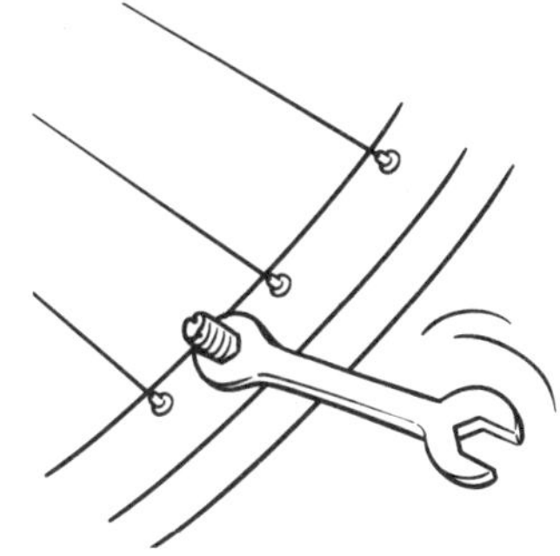

1 拿掉氣門嘴蓋和氣門嘴，用扳手轉動固定氣門嘴的螺帽，卸下螺帽。

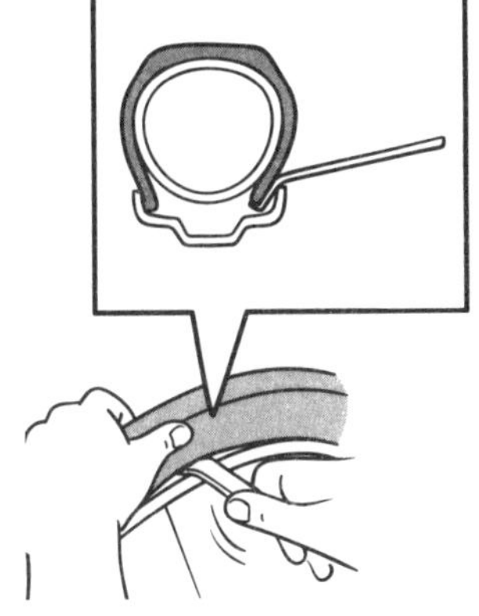

2 用力將輪胎往上推，在輪胎和內胎的縫隙之間插入輪胎桿。這時不要讓內胎夾在輪胎和輪胎桿之間。

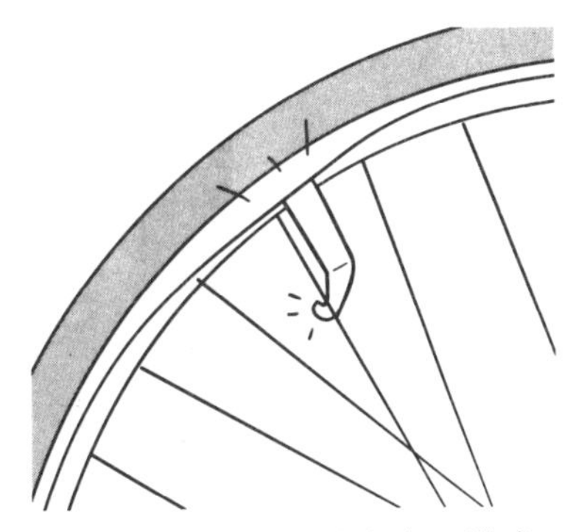

3 輪胎桿倒向輻條的方向，變成鑰匙狀。前端部分勾住輻條，翹起輪胎的一端。

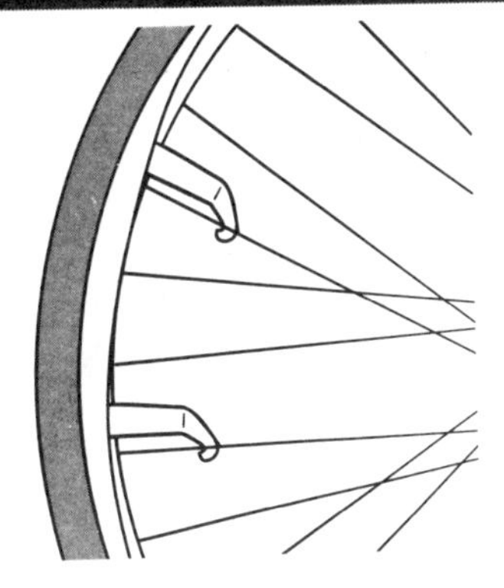

4 在距離10～15公分處插入第二個輪胎桿，勾在輻條上。

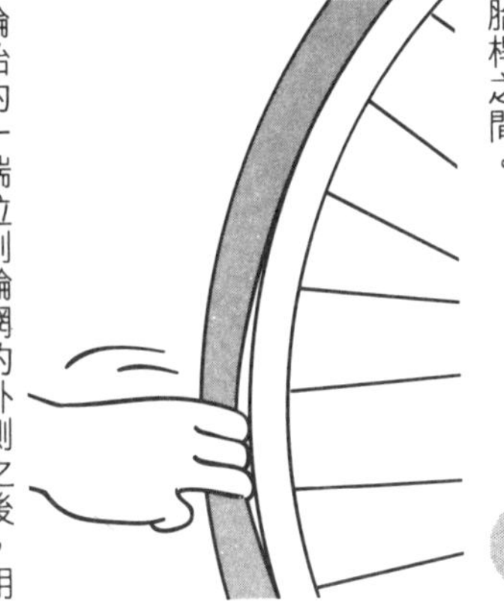

5 輪胎的一端拉到輪輞的外側之後，用手指插入，一邊轉動輪胎，一邊一點一點的將輪胎往外移。插入第二個輪胎桿之後也無法卸下輪胎時，則使用第三個輪胎桿。

6 取出內胎。最後才卸下氣門嘴的部分，所以要從氣門嘴的相反側取出內胎。

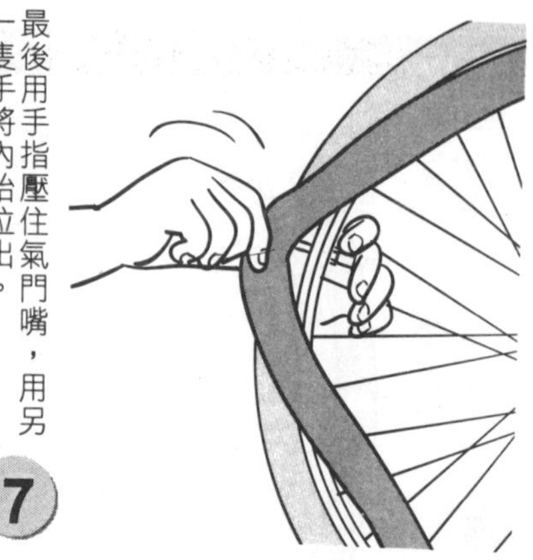

7 最後用手指壓住氣門嘴，用另一隻手將內胎拉出。

修補內胎破洞

1 輪胎內輕輕打入空氣，放入裝著水的水桶中，在冒出泡泡處找尋破洞。如果找不到，多打一些空氣進去再找尋。

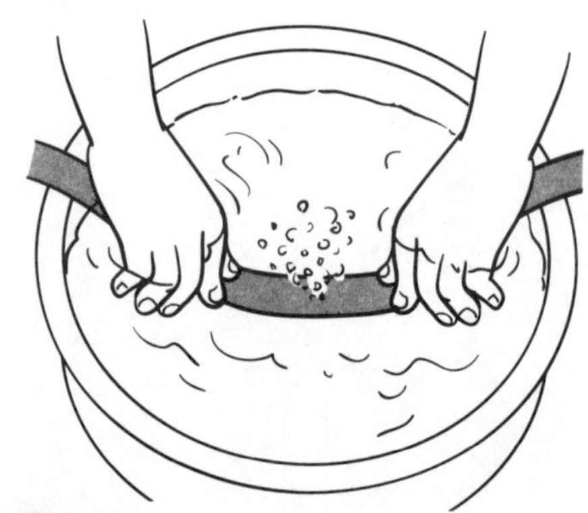

2 為了謹慎起見，用手指按住發現的破洞，確認有無其他的破洞。

3 擦掉水，在破洞處做上記號。可以使用任何東西做記號，但是使用修正液最容易發現。

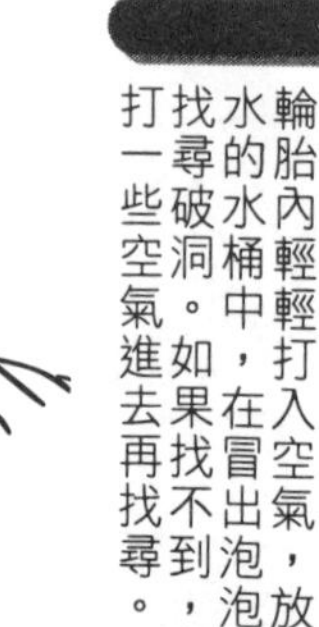

4 在破洞周圍，用砂紙摩擦比要黏貼的補墊更大的範圍，輕輕的摩擦即可。

5 塗抹少許橡皮黏膠，用手指塗抹均勻。等到稍微乾了為止。

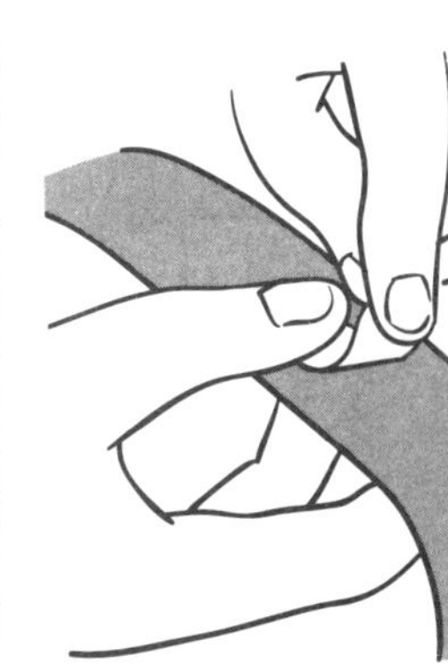

6 補墊的背面（貼在內胎上的面）撕下保護紙，黏貼在內胎上。為避免空氣進入，用手指按住一端，使其緊緊的貼合在一起。

7 用手指用力按壓，確認補墊和內胎緊密貼合。

8 內胎的下面墊上毛巾等軟布，上面以螺絲起子的尾端用力按壓，這樣更能夠緊密的貼合。

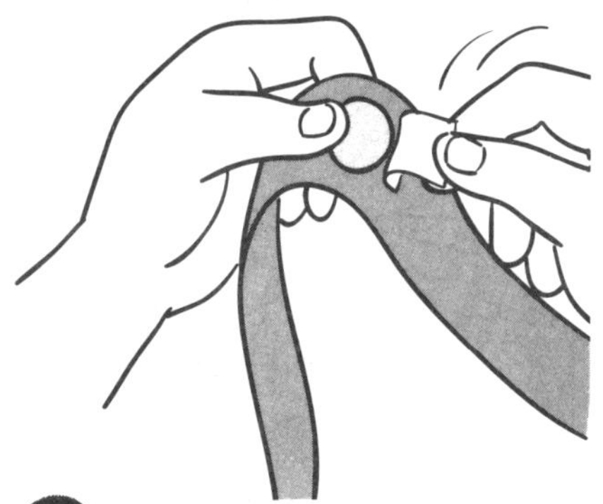

9 輕輕彎曲內胎，撕下補墊的保護剝離膠帶。

安裝內胎

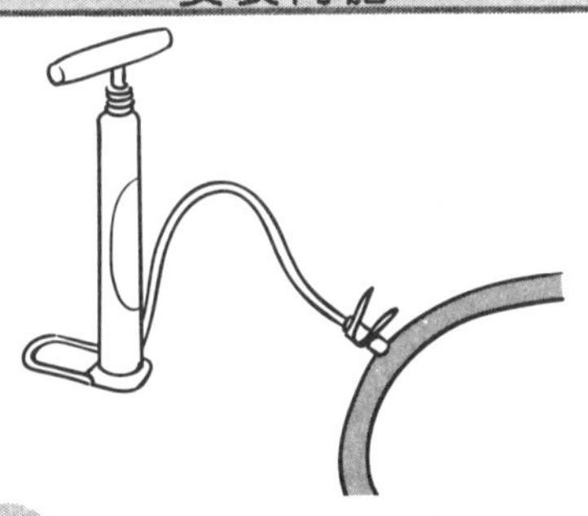

1 確認輪胎內無異物，在內胎裡打入一些空氣。

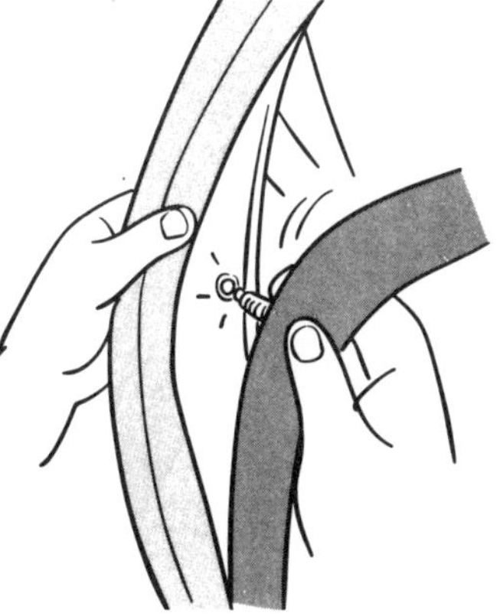

2 從氣門嘴的部分先固定。輪胎靠向一側，將氣門嘴插入輪輞孔中。

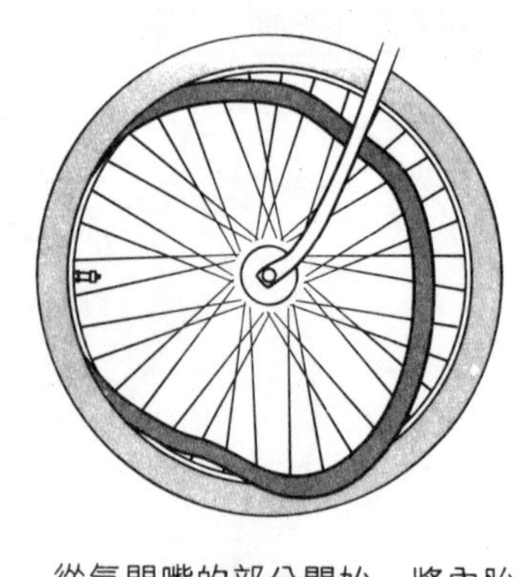

3 從氣門嘴的部分開始，將內胎放入輪胎內。氣門嘴的上方安裝好之後，再安裝下方。注意內胎不可扭轉，仔細的作業。

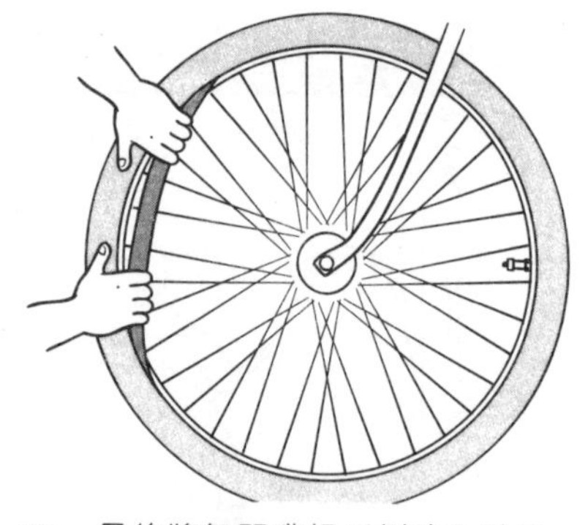

4 最後將氣門嘴相反側的內胎也裝入輪胎內。

5 從氣門嘴的部分將輪胎裝在輪輞上。這時要稍微壓住氣門嘴，避免內胎夾在輪胎和輪輞之間。

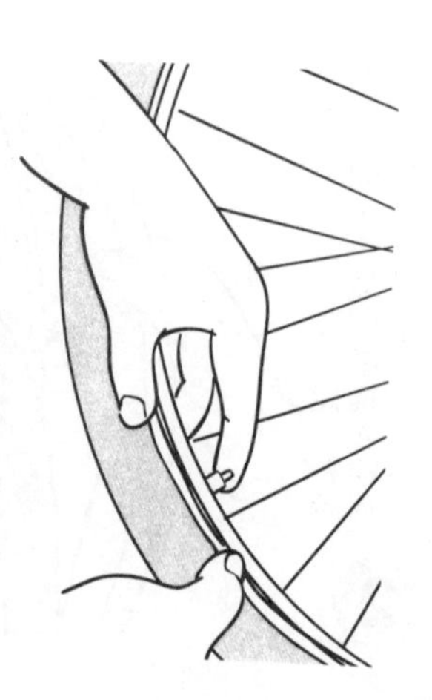

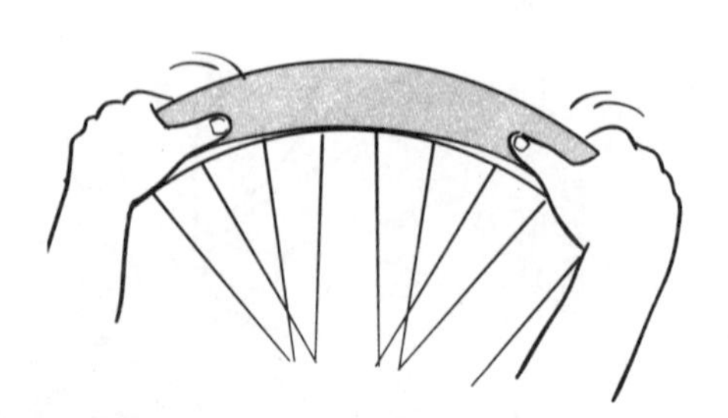

6 由氣門嘴的部分開始，上下均勻的塞入輪胎。最後的20公分很難塞入，要一點一點的慢慢進行。

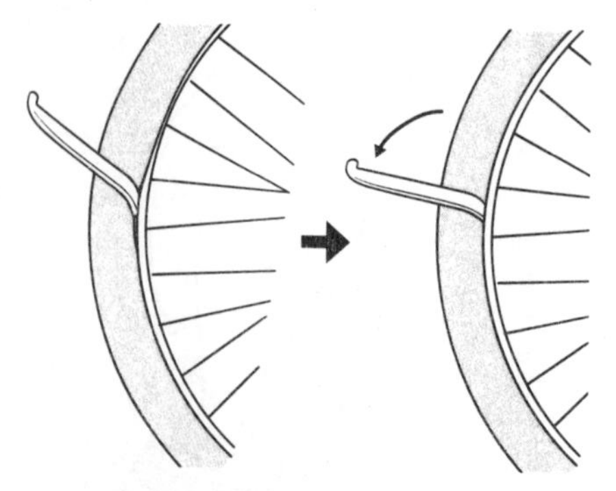

7 如果無法用手塞入，可以使用輪胎桿。這時如果夾到內胎可能會造成破洞，一定要小心。

8 裝好輪胎之後，輕輕的打入空氣。好用手指按住輪胎側，讓內胎和輪胎融合在一起，然後只要打入必要量的空氣即可。

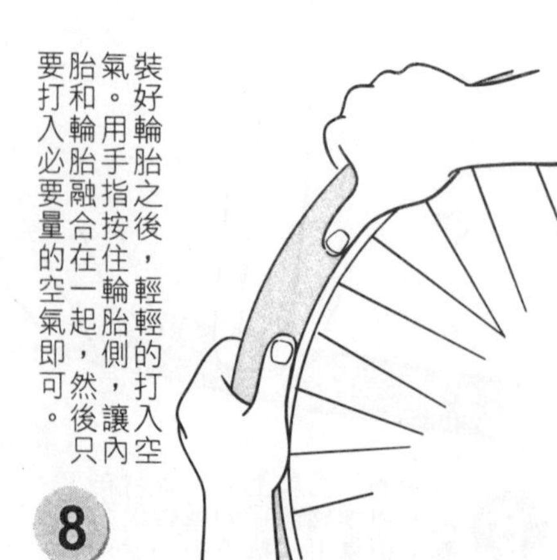

煞車的維修

如果是輕便車，則前煞車是車輪的輪輞從兩側用煞車蹄夾住型，所以，可以輕易的調整煞車或更換煞車蹄。

後方的煞車稱為手煞車，煞車本身隱藏在轂內。也可以利用DIY的方式調整，但如果想要消除吵雜的煞車聲，那麼，最好找自行車店的老闆修理。

準備用具

- ●扳手
- ●新的煞車蹄
- ●噴霧式潤滑劑

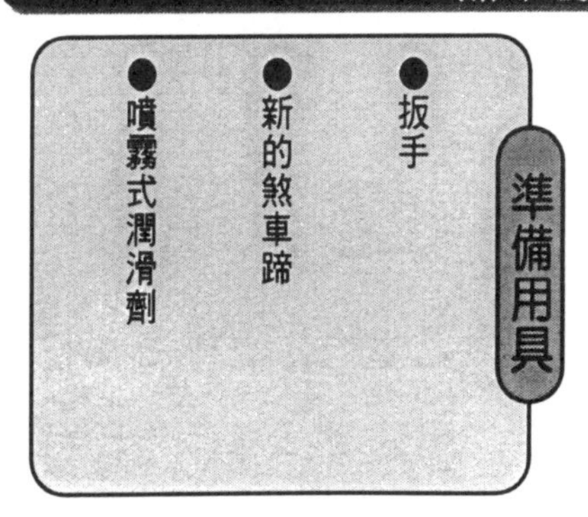

煞車的調整

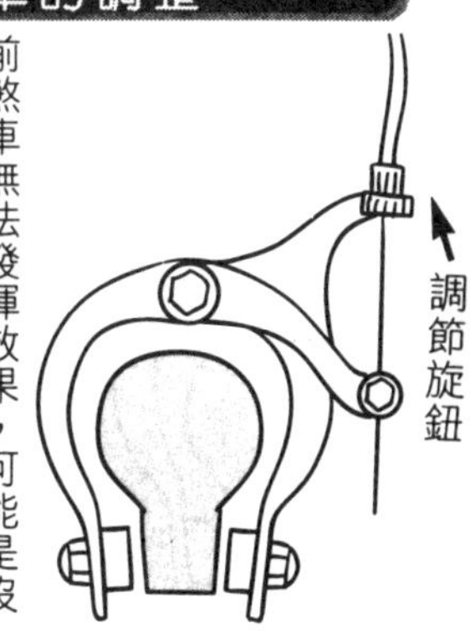

1 前煞車無法發揮效果，可能是沒有煞車桿遊隙的緣故。如果煞車蹄並沒有耗損，可是用力握煞桿卻無法有效的煞車，可能是遊隙太多所致。不管哪種情況，都可以藉著煞車的調節旋鈕來調整。

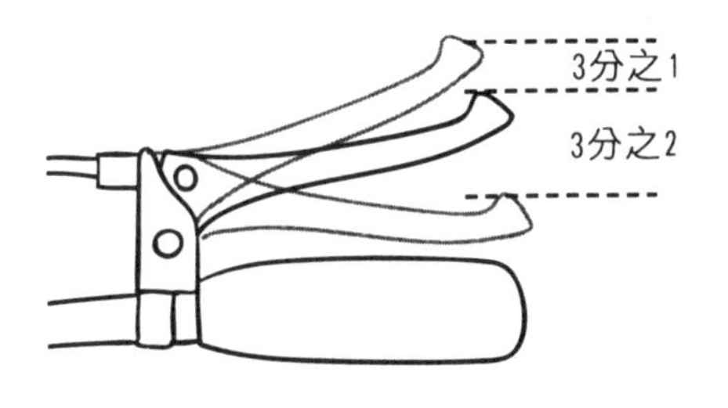

2 轉動安裝在煞車上的調節旋鈕，調節到煞車桿只要握3分之1就能夠有效煞車。如果是MTB，則連煞車桿的部分也會進行微調。

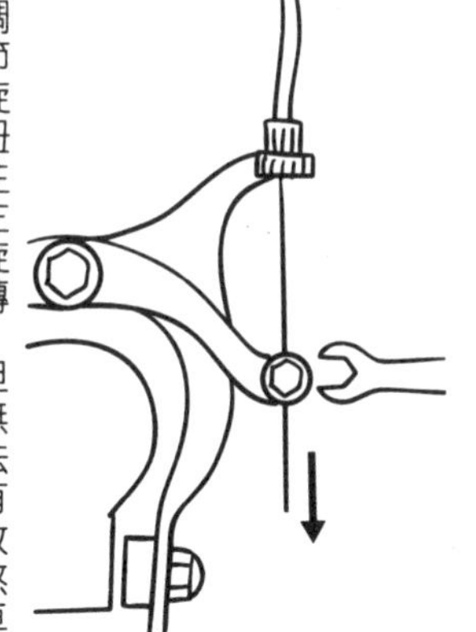

3 調節旋鈕往左旋轉，但無法有效煞車時，將調節旋鈕轉向右恢復原狀，然後用扳手鬆開，把鐵絲固定在煞車上的螺帽，將鐵絲一點一點的拉，調節遊隙。調節結束之後，鎖緊旋鈕，固定鐵絲。

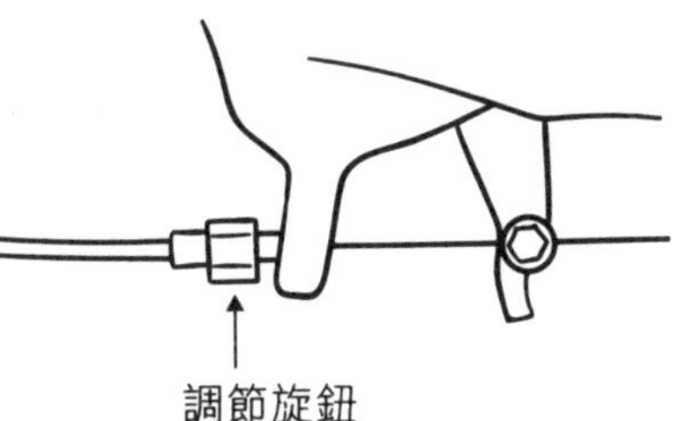

4 也可以藉著旋轉後輪煞車上的調節旋鈕，來調節後煞車的遊隙。

更換煞車鋼索

內側鋼索嚴重生鏽時，就要更換新的鋼索。要先測量外側鋼索的長度，購買相同的長度。

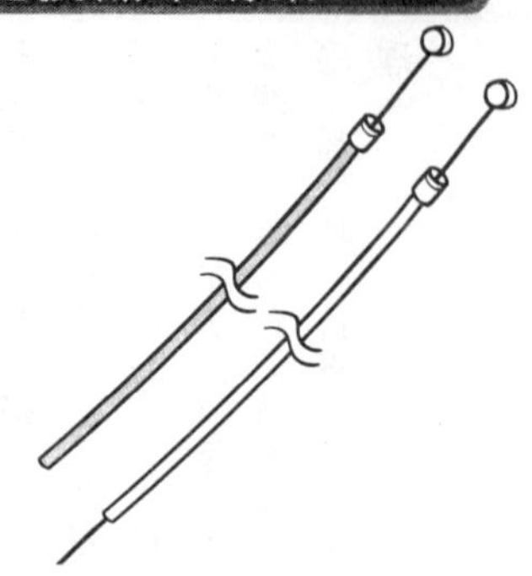

1

煞車桿的拆卸和前頁一樣，煞車本體部分則要鬆開固定螺帽之後再卸下。

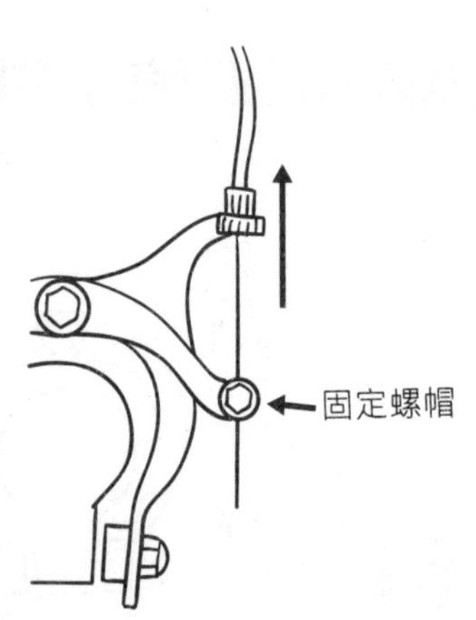

2

內側鋼索前端的蓋子無法拔出時，就要先拔掉蓋子。蓋子已經被擠扁了，所以，要用鉗子從九十度的角度重新捏成原來的形狀再拔出。還是無法拔出時，則用鉗子剪斷。

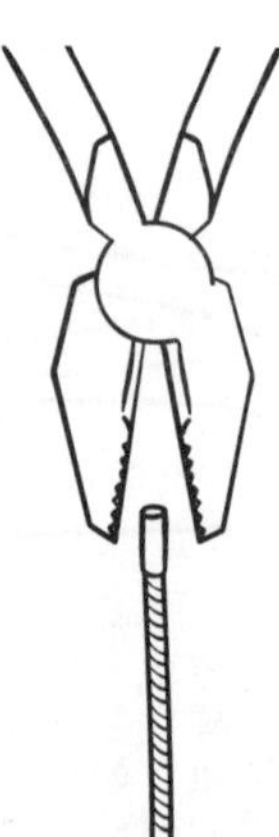

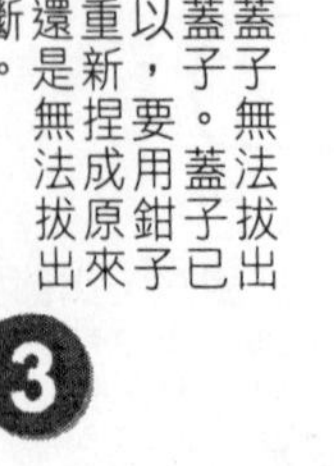

煞車鋼索的維修

1 煞車太重時，要確認煞車線是否彎曲，如果彎曲，就要放鬆彎曲的幅度。

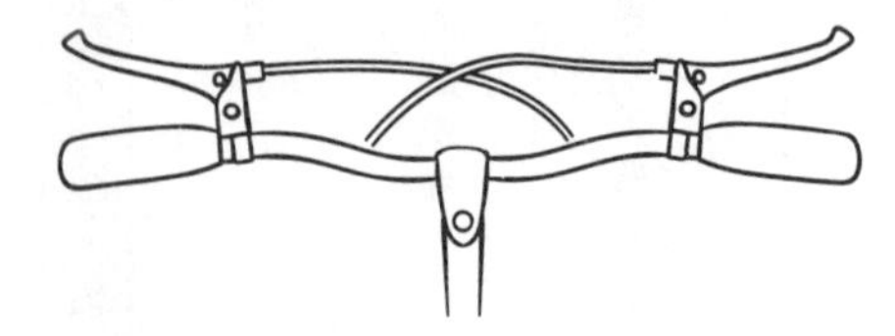

2 煞車線生鏽時，必須噴灑潤滑劑，同時先轉動煞車桿的螺絲，放鬆煞車。

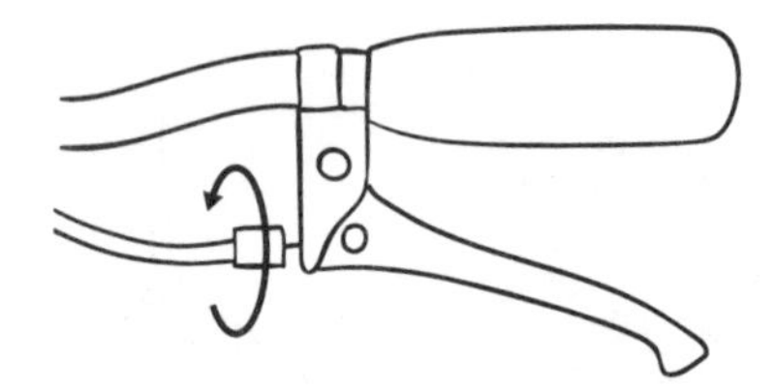

3 從溝中拔出內側鋼索，就可以輕易的卸下前端部分。

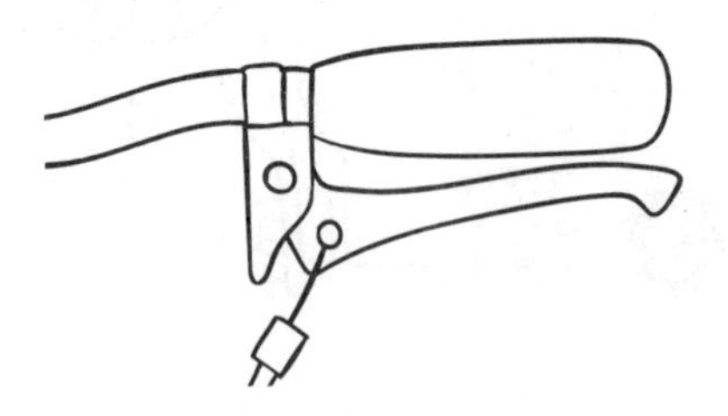

4 外側與內側鋼索之間抵住潤滑劑的噴嘴，噴灑潤滑劑。為避免飛散到周圍，可以用毛巾等包住再噴灑。

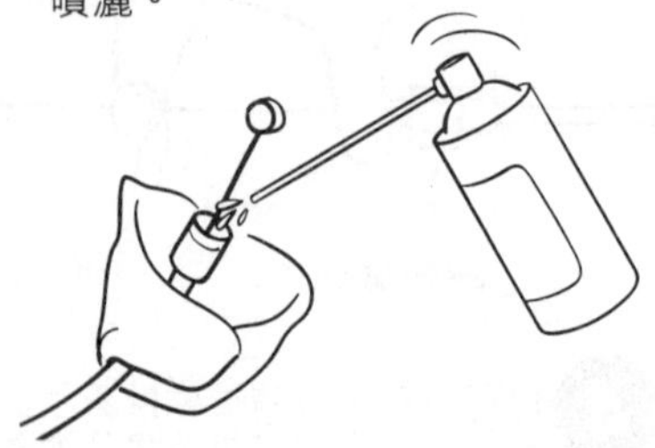

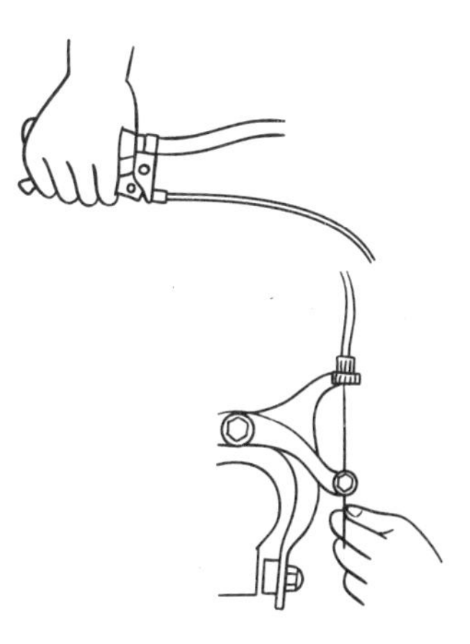

4 安裝新的鋼索。首先安裝在煞車桿上，然後再安裝在煞車上。做法是與卸下時相反的順序來進行，這時不要忘記調整遊隙。

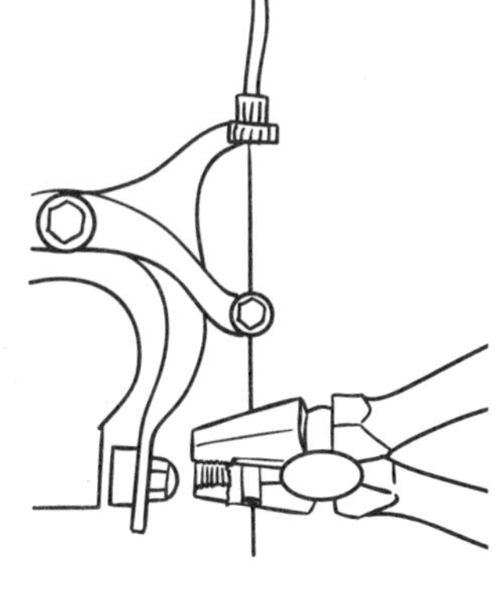

5 內側鋼索太長時，則要包住剝離膠帶（如果使用鐵絲剪就不要），用鉗子剪斷。內側鋼索前端蓋上蓋子，用鉗子壓扁固定。

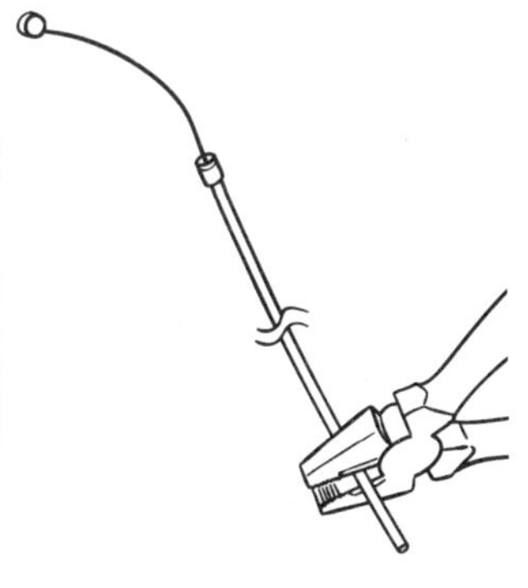

6 外側鋼索太長時，則將內側鋼索拉向輪胎側，用鉗子剪斷。用銼刀磨平剪斷面之後再露出內側鋼索固定即可。

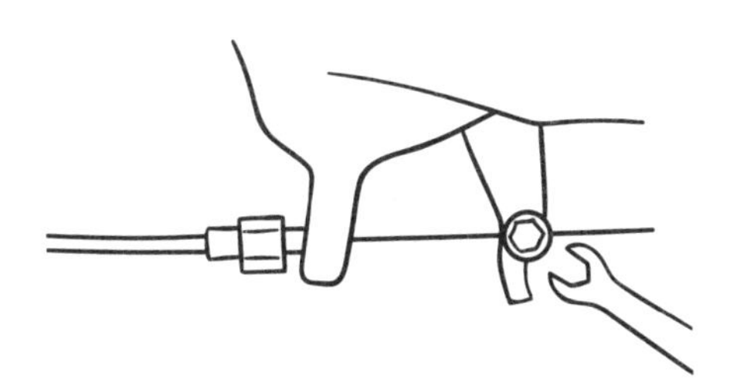

7 後煞車的鋼索，則要先用扳手鬆開後輪煞車本體上的固定螺帽，然後用與前煞車同樣的方式更換。

更換煞車蹄

1 用扳手鬆開固定煞車蹄的螺帽，安裝新的煞車蹄，再鎖緊螺帽。

2 安裝時要注意煞車蹄不可以碰到輪胎。

前煞車的叫聲

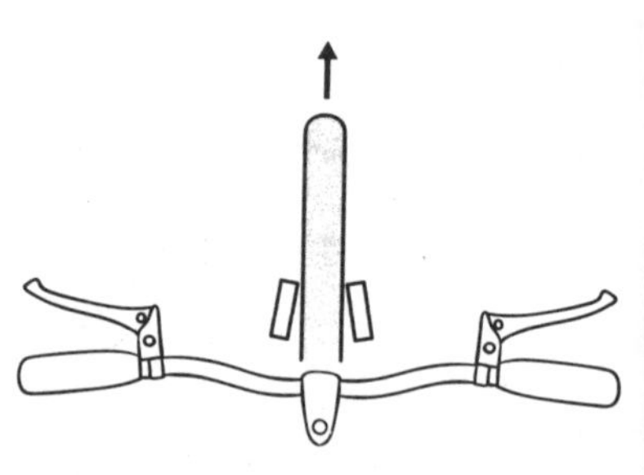

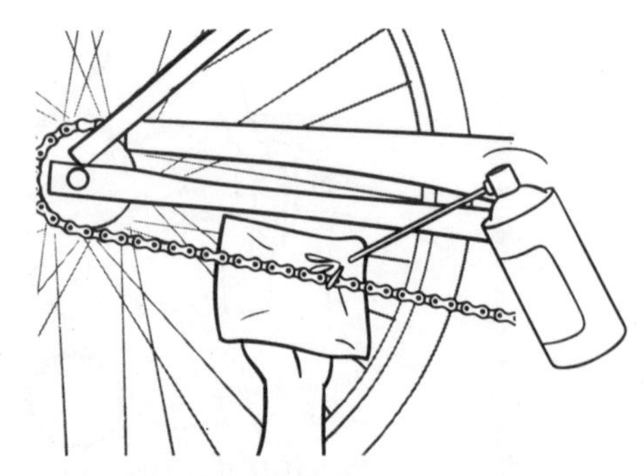

1 前煞車蹄已經換新但還是會叫時，就要把煞車蹄固定成八字形。

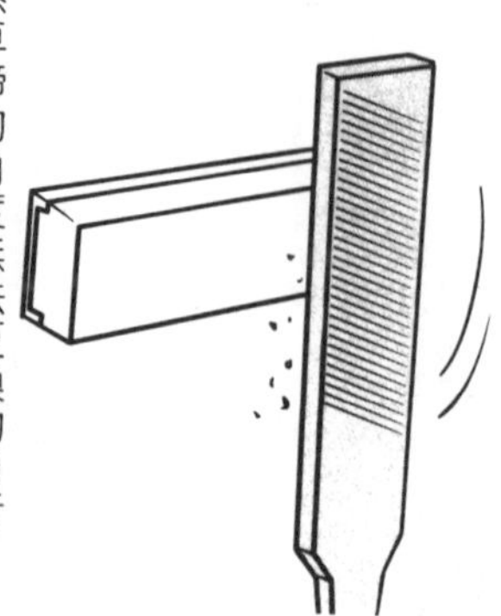

2 煞車蹄的角度無法更換的自行車，先把蹄鬆開，後方用銼刀削成八字形。即使有點麻煩，但還是要稍微削一下再固定。

鏈條塗抹潤滑劑

要使鏈條順暢的移動，就必須要塗抹潤滑劑。沒有潤滑劑則容易生鏽，所以事前要好好的維修。

鏈條露出，就表示潤滑劑已經消耗完了，能夠一目了然。如果是鏈條用鏈條蓋蓋住的自行車，較不容易暴露在風雨中，但外觀上也看不出來。這時要注意聽聲音。聽到異常聲音時，可能是潤滑劑已經用完了。

不管哪種情況，在生鏽之前就要先塗抹潤滑劑。

準備用具

- ●潤滑用潤滑劑（噴霧型）
- ●抹布
- ●十字形螺絲起子（鏈條用鏈條蓋覆蓋時）

1 噴灑潤滑用潤滑劑。為避免沾到其他部分，要用抹布等蓋住，利用噴嘴一點一點的噴灑。

2 如果鏈條用鏈條蓋覆蓋，則鬆開後輪部分的鏈條蓋螺絲。煞車、車軸和車輪的輪輞也要噴灑潤滑劑，但要小心不要讓潤滑劑到處飛濺。

加油的○×

自行車有很多金屬部分，長時間騎乘可能會生鏽，尤其可動部分一旦生鏽就不容易活動，因此，最好噴灑加入防鏽劑的潤滑劑。

但是，有些地方絕對不可以噴灑潤滑劑。

例如煞車的制動部，當然不可以直接噴灑潤滑劑。沾到潤滑劑的手也不可以觸摸制動部。必須塗抹專用潤滑劑的地方也不可以隨便噴灑潤滑劑。以圖示的方式解說如下，請參考下圖來進行維修。

此外，可以自己噴灑潤滑劑的部分是，鑰匙的可動部、車架的可動部、煞車桿側的內側鋼索與外側鋼索之間的縫隙等。

絕對不可以噴灑潤滑劑的部分

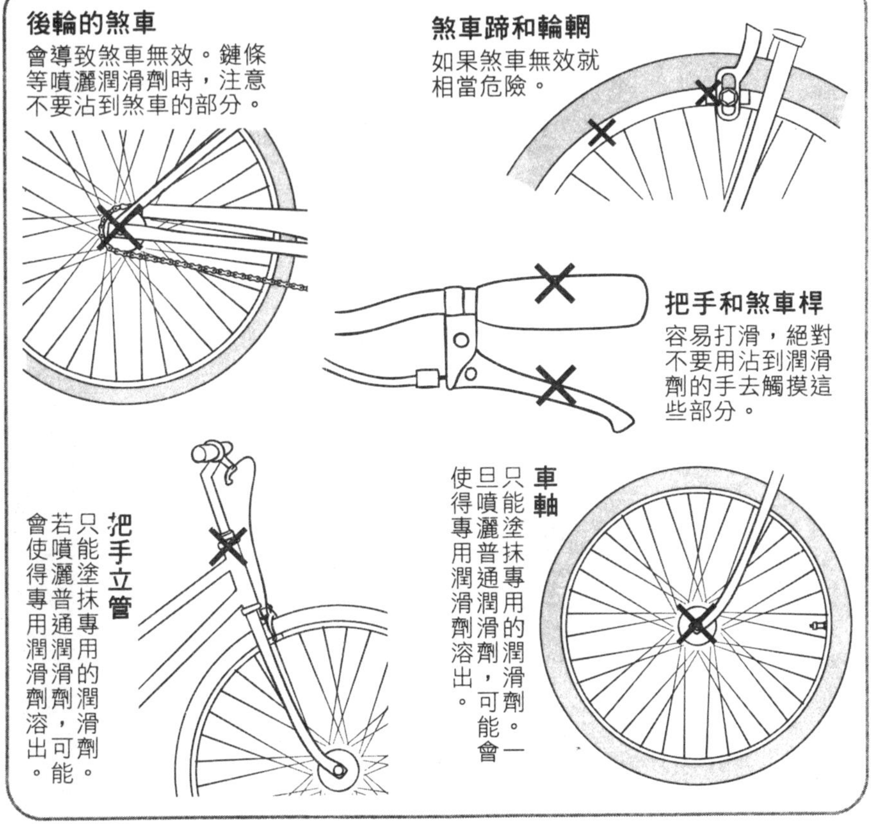

後輪的煞車
會導致煞車無效。鏈條等噴灑潤滑劑時，注意不要沾到煞車的部分。

煞車蹄和輪輞
如果煞車無效就相當危險。

把手和煞車桿
容易打滑，絕對不要用沾到潤滑劑的手去觸摸這些部分。

車軸
只能塗抹專用的潤滑劑。一旦噴灑普通潤滑劑，可能會使得專用潤滑劑溶出。

把手立管
只能塗抹專用的潤滑劑。若噴灑普通潤滑劑，可能會使得專用潤滑劑溶出。

汽車的清潔

按照正確的順序和方法進行作業

洗車上蠟，依作業的方法不同，在完成時會產生很大的差距。一旦做法不對，反而會損傷噴漆，所以，一定要用正確的順序和方法把愛車打扮得光鮮亮麗。

洗車

洗車時的重點在於天氣。在晴天、氣溫較高的日子洗車，則水滴具有透鏡的作用，會損傷烤漆，水或洗劑一下子就蒸發掉，會形成斑點。不過在室內洗車的人當然另當別論，一般人最好選擇陰天洗車。

其次最重要的是洗車的順序。先從骯髒的輪胎和車輪開始，其次是車頂、車窗、引擎蓋、行李廂、側門，由上往下依序洗車。先洗輪胎，才不會使得好不容易洗好的車身被泥漿弄髒。

準備用具

- 車用洗潔精（搭配車身顏色的洗潔精）
- 海綿
- 硬的洗車刷（輪胎用）
- 軟的洗車刷（車輪用）
- 軟毛細縫刷（車身細部用）
- 牙刷（車輪細部用）
- 水桶（二個）
- 水管
- 合成化學皮（幾片）
- 紙巾

1 先在水桶中放入適量的車用洗潔精，再用水管將水注入水桶內。為了充分起泡，要從較高的位置將水注入。

2 輪胎和車輪，可以先用水管沖水，去除掉可以去除的污垢。

3 車輪上方和車身下方周圍的污泥也必須沖水去除。

4 將充分起泡的洗潔精噴灑在輪胎上，用洗車刷刷掉污垢。這時輪胎接觸地面部分不要洗。

5 輪胎和車輪用水管的水沖洗乾淨之後，再將洗潔精灑在車輪上。用較軟的洗車刷或車輪專用刷刷洗。

6 輪胎和車輪所使用的洗車刷，不可以放入加入洗潔精的水桶中。混合了泥和油料粉的洗潔精會損傷車身。如果分別準備輪胎用和車身用的洗潔精就無妨了。

7 用水管的水沖洗掉輪胎和車輪上的洗劑。

8 接著清洗車身。按照車頂、車窗、引擎蓋的順序，由上往下用水管沖水，沖掉表面的灰塵和沙粒等。

9 海綿放入水桶中，吸收大量的洗潔精液，擠在車頂上，讓整個車頂布滿洗潔精。

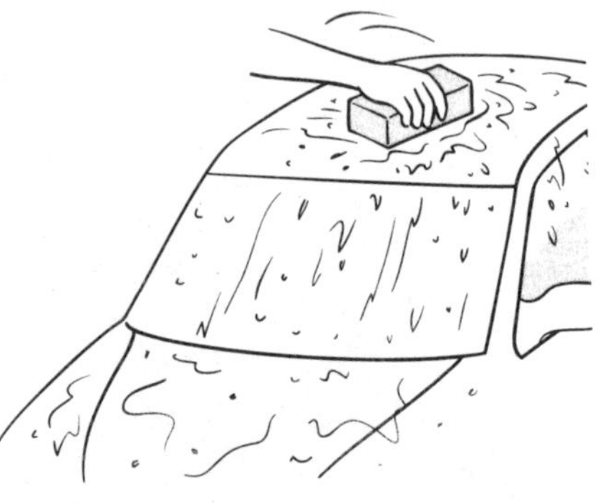

10 以擠壓泡沫的方式，用海綿輕柔的清洗車頂。用力摩擦時，殘餘的灰塵粒子可能會損傷烤漆，需要注意。

11 洗完車頂後，立刻用水管沖水，沖掉洗劑。雖然全部洗過之後再沖洗比較有效，但洗劑可能會在這段時間內形成斑點。

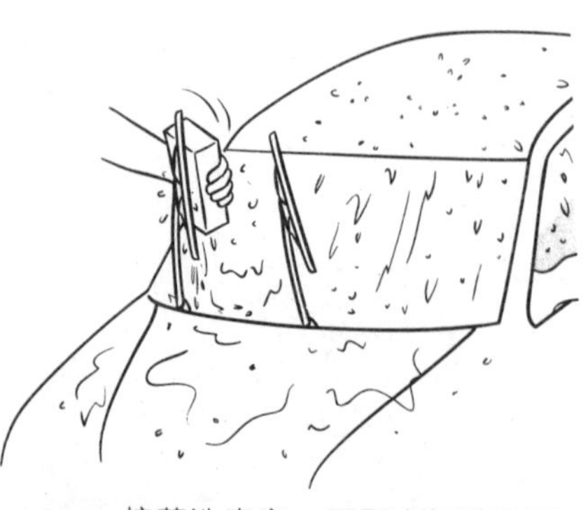

12 接著洗車窗。不要忘記清洗雨刷。洗完車窗之後，要立刻用水沖洗乾淨。

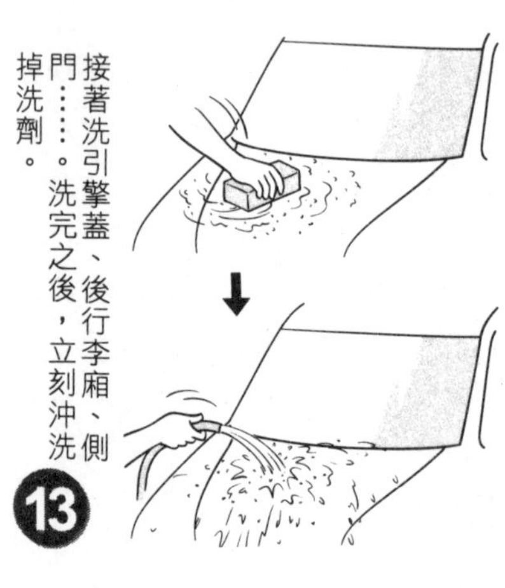

13 接著洗引擎蓋、後行李廂、側門……。洗完之後，立刻沖洗掉洗劑。

14 表面經過加工的凹凸保險桿、車子的標誌和車牌等用海綿很難清洗到的細部，要用軟毛小刷子清洗。

沖洗掉車身的洗劑後，用打濕擠乾的合成化學皮擦掉水氣，還是由上往下擦。合成化學皮吸水性極佳，可以摺疊，以撫摸車身的方式吸收水分。

15

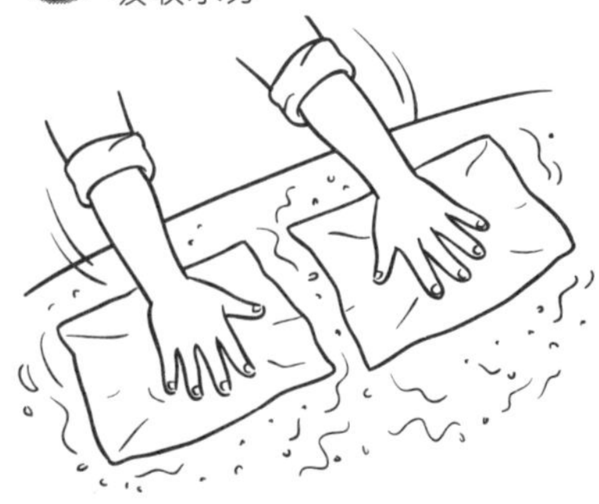

16 在合成化學皮的吸水性變差之前，可以經常清洗、擠乾使用。可以準備好幾條，也可以同時準備大致擦拭用及最後擦拭用 2 條，效果更好。

17 整個車身的水擦乾之後，細部的水也要擦乾。要打開車門、引擎蓋、油箱蓋等能夠打開的部分，擦掉水分。

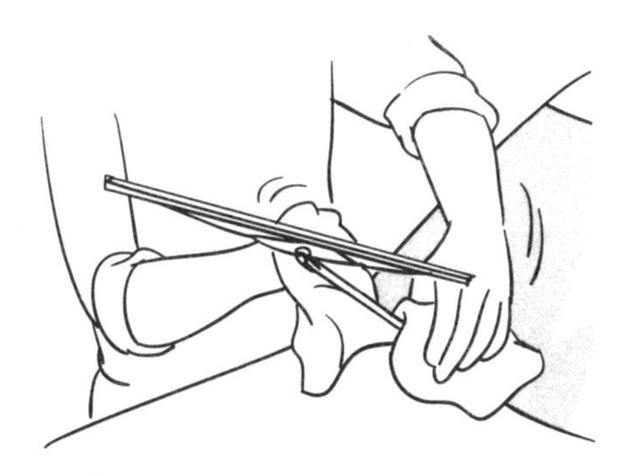

18 拉起擋風玻璃上的雨刷，擦掉水分。

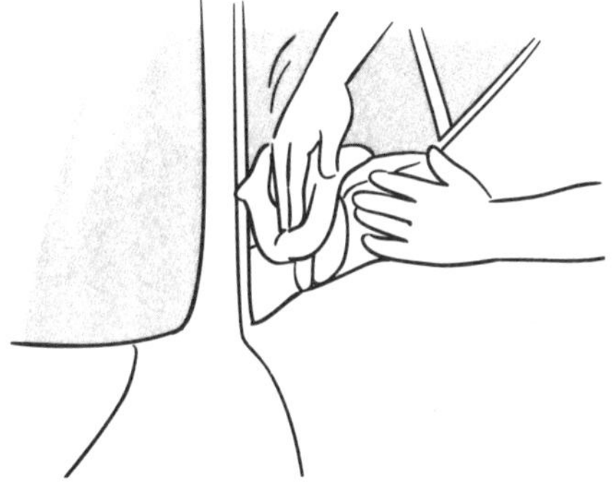

19 車的後視鏡要拉起放倒，擦掉殘餘的水分。

20 合成化學皮無法進入的縫隙，可以使用紙巾吸除水分。

車子打蠟

汽車蠟分為固體狀、半固體狀、液體狀（噴霧式）幾種。

最簡單的是噴霧式，但是，保護效果不持久。固體狀則必須按照洗車↓上蠟↓打蠟的方式來打蠟，雖然比較費事，但是只要一～三個月上一次蠟即可。

打蠟時，一定要確實遵守的事項是，要在洗車之後再進行作業。如果有連肉眼都看不清楚的小沙粒附著在表面就直接打蠟的話，會使得烤漆受損。

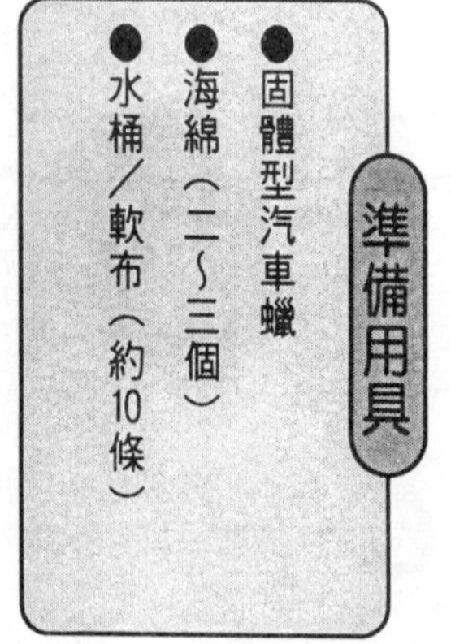
準備用具

- 固體型汽車蠟
- 海綿（二～三個）
- 水桶／軟布（約10條）

1 將海綿放入裝著水的水桶中，擠乾水分。

2 用海綿沾固體蠟。只要把海綿放在蠟上輕壓旋轉一次即可，不必塗抹太多。

3 首先從車頂開始上蠟。將車頂分為幾個部分依序上蠟，就不會有沒有上到蠟的地方。

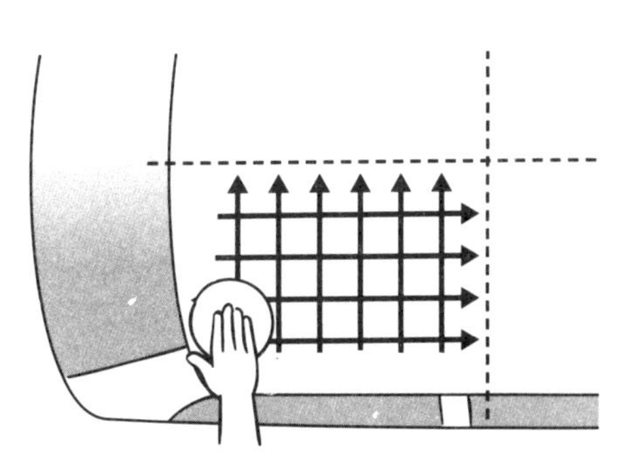

4 以輕壓海綿的程度，利用直、直、直、直、橫、橫、橫、橫的方式移動海綿。

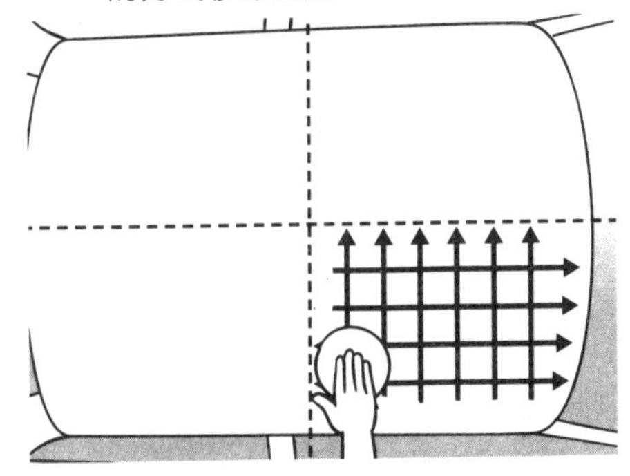

5 接著移到另外一區。各區交界部分可以重疊塗抹。重新塗抹蠟時，一定要先把海綿洗淨，擠乾水分再抹蠟。

6 車頂上蠟之後，依序是引擎蓋、後行李廂、側門。不管哪個部位，和車頂一樣的，可以分為幾個部分來上蠟。

整個車身上蠟結束之後，從車頂開始打蠟。與上蠟時同樣，按照直、直、

7 橫、橫的方式移動打蠟。車頂打完蠟後，再移到引擎蓋、後行李廂、側門，依序打蠟。

8 不想上蠟的部分，可以在相隔5毫米的距離不要上蠟。

9 打蠟時，將剩餘的蠟塗抹在預留的5毫米處即可。

清理車內

和洗車同樣的，也要事先決定順序來進行清理車內的作業，這樣較有效。基本上應該是由上往下清理，但是踏墊則另當別論。要先拿到車外用水清洗，在清理車內時，讓踏墊變乾。

接著是車內頂端、後座的後方蓋板、儀表板、方向盤、門上裝飾板、儀表板周圍、車窗、坐墊、底部，依序清理。安裝椅套的坐墊容易有灰塵積存，故盡早進行作業較好。

準備用具

- ●吸塵器 ●洗車刷
- ●抹布（幾條）
- ●車用洗潔精或家庭用中性洗劑
- ●椅套用清潔劑
- ●手刷（可以利用廢棄的鞋刷）
- ●棉花棒
- ●軟布（儀表板用）
- ●牙刷
- ●汽車專用玻璃清潔劑

前座踏墊

1 前座踏墊拿出來，敲打一下，去除灰塵和污泥。

2 事先準備好稀釋過的車用清潔劑或家庭用中性洗劑。在踏墊上灑水之後，用洗車刷將裡裡外外刷洗乾淨。

收　拾

車內的面紙、坐墊等要全部拿出來，讓車廂內空無一物。

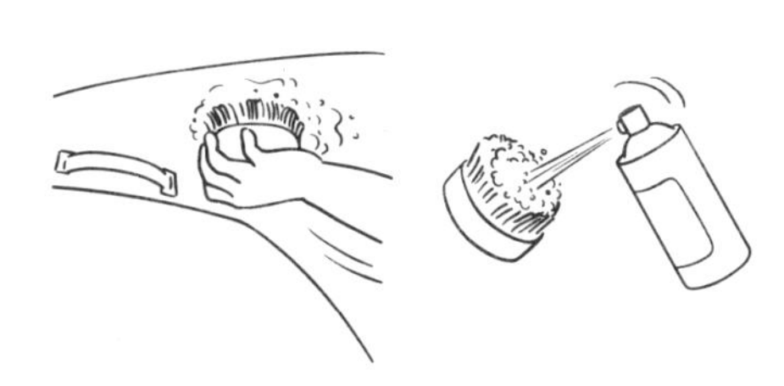

2 如果被香菸等的臭味弄髒時，則要使用椅套用清潔劑，用刷子沾清潔劑刷車內頂端。

3 再以用水打濕擠乾的抹布按壓，去除洗劑。毛巾要不斷的翻面，使用新的一面來擦拭。

儀表板上與後座蓋板

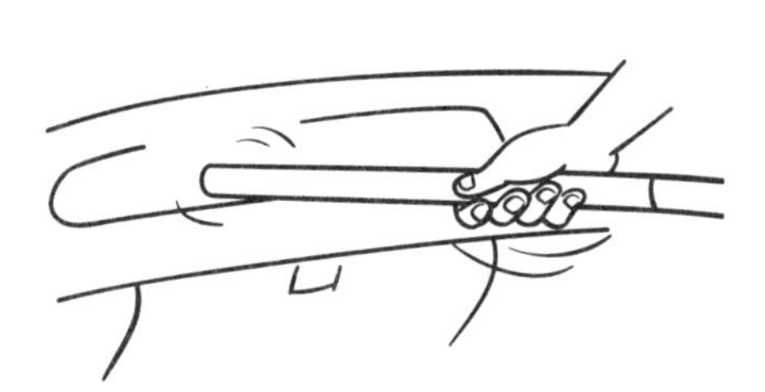

1 儀表板上和後座蓋板要用吸塵器吸除灰塵。

3 用水管沖水，手用力撫摸，去除洗劑。

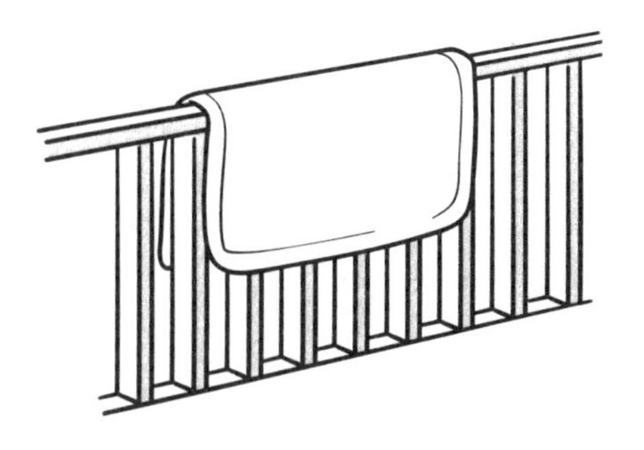

4 敲打踏墊之後，去除水氣，放在陰涼處陰乾。

車內頂端

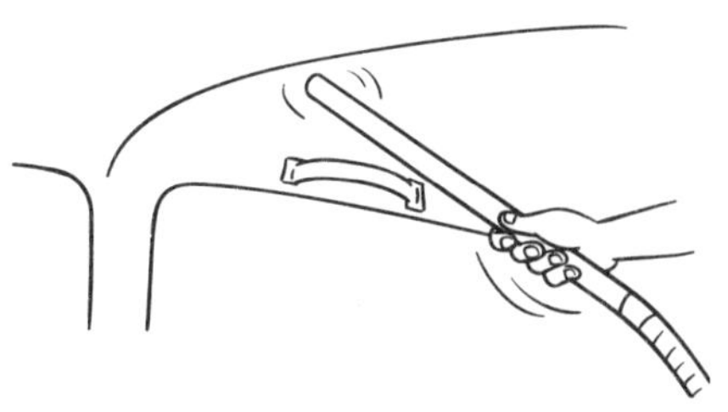

1 裝上布的車內頂端要用吸塵器吸除灰塵。車用吸塵器的吸力較弱，如果能夠確保電源，最好使用家庭用吸塵器。

車門裝飾板

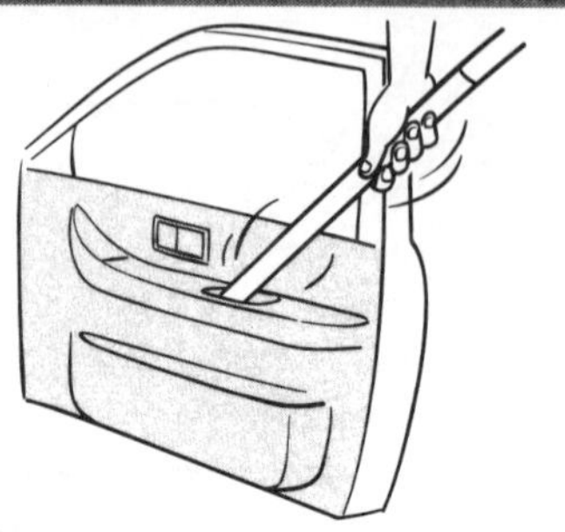

1 首先用吸塵器吸除灰塵。凹洞內也要仔細清理。

如果布的部分很髒，和車內頂端同樣的，用沾了椅套用清潔劑的刷子刷一遍，再以用水打濕擰乾的毛巾擦掉洗劑成分。樹脂部分則和儀表板同樣的，先用洗劑擦拭→水擦拭→乾布擦拭。

2

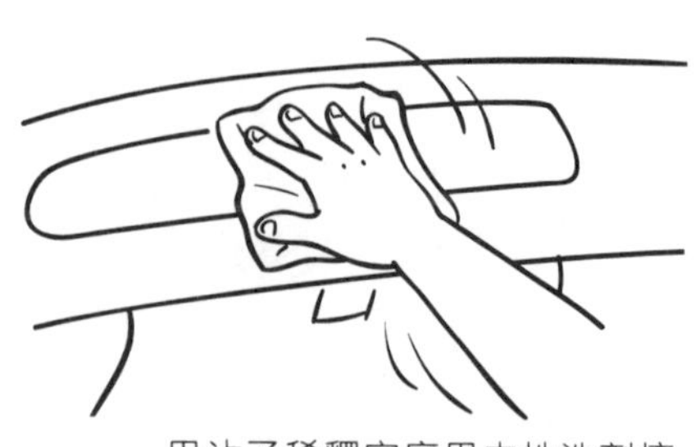

用沾了稀釋家庭用中性洗劑擰乾的抹布擦拭，然後用水擦拭，再乾擦。如果不是很髒，用水擦拭一遍再乾擦即可。

2

方向盤和排檔桿握柄

安裝皮革的方向盤或排檔桿握柄，以用水打濕擰乾的抹布擦拭後，再用乾擦。

1

如果是樹脂製的方向盤，用沾了稀釋中性洗劑的抹布擦拭，然後用水擦拭，再乾擦。如果太髒，則用刷子擦洗。洗劑殘留在方向盤上容易打滑，一定要擦乾淨。

2

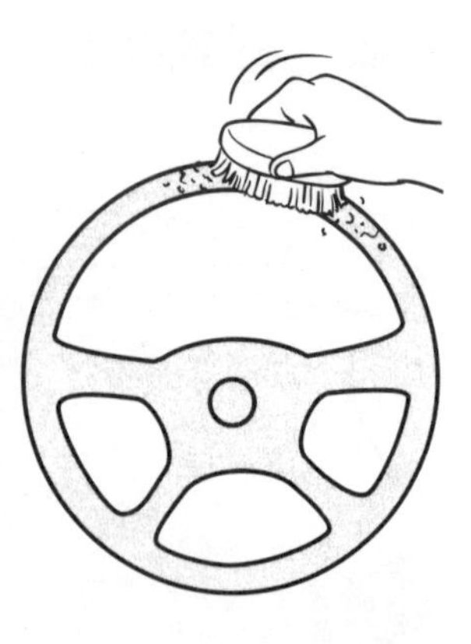

儀表板周圍

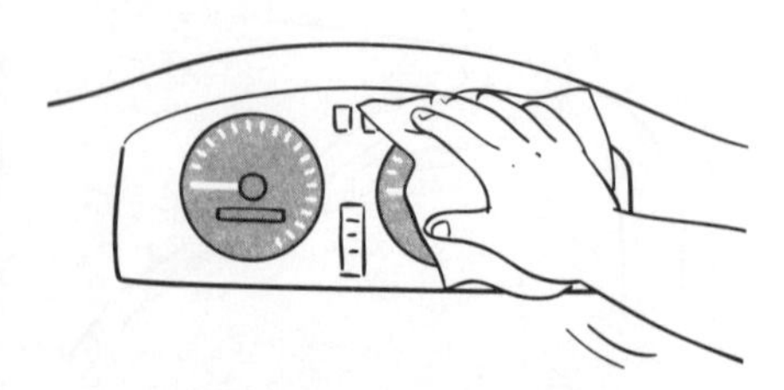

覆蓋儀表板的透明蓋子容易磨損，因此要以用水打濕擰乾的軟布擦拭。用乾布擦拭容易留下傷痕，要注意。

車窗和後視鏡

1 用乾的抹布沾不含硅成分的汽車專用玻璃清潔劑擦玻璃。

2 搖下玻璃，上端也不要忘記擦乾淨。

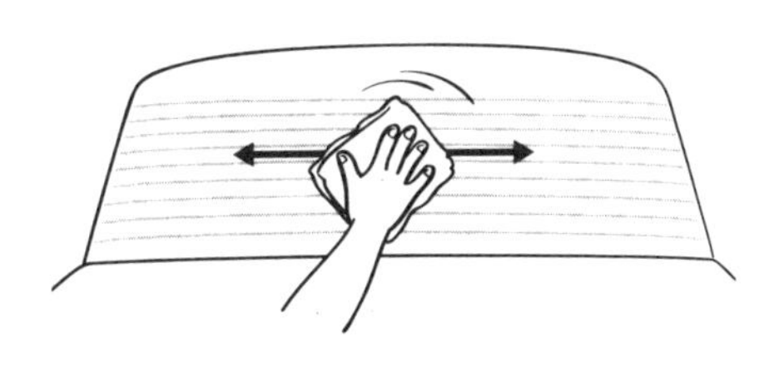

3 後車窗要沿著熱線條紋擦拭。

車身操作面板、空調周圍

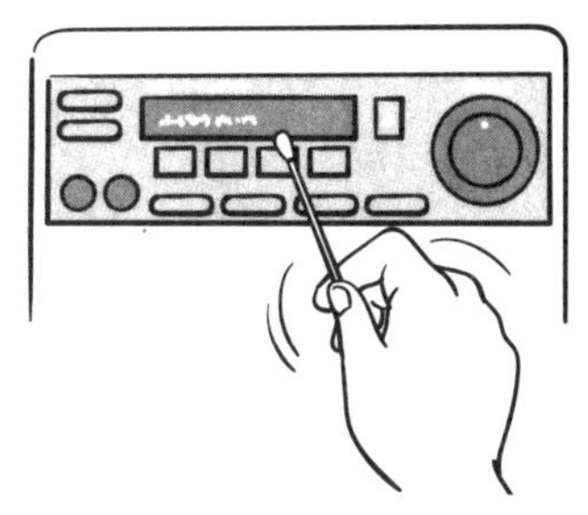

1 用棉花棒擦拭車身操作面板開關周圍的污垢。

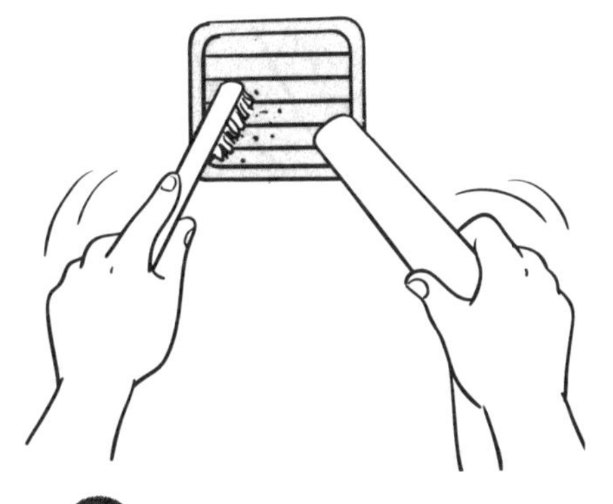

2 用長毛刷刷掉空調的噴出口的灰塵，再用吸塵器吸除灰塵。

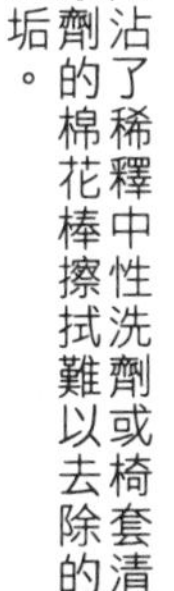

3 用沾了稀釋中性洗劑或椅套清潔劑的棉花棒擦拭難以去除的污垢。

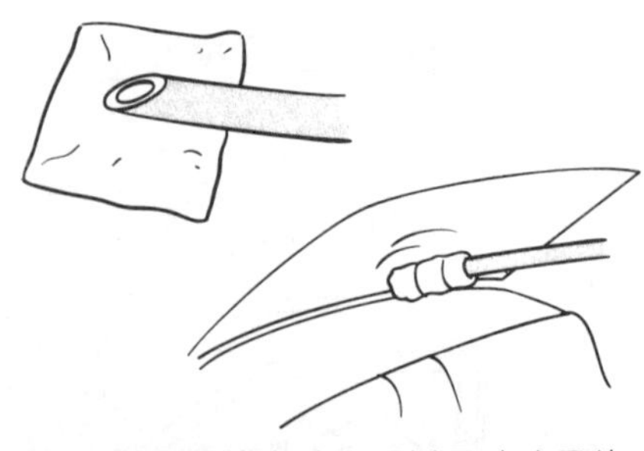

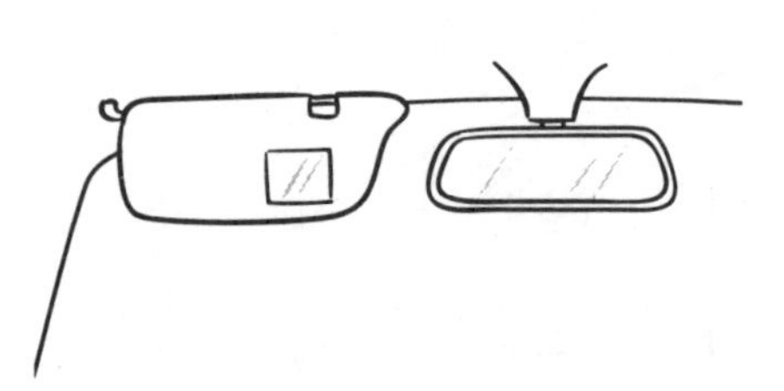

4 車窗傾斜很難擦亮時，可以用玻璃用的橡皮管前端裹著剪成斜面的毛巾，沿著弧形彎曲，這麼一來，連角落都可以擦拭乾淨。沒有多餘的橡皮管時，使用塑膠紙也可以。

5 不要忘記擦亮後視鏡和遮陽板內的化粧鏡。

座　椅

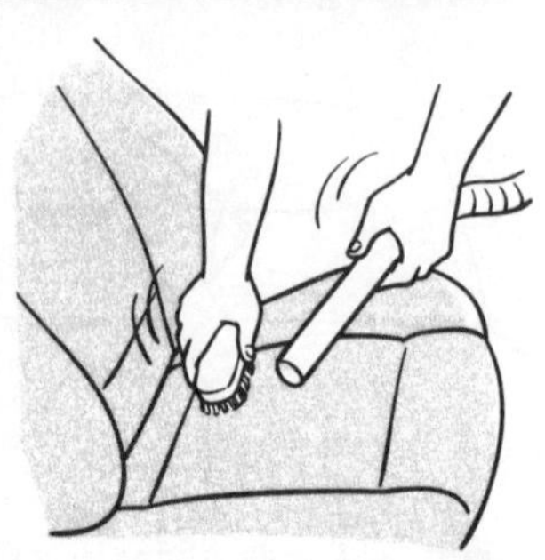

1 皮椅不容易髒，可以用軟毛刷刷一下，用吸塵器吸除灰塵，再用軟布乾擦即可。

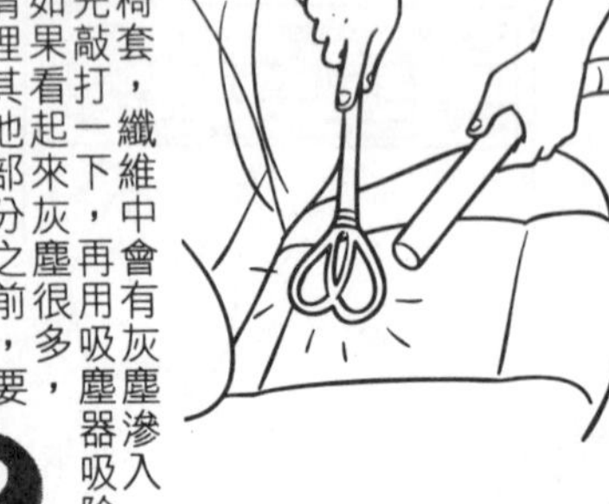

2 若裝了椅套，纖維中會有灰塵滲入，因此要先敲打一下，再用吸塵器吸除灰塵。如果看起來灰塵很多，那麼在清理其他部分之前，要先拍打灰塵，吸除灰塵。

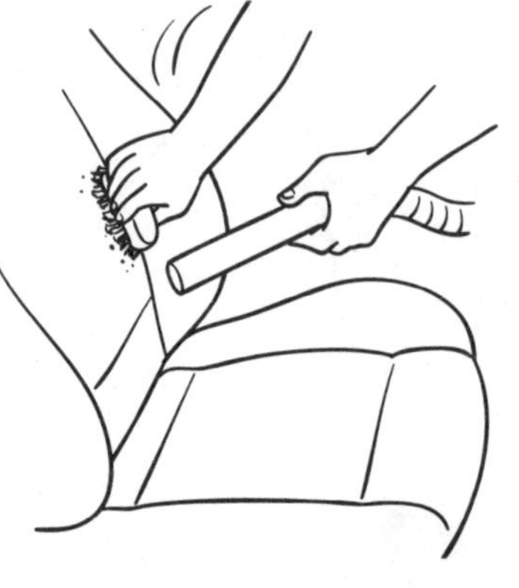

3 接著一邊用刷子刷，同時用吸塵器吸除灰塵。縫隙、椅背與座面的縫隙都要仔細的吸除。

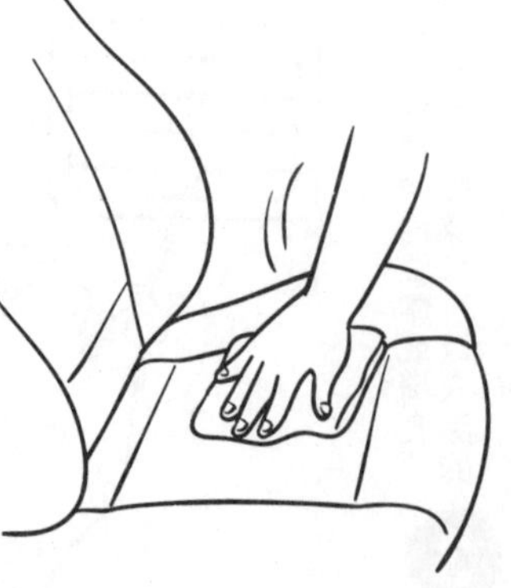

4 座椅不是很髒時，那麼以用水打濕擰乾的抹布擦拭即可。

前座

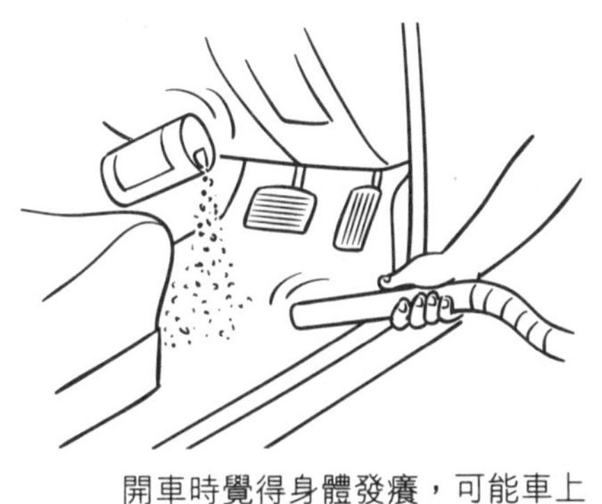

1 用牙刷刷除沾在踏板上的泥，再用吸塵器吸踏板，吸除灰塵和泥土。後行李廂也要進行同樣的作業。

2 開車時覺得身體發癢，可能車上有蟎，要噴灑地毯用清潔劑，過了指定的時間之後，再用吸塵器吸除清潔劑。

3 踏板下鋪報紙等，用打濕的牙刷刷掉踏板上的污垢，再以用水打濕擰乾的毛巾擦拭→乾布擦拭。

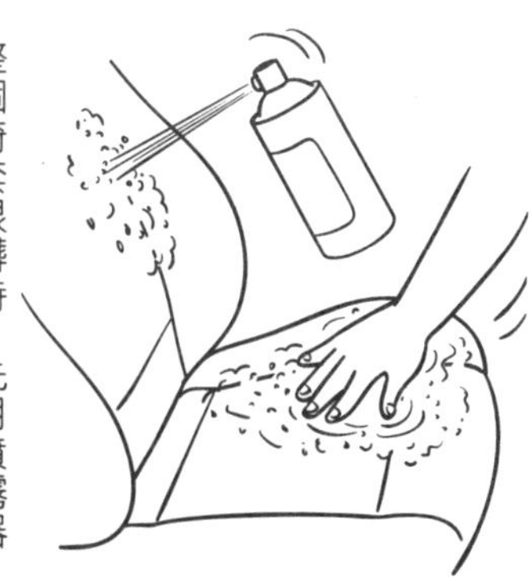

整個椅套很髒時，先用噴霧器噴濕座椅之後，再噴灑大量布製椅套用清潔劑，並用手塗抹均勻。

5

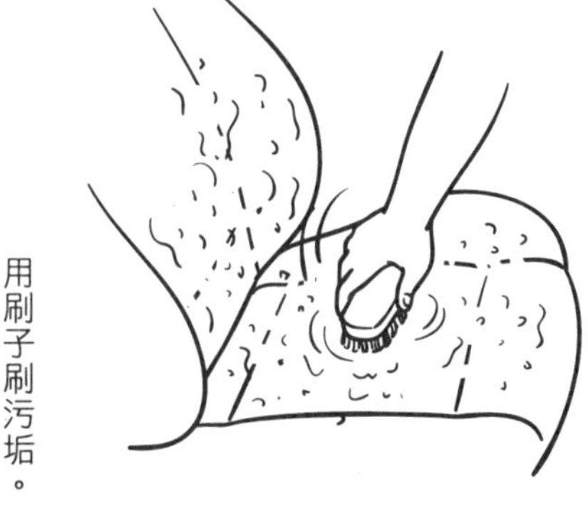

用刷子刷污垢。

6

用打濕擰乾的抹布以按壓的方式去除洗劑。抹布要不斷的換新的一面，再用乾布擦拭，使其乾燥。

7

摩擦工具

砂紙

砂紙有紙型、布型、耐水型三種。

紙型可以用來去除地板、木工製品的污垢和老舊的塗料，能夠使得塗料容易均勻的塗抹，但是不具有耐久性。研磨金屬面或去除鐵鏽時，適合使用堅固耐用的布製品。耐水型則耐水性強，即使研磨粒子之間被粉屑塞住，也可以用水清洗掉再使用。

不管哪一型的砂紙，研磨粒子的粗細（粒度）都是用數字來表示。最粗從四十號開始，最細到一五〇〇號為止。只要準備八十到二四〇號中的三種，應該就夠用了。

剪砂紙時，使用剪刀會損傷刀刃，要用美工刀割砂紙的內側，或是摺疊後沿著摺線用手撕破。

研磨平坦面時，可以將裁剪成必要大小的砂紙裹上墊木等再使用。

布砂紙非常堅固耐用，可以沿著布紋撕成小塊，然後兩端交互拉扯研磨。

鋼刷

去除金屬的鐵鏽時，經常使用鋼刷。雖然研磨力不是很好，但是像小的陷凹處等不能用砂紙去除的鐵鏽，則使用鋼刷很有效。在平面適合使用鞋狀的鋼刷，而凹凸部分則適合使用毛捲曲的圓形鐵絲刷狀的鋼刷較好。

不管是哪一種，基本上都要往返使用。陷凹處的鐵鏽要特別仔細的往返去除。

半金屬刮刀和金屬刮刀

半金屬刮刀是木製柄附帶金屬的刀片，可以用來刮除皮或塗料膜。硬質，尖端帶有刀刃，可以用來去除鐵鏽。

金屬刮刀全是用金屬打造的，非常堅固耐用。用榔頭敲，可以輕易的去除磁磚的接縫處。用來去除皮時，則金屬部分貫穿整個柄內的金屬刮刀，也可以用榔頭敲打來使用。

此外，還有不鏽鋼製的刮刀，和形狀半金屬刮刀非常類似，但比較薄，具有彈性。

安全對策

防範地震

防止家具倒下及玻璃飛散

地震發生時，要先關掉瓦斯，打開門窗。

但是，遇到強烈地震時，連站都站不穩，家具倒下、玻璃飛散、架上的東西掉下來，可能會受傷。在無法動彈的狀態下，根本無法去關上瓦斯開關，也無法逃走。

為了防止家具倒下有一些方法，最好由住宅的構造與家具的形態來選擇適當的方法。要防止玻璃飛散，則只要進行簡單的作業就可以辦到。

為了盡量減少危險，能夠做的事情要事先做好。

防止家具倒下

如果家具的高度是深度的三倍以上，那麼，就必須採取防止家具倒下對策。

最確實的做法是，利用L形金屬支架或Z形金屬支架將，家具固定在牆壁上。如果不能使用金屬支架，那麼也可以安裝帶子，或是在天花板和家具之間安裝阻擋物。

準備用具

- 用L形金屬支架、Z形金屬支架固定：L形金屬支架、Z形金屬支架和螺絲釘／十字形螺絲起子／錐子
- 用帶子固定：防止家具倒下的帶子和螺絲釘／十字形螺絲起子／錐子
- 用阻擋物固定：阻擋物

可以固定的位置

西式房間

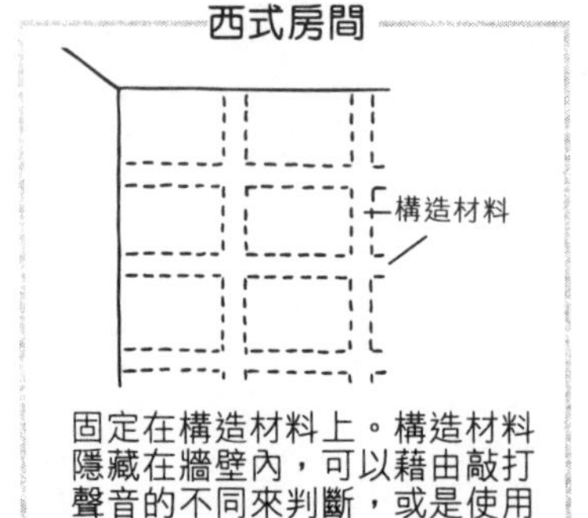

固定在構造材料上。構造材料隱藏在牆壁內，可以藉由敲打聲音的不同來判斷，或是使用錐子找出構造材料的部位。

和室

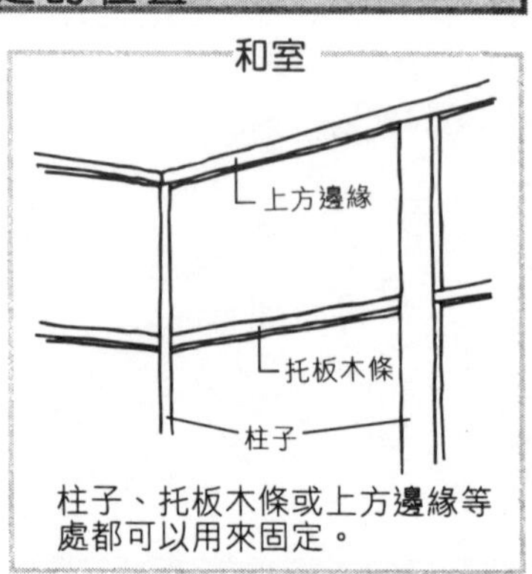

柱子、托板木條或上方邊緣等處都可以用來固定。

利用L形金屬支架固定家具

1 用來鎖螺絲的部分以鉛筆畫上記號。如果家具的頂端沒有強度，則一定要安裝在旁邊比較堅固的部分。

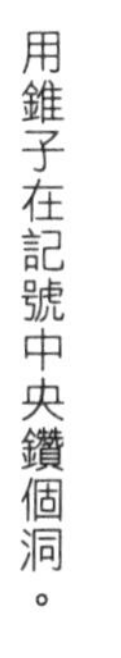

2 用錐子在記號中央鑽個洞。

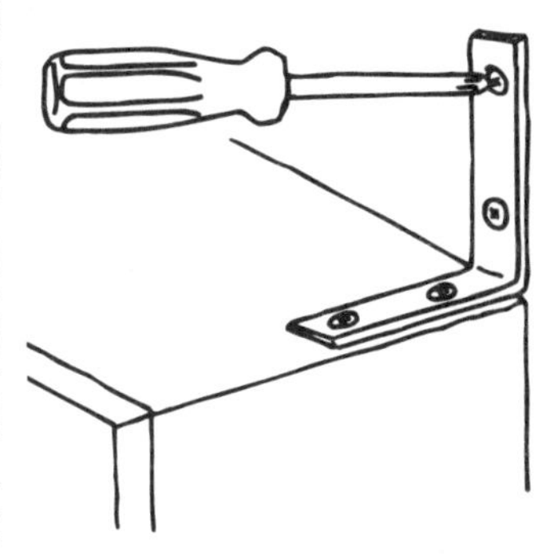

3 用螺絲釘固定L型金屬支架。這時，上面和下面的螺絲要交互鎖緊。家具用螺絲釘固定時，另一端也要用L形金屬支架固定。

4 依構造材料位置的不同，有時可以固定在家具的側面。但家具安裝部分的強度一定要足夠。

安裝Z形金屬支架

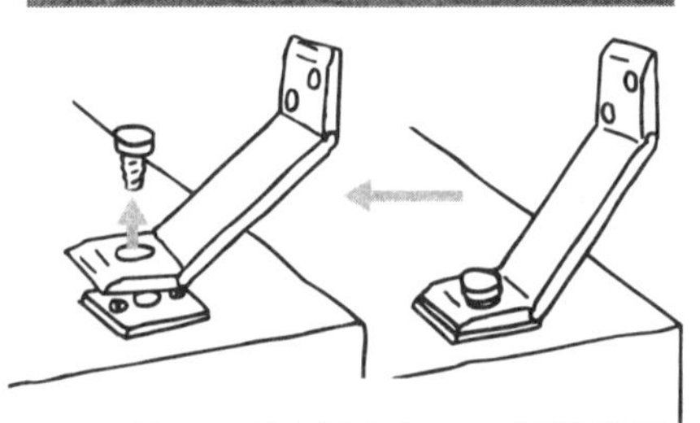

1 利用Z形金屬支架，只要鬆開螺絲，就能夠將牆壁側的金屬支架和家具側的金屬支架分開，在打掃時可以輕鬆的移動家具。

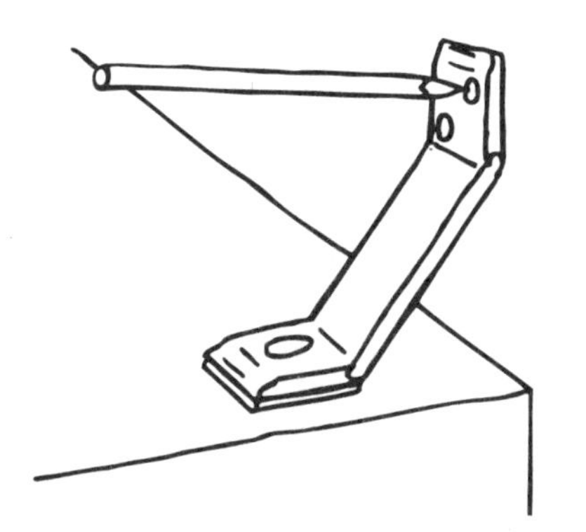

2 安裝的位置抵住Z形金屬支架，用鉛筆在螺絲孔做記號。

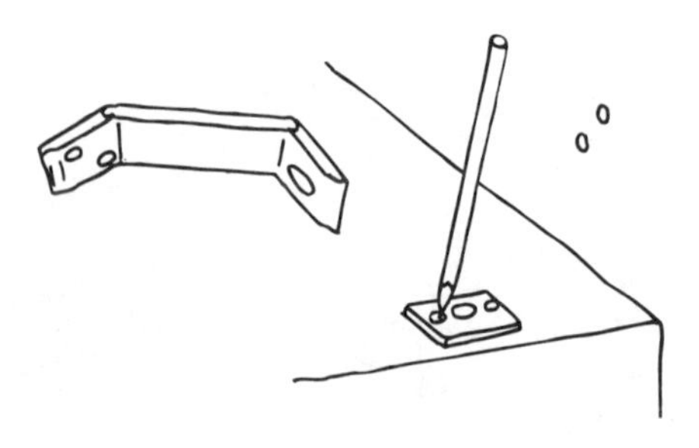

3 為避免安裝在家具側的安裝板挪移，這邊的螺絲孔也要做記號。

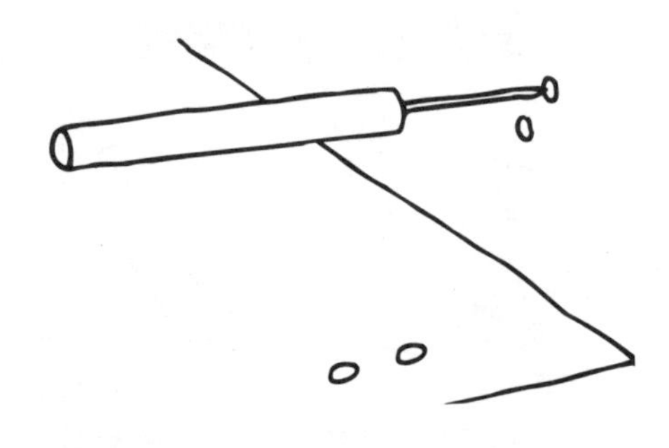

4 用錐子在以鉛筆做上記號的正中央打洞。

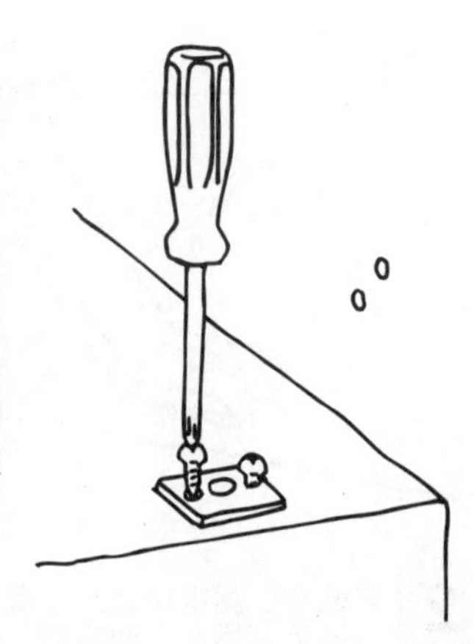

5 安裝在家具上的板子用螺絲釘固定。這時二個螺絲釘要交互慢慢的鎖緊。

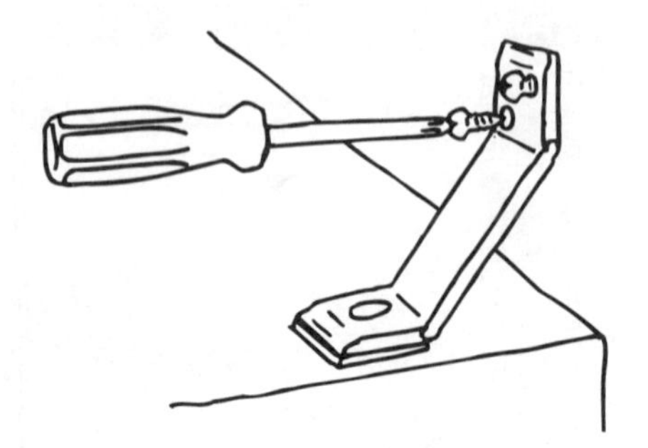

6 同樣的，牆壁側的金屬支架也要用螺絲釘固定。

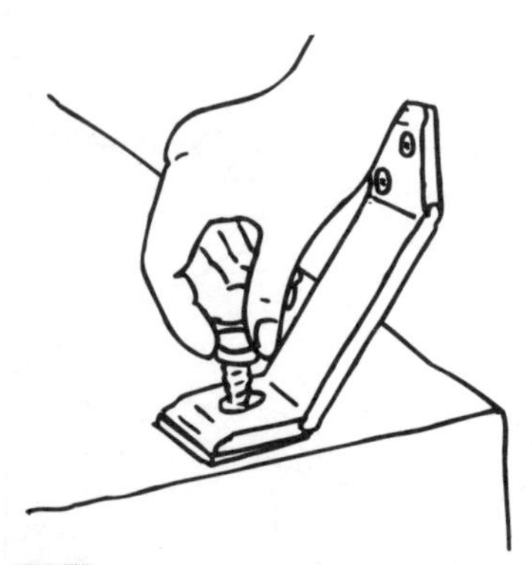

7 安裝可拆卸螺絲。

利用帶子固定以防止家具倒下

1 在這種情況下，不能使用L形或Z形金屬支架，要用防止家具倒下的帶子固定。

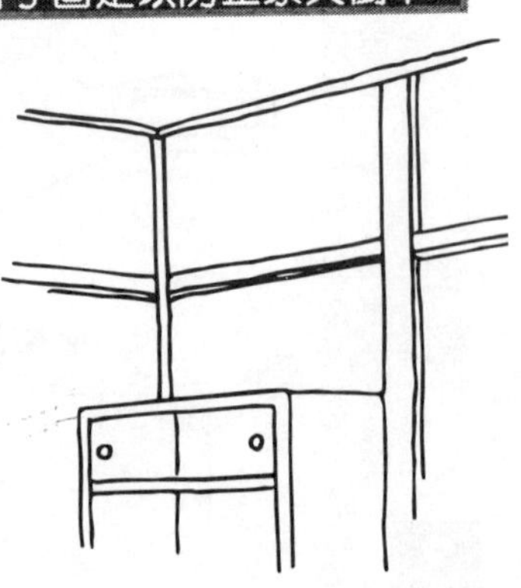

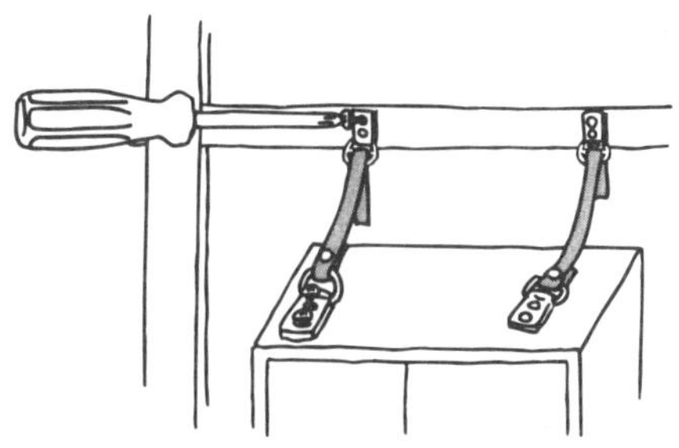

2 在放鬆帶子的情況下，利用螺絲釘將安裝在托板木條或上方邊緣及家具上的金屬支架固定。

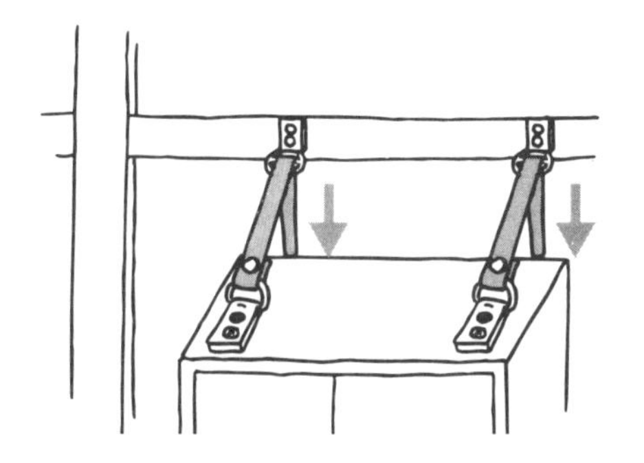

3 拉緊繩子就完成了。在安裝金屬支架的位置不能夠讓帶子扭轉、打結。

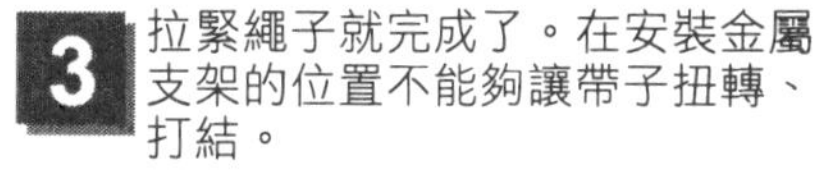

水泥牆、天花板

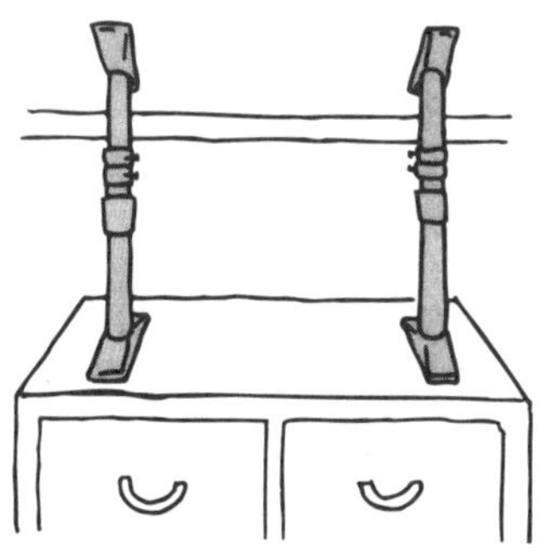

1 在水泥牆上鑽洞，需要用電鑽，不習慣的話很難進行。因此，最好在天花板和家具之間安裝阻擋物固定。

2 在天花板和家具之間擺上下緊密貼合的櫃子等，不露出任何縫隙，這也是很好的方法。

鏈條形

1 托板木條等固定的場所，在高處時使用鏈條形也很有效。

2 鏈條等安裝金屬零件可以各別購買，也可以自行製作。但是一定要選擇堅固耐用的零件。

其他固定法

1 上下分開的家具，在固定金屬支架與牆壁之前，上下要先固定。如果是使用連結金屬支架，則不須損傷家具即可固定。一定要固定兩處。

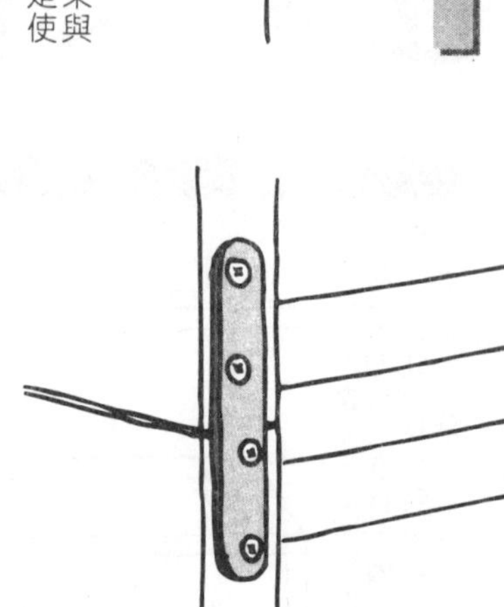

2 用簡單的平行金屬支架連結。一定要固定兩處。

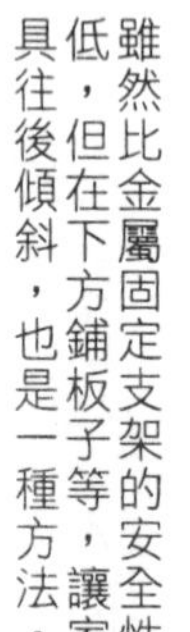

3 雖然比金屬固定支架的安全性低，但在下方鋪板子等，讓家具往後傾斜，也是一種方法。

4 家電製品等不能夠用螺絲固定的東西，可以鋪橡皮墊，具有止滑作用。

防止玻璃飛散

小玻璃杯破裂時，收拾殘局相當辛苦，尤其是窗子或櫥櫃等的大玻璃破裂，則別說是收拾殘局了，掉落的玻璃片還可能會使人受傷。

玻璃凹凸不平就不能使用，但是，表面光滑的玻璃只要貼防止飛散墊，就能夠將玻璃飛散的程度抑制到最低限度。使用防止飛散墊時，必須完全去除玻璃與墊之間的空隙，緊密貼合，如果有骯髒的部分，則要事先去除，然後再貼。

準備用具

- 防止飛散墊
- 毛巾
- 廚房用中性洗劑
- 橡皮刮刀
- 噴霧器
- 剪刀
- 美工刀
- 報紙

1 將防止飛散墊抵住玻璃，用剪刀裁剪成比要貼的面更大的範圍，準備好必要的張數。

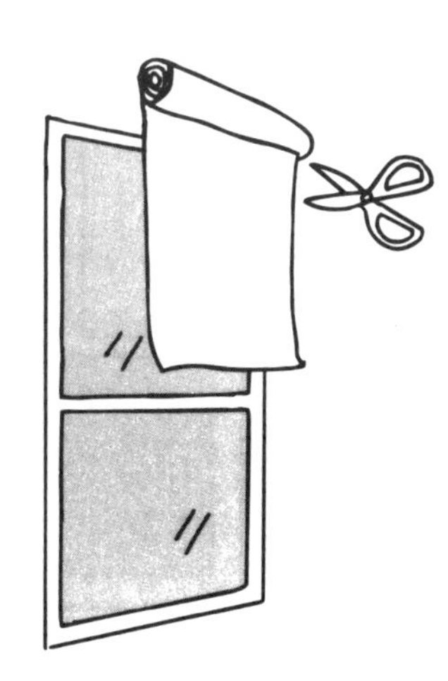

2 要先去除貼防止飛散墊的玻璃（室內側）的污垢。接下來要使用水，因此，下面最好鋪報紙或塑膠布。

3 要利用橡皮刮刀等去除難以去除的污垢。

4 廚房用的中性洗劑稀釋到六十～一〇〇倍（水二〇〇cc中加入二～三滴洗劑），裝入噴霧器中，噴灑在玻璃上。

5 將防止飛散墊背面的紙撕開，黏貼在玻璃上的面同樣噴灑稀釋的洗劑。

6 墊子貼在玻璃上，擠出空氣，盡量不要留下皺紋。

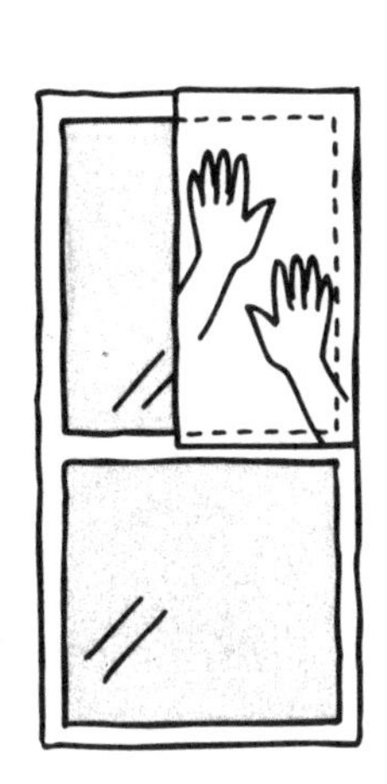

7 貼在玻璃上的墊子噴灑稀釋洗劑，即可使得橡皮刮刀順暢滑動。

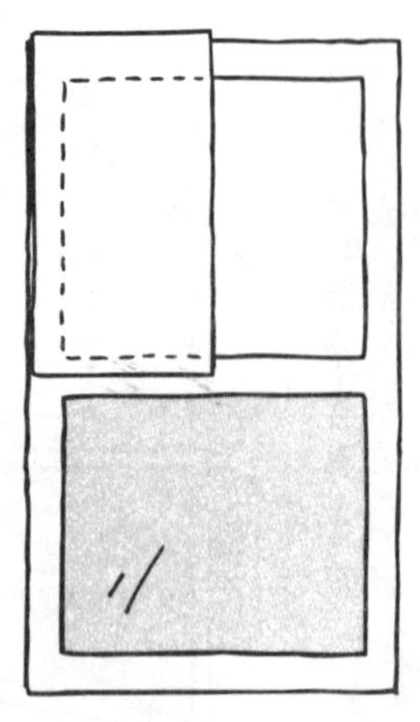

8 按壓墊子，避免墊子挪移。就從正中央朝外側用刮刀抹平，可以去除空氣和洗劑液。

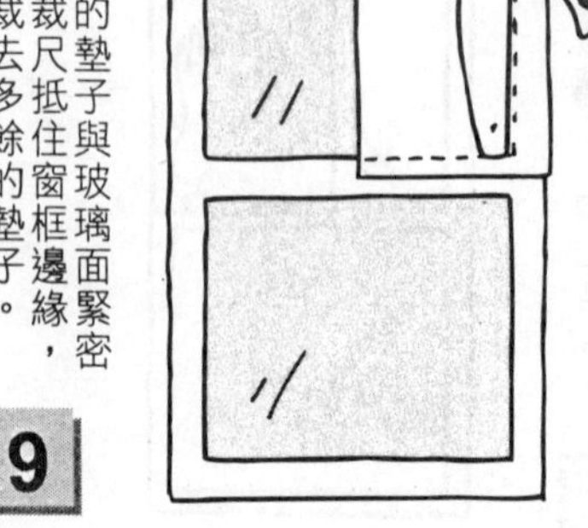

9 去除空氣的墊子與玻璃面緊密貼合，將裁尺抵住窗框邊緣，用美工刀裁去多餘的墊子。

10 剩餘的部分也要以同樣的方式貼墊子。最初與墊子重疊部分的正中央用美工刀裁掉，去除多餘的部分，這樣二片墊子之間就不會留下縫隙。

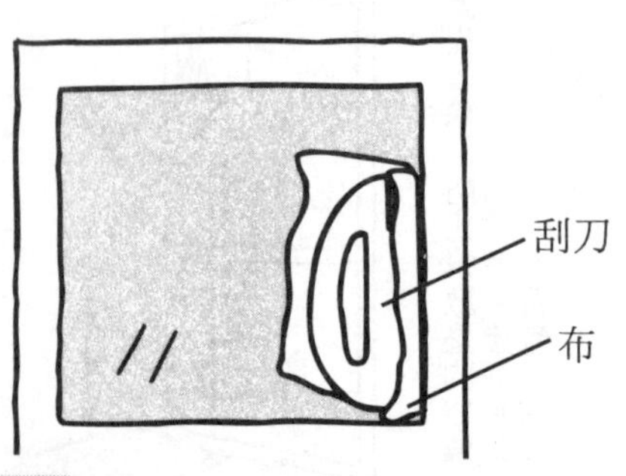

11 用毛巾擦拭洗劑部分。角落則用刮刀壓著布擦拭乾淨。

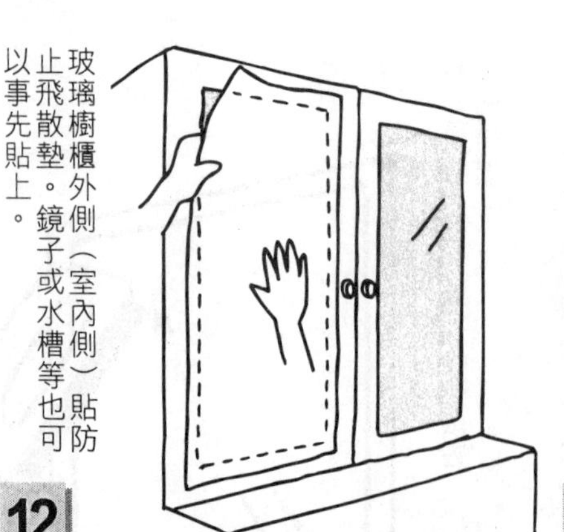

12 玻璃櫥櫃外側（室內側）貼防止飛散墊。鏡子或水槽等也可以事先貼上。

防止東西從櫃子裡掉落出來

音響櫃、餐具櫃、廚房的吊櫃等對開型的門，遇到地震時可能會打開。這些門要安裝阻擋物，防止裡面的東西掉落出來。

阻擋物包括用螺絲固定型、吸盤吸附型、黏貼膠帶固定型等，有各種不同的種類，可以配合狀況分別使用。

帶子型

帶狀的塑膠製阻擋物可以安裝在把手上來使用。

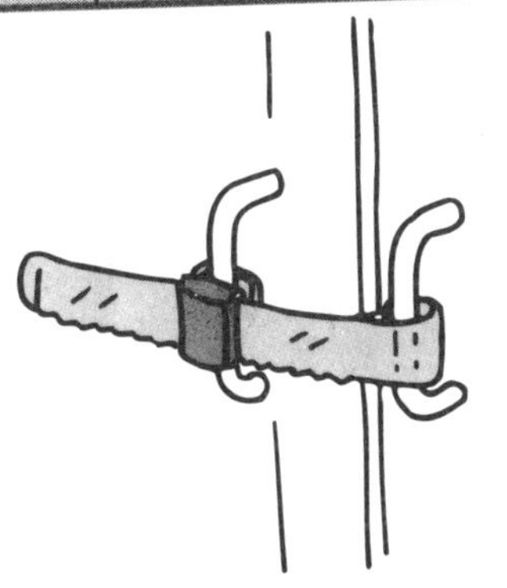

用黏貼膠帶黏貼。除了對開的門之外，像冰箱等單側開的門也可以使用。

用螺絲固定

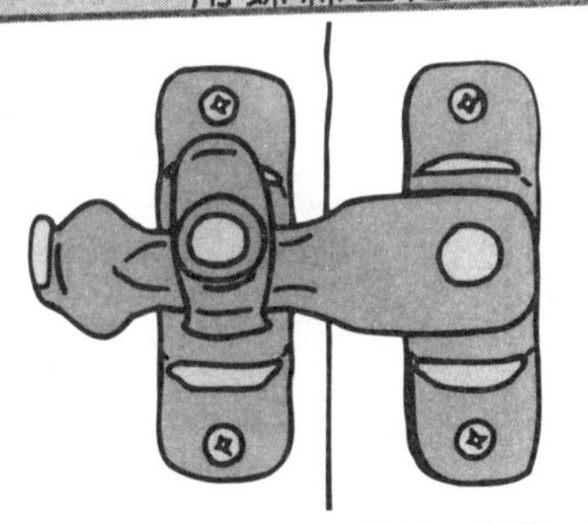

木製門的阻擋物用螺絲固定牆壁。強度最高。

其　他

也可以自行製作繩子和橡膠阻擋物。

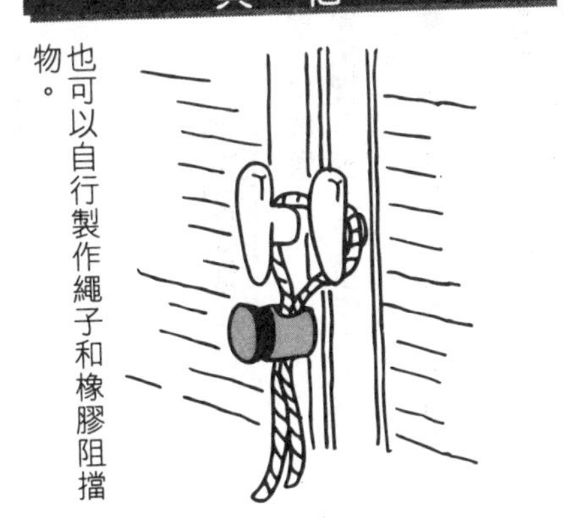

用吸盤固定

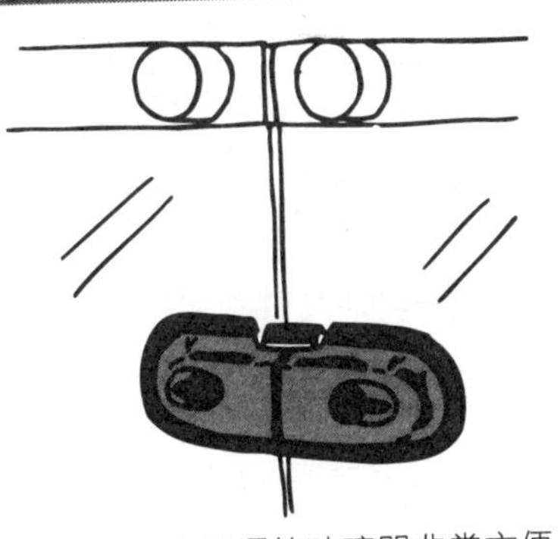

用吸盤固定音響櫃等玻璃門非常方便。

在樓梯安裝扶手

要選擇容易握並具有強度的管子

一般家庭最常發生意外事故的場所之一就是樓梯。如果要重新裝潢住宅，則要在樓梯中途設立樓梯間或是可以緩和樓梯的陡峭度。已經做好的樓梯，可以藉著止滑墊或扶手來防止意外的事故發生。

使用不鏽鋼製的管子製做扶手時，一般的粗細是容易握的直徑三十二毫米，而且具有強度。市售的管子長度一般是一八〇〇公分，要準備幾根，裁剪成必要的長度，連結起來。

為了避免管子鬆脫，所以一定要好好的安裝。

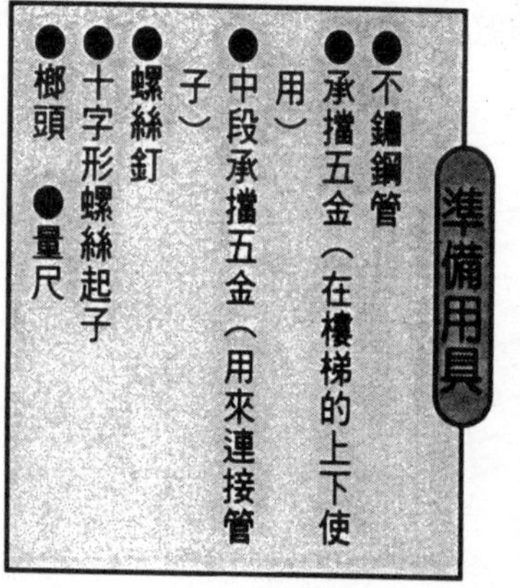

準備用具

- 不鏽鋼管
- 承擋五金（在樓梯的上下使用）
- 中段承擋五金（用來連接管子）
- 螺絲釘
- 十字形螺絲起子
- 榔頭
- 量尺

安裝扶手

1

決定安裝的高度。通常能夠輕微彎曲手肘、抓著扶手的高度為 75 公分左右。可以配合經常使用扶手的人來加以調整。

2

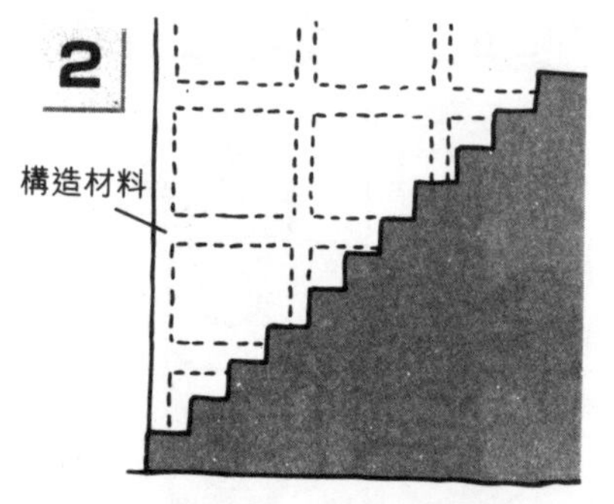

看不到柱子時，要找尋牆內的構造材料。用敲打聲音來判斷。如果行不通，還可以使用錐子來找尋（參考 123 頁）。

3

用量尺決定安裝的位置做上記號。承擋五金和中段承擋五金也一定要安裝在柱子或構造材料上。

安全對策

4

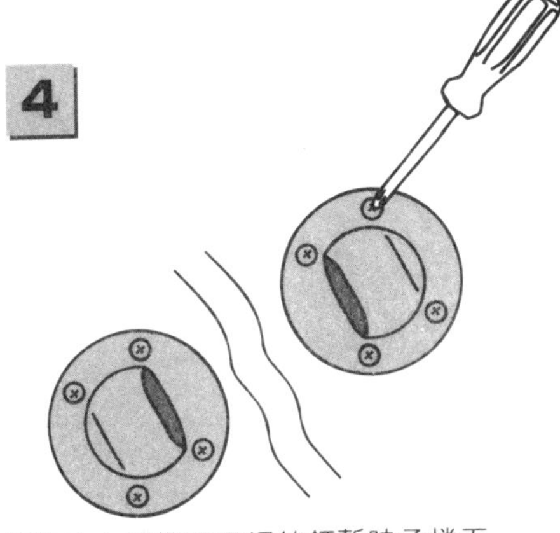

樓梯的上下都要用螺絲釘暫時承擋五金。

5

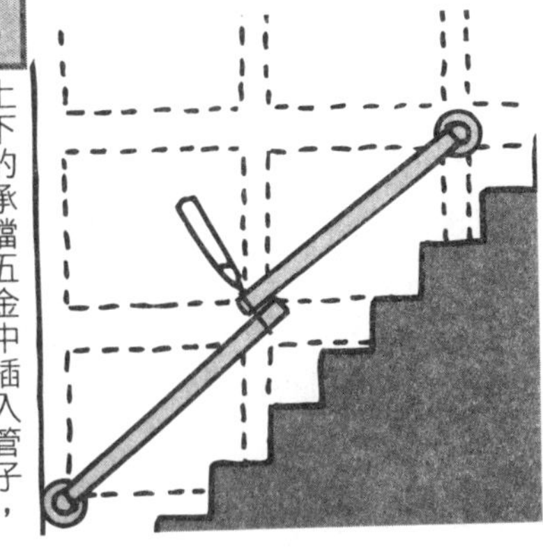

上下的承擋五金中插入管子，在連結部分的位置做記號。

6

用榔頭切斷（二根都要切斷）畫在鋼管上的記號部分。使用老虎鉗等固定，較容易進行。

7

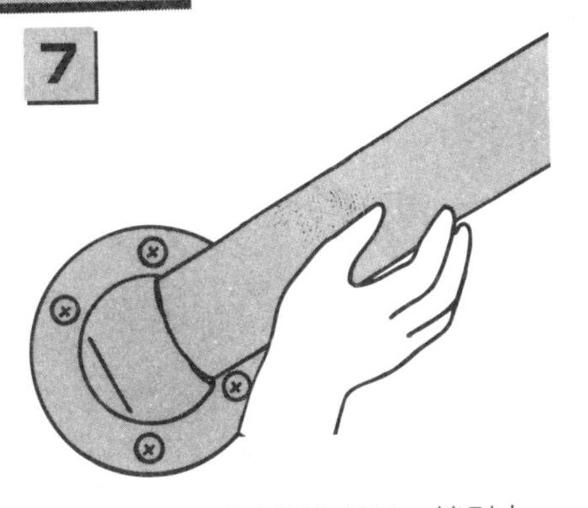

下面的承擋五金中插入管子。請別人幫你扶著管子再插入。

8

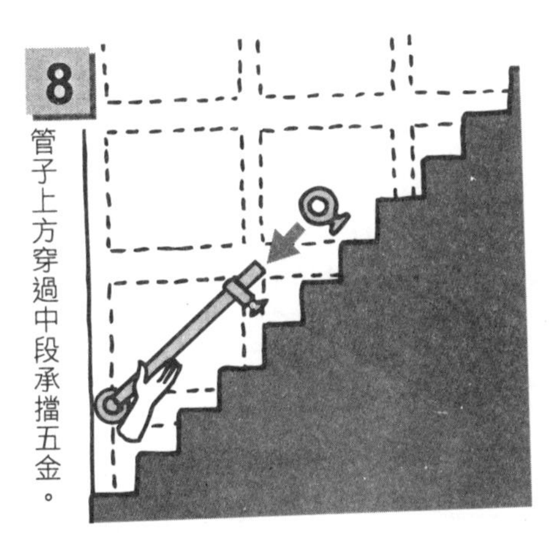

管子上方穿過中段承擋五金。

9

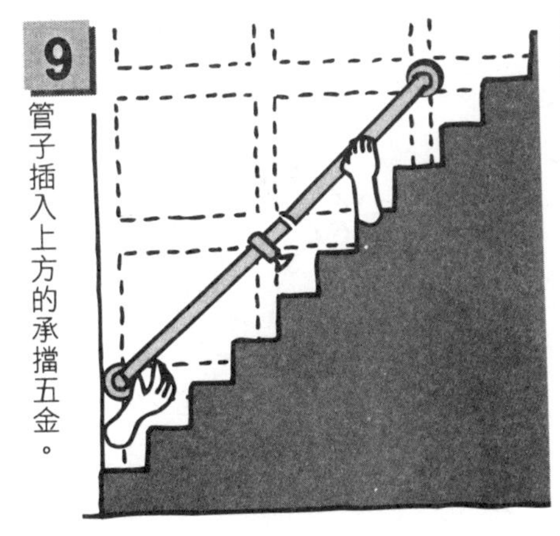

管子插入上方的承擋五金。

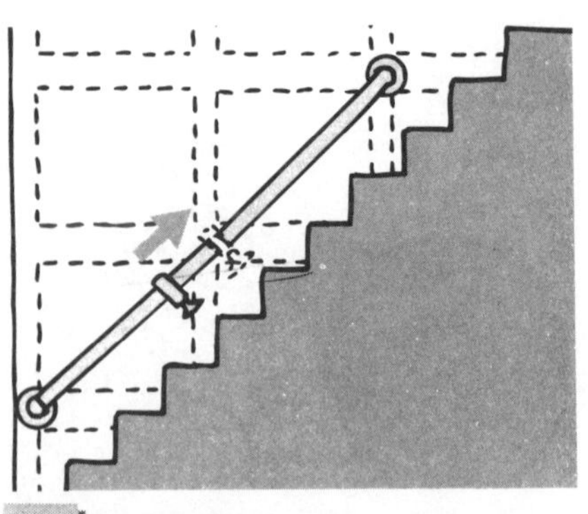

10 為了隱藏連接部分，要移動中段承擋五金。

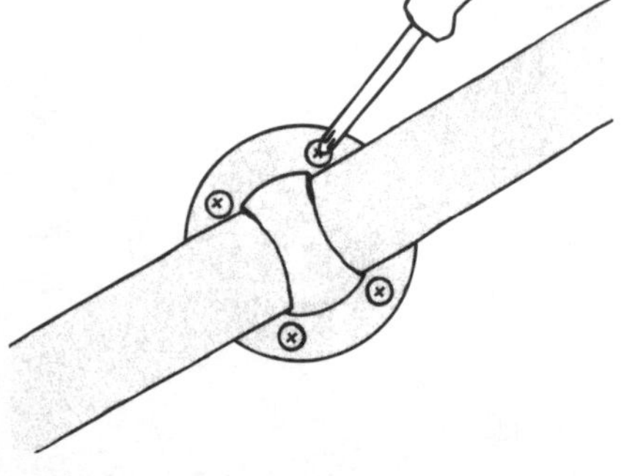

11 用螺絲釘暫時固定中段承擋五金。

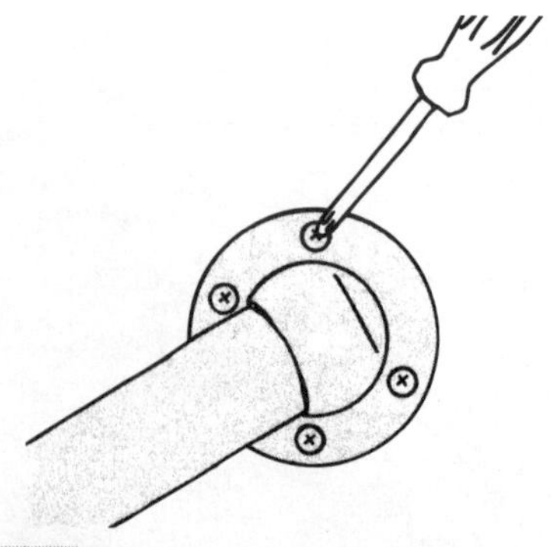

12 上下的承擋五金用螺絲釘牢牢的固定。

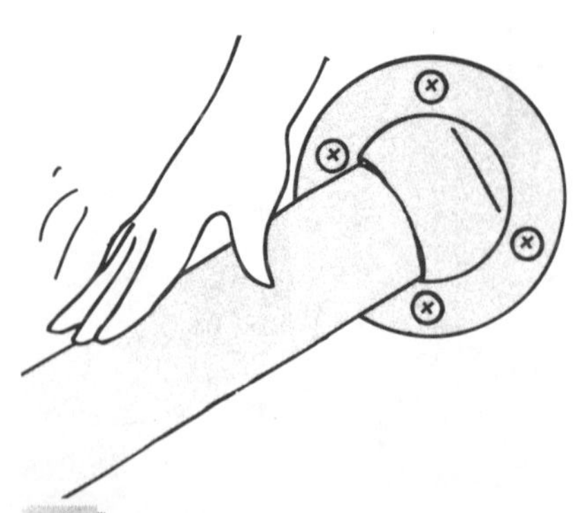

13 最後用螺絲釘牢牢的固定中段承擋五金，確認扶手相當的穩定。

利用長板安裝扶手

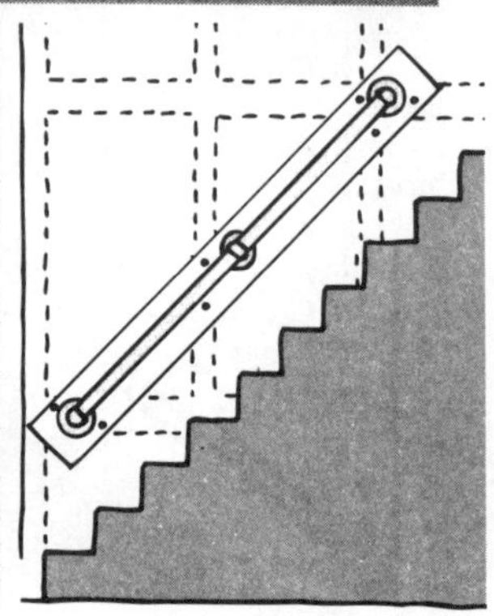

1 鋼管的連接部分沒有柱子或構造材料時，可以利用釘子固定長板，再安裝扶手。使用這個方法，就算承擋五金的位置有點挪移也無妨，因為這樣較容易安裝。

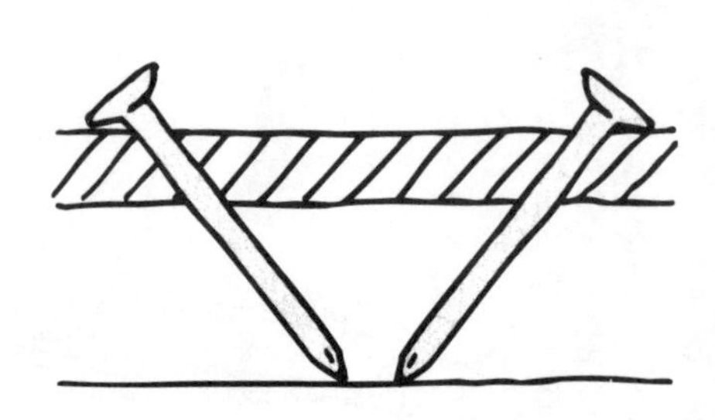

2 安裝板子時，要用釘子固定中途的柱子或構造材料。同時釘子要斜向交互釘入，這樣才不容易鬆脫。而且釘頭要完全的釘入。

廁所

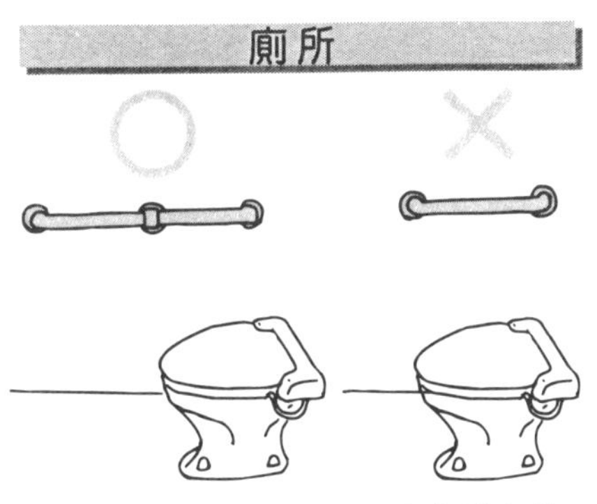

廁所要考慮抓著扶手、站立在前方的情況來決定安裝位置。

其他需要扶手的場所

有老年人的家庭，除了樓梯以外，有些地方如果設有扶手，行動上會比較方便。安裝扶手的場所，包括經常站著或蹲下的廁所、浴室或單腳站立機會較多的玄關等。

木質部分可以自己輕易的安裝。但是像浴室等水泥牆，必須用電鑽鑽洞。如果無法處理，可以請專業人員幫忙。

玄關

穿脫鞋子、爬上爬下時會遇到階梯。在穿脫鞋子時需要蹲下，所以需要扶手。

門

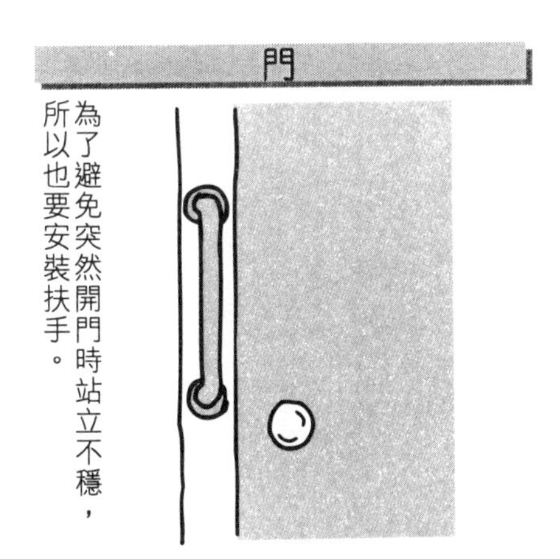

為了避免突然開門時站立不穩，所以也要安裝扶手。

浴室

1 經常要在浴缸裡面站立、蹲下，容易滑倒，因此需要設有扶手。

2 單腳必須高高舉起，因此在進入浴缸處也需要扶手。

老虎鉗和扁嘴鉗（剪鉗）的使用方法

老虎鉗與扁嘴鉗（剪鉗）

老虎鉗是用來夾東西，或弄彎、剪斷鐵絲時，可以使用的工具。堅固耐用，可以夾緊物體。但是，在構造上較適合用來夾大型或圓形的物體。

●老虎鉗　●尖嘴鉗　●剪鉗

如果是精細作業，則使用尖端較細的尖嘴鉗比較方便。這是電工不可或缺的工具。

與老虎鉗子形狀十分類似的扁嘴鉗（剪鉗），是用來剪斷東西的工具。尖端帶有利刃，是在剪狹窄部分的配線時不可或缺的工具。

夾緊大型物體的扁嘴鉗

利用扁嘴鉗來夾小或平坦的物體時，可以使用細而帶有鋸齒的尖端部分。若是要夾大型或圓形物體時，則用帶有大型鋸齒狀的鉗牙部分。可以移動軸的部分，所以在夾大型物體時，握幅不會太寬。組合式扁嘴鉗帶有利刃，可以用來剪鐵絲等。

適合用來夾更大物體的，則是水泵式扁嘴鉗。軸的部分可以分成幾個階段來移動，因此，從細管到粗管都可以夾住。要修理水龍頭或廁所漏水的問題時，一定要準備這種扁嘴鉗。

●組合式扁嘴鉗

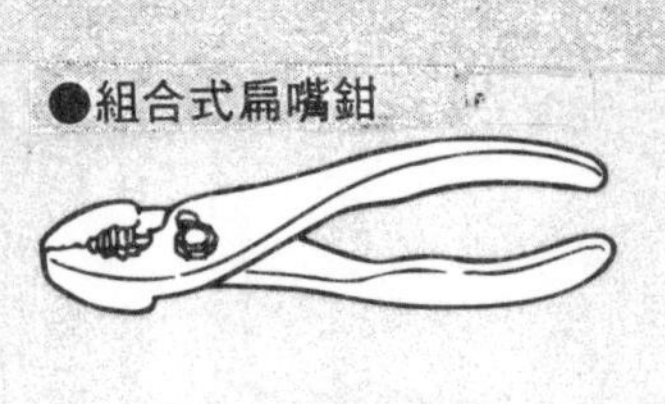

●水泵式扁嘴鉗

附錄

剖開一整條中・大型魚

品嚐剛剖開的魚

竹筴魚或沙丁魚等小型魚當然沒問題，但是剖開整條大型魚需要很大的力量，很多女性都束手無策。最近生魚片或整條魚常以已經切割好盛盤的方式來販賣。店頭的魚買回家後如果立刻吃，當然很好吃，但還是比不上剛切好的生魚片。

棘鬣魚或鰹魚等，魚肉緊實，就算剖開魚時技術不太好，不好看，可是吃起來還是很好吃。習慣剖開魚之後，就能夠迅速的處理好一整條魚，因此，一定要記住剖魚的方法。

準備用具

- ●刀刃長度一八〇毫米左右的厚刃尖菜刀
- ●刀刃長度二一〇毫米左右的生魚片菜刀（沒有時，可以使用前述厚刃尖菜刀）
- ●魚鱗刮除器
- ●砧板
- ●紙巾
- ●報紙

菜刀的握法

1

5根手指包住刀柄，食指和拇指緊緊按住金屬部分。這是基本的握法，但是不適合較精細的作業。

2

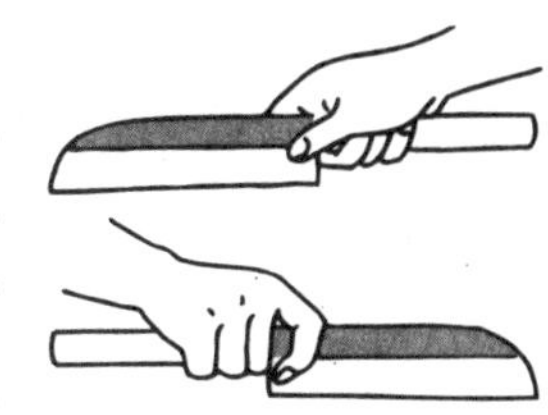

用食指和拇指夾住刀根，剩餘的3指握住刀柄。這是厚刃尖菜刀經常使用的握法。配合手和菜刀的大小，找尋容易握住刀子的位置。此外，也因使用刀鋒或刀跟的不同，有時要更換握法。

3

食指擺在刀稜上，剩餘的手指緊緊的握住刀柄。這是生魚片刀的基本握法。除了可以切生魚片之外，也可以使用刀鋒做一些比較精細的作業。

持刀法

右腳後退半步，上身與砧板保持平行。菜刀則與砧板成直角。以移動魚的方式來切魚。

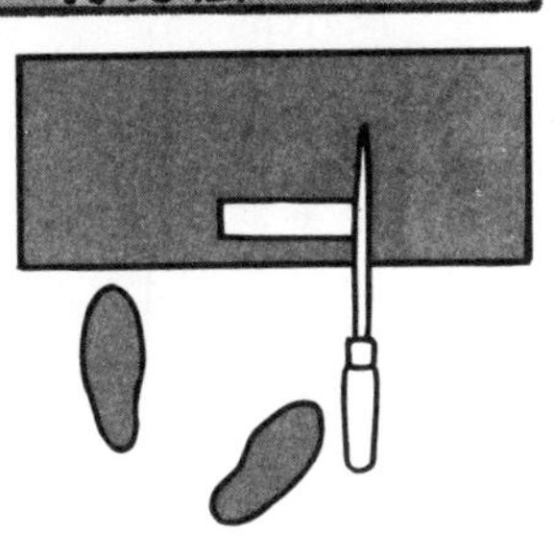

菜刀的處理

菜刀使用之後會變得不鋒利。使用不鋒利的菜刀，魚肉的細胞會遭到破壞，變得很難吃。而且因為必須用力切，所以也可能使魚肉受損。覺得不鋒利時，就要趕緊磨刀。

不論是厚刃尖菜刀、生魚片刀，或是刀刃只在一側的單刃刀，基本上磨刀的方法都是相同的。將切菜刃（參照3）抵住磨刀石來磨刀，這點很重要。

在開始磨刀之前，磨刀石要浸泡在水中，吸收大量的水才不會因為磨擦熱而損傷刀刃。

在磨刀時，磨下來的磨刀石或金屬粒子能夠使刀刃變得更鋒利，所以不要沖洗掉，只要時時加水即可。

磨刀石依粗細的不同，分為「粗磨刀石」、「中型磨刀石」、「細磨刀石」三種。一般家庭使用中型磨刀石即可。

準備用具

- 磨刀石（中型磨刀石）
- 抹布

剛磨過的刀，還殘留金屬的味道，所以2小時之後才可以使用，或是使用完後立刻磨刀。

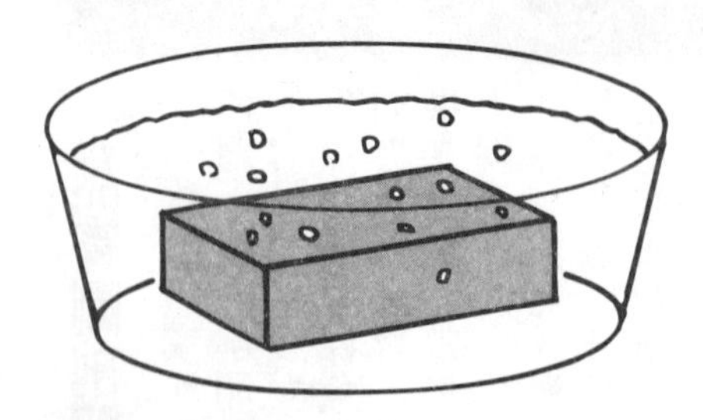

1 磨刀石要先浸泡在水中 30 分鐘。

2 磨刀石下方墊濕布，這樣磨刀石才不容易移動。

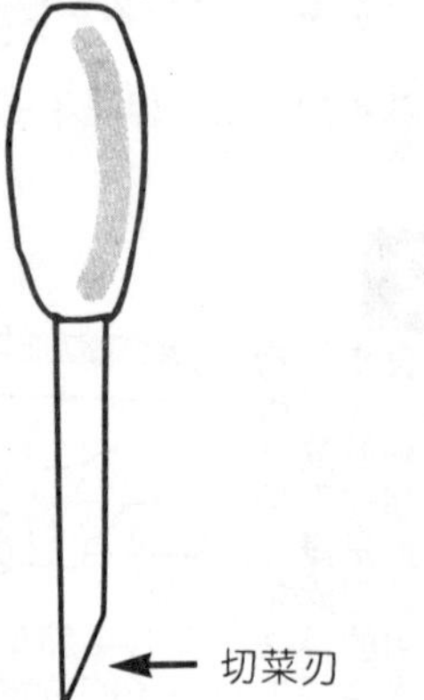

3 如果是單刃刀，要磨切菜刃。

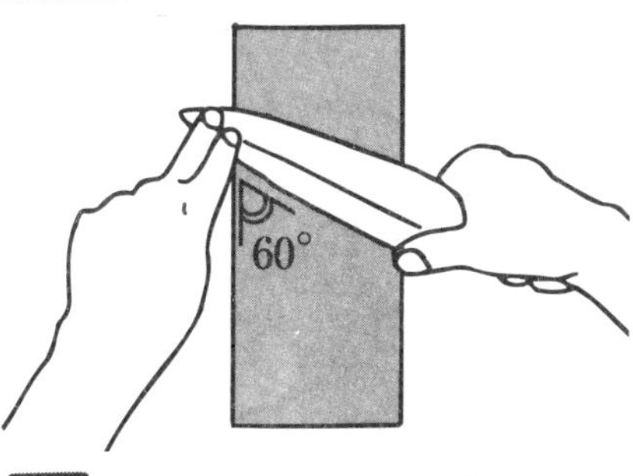

4 菜刀和磨刀石成 60 度角，用左手手指按住刀刃附近。

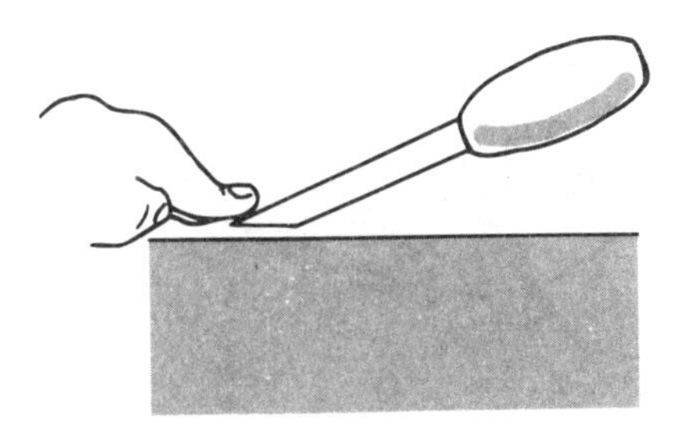

5 切菜刃與磨刀石緊密貼合。

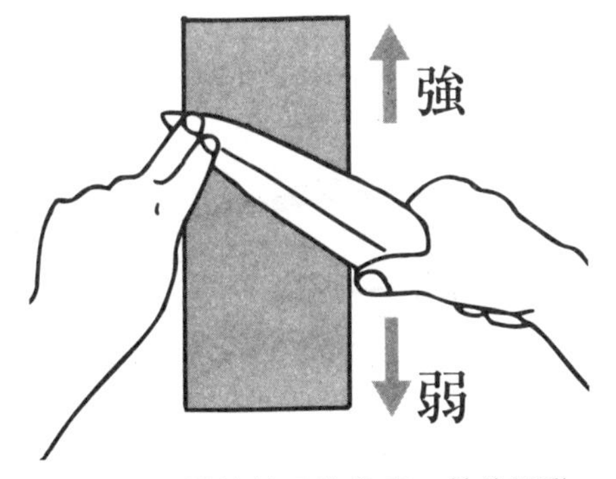

6 不要變換菜刀的角度，前後挪動磨刀。按壓時力量加強，拉回時力量減弱。

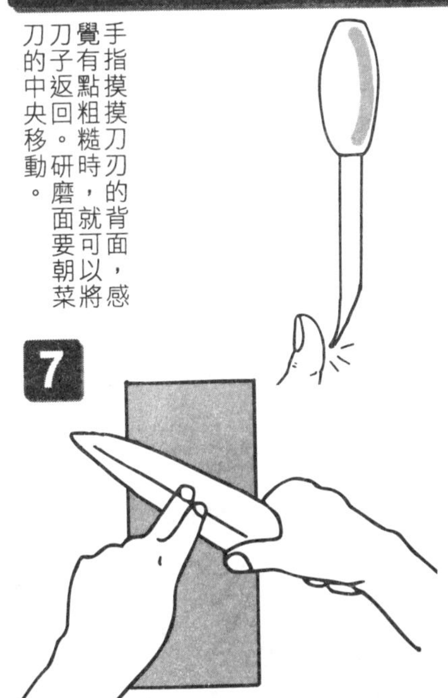

7 手指摸摸刀刃的背面，感覺有點粗糙時，就可以將刀子返回研磨，面要朝菜刀的中央移動。

8 磨刀，同時確認刀子是否鋒利。慢慢的移動位置，直到刀跟為止。如果是小型厚刃尖菜刀，要分為刀鋒、正中央與刀跟 3 個部分來磨刀。如果是大型厚刃尖菜刀或生魚片刀，要分為 5～6 個部分來磨刀。

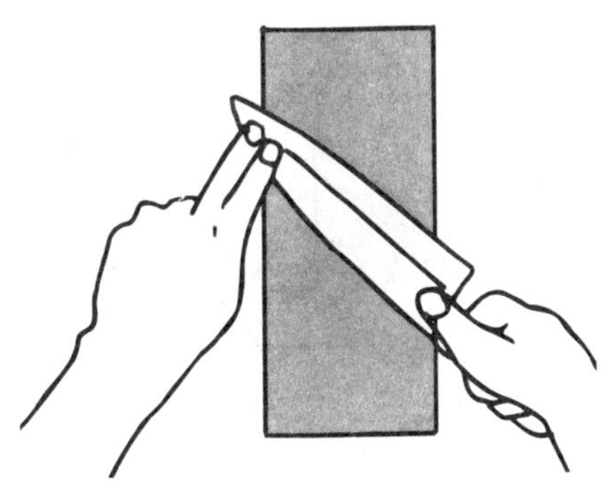

9 菜刀翻面，輕輕的磨刀。往返 2～3 次，用指腹抵住，確認鋒利之後再移到下個位置。

棘鬣魚等扁平魚的切割法

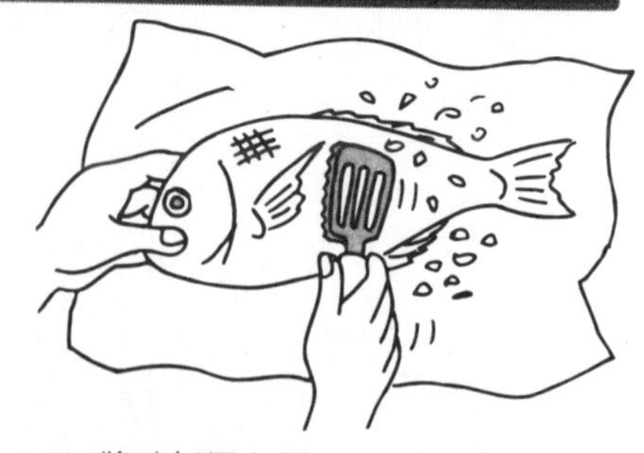

1 將砧板攤在報紙上，進行取出內臟的作業。壓緊頭，刮除鱗片。以從尾端往頭部移動的方式刮除鱗片。

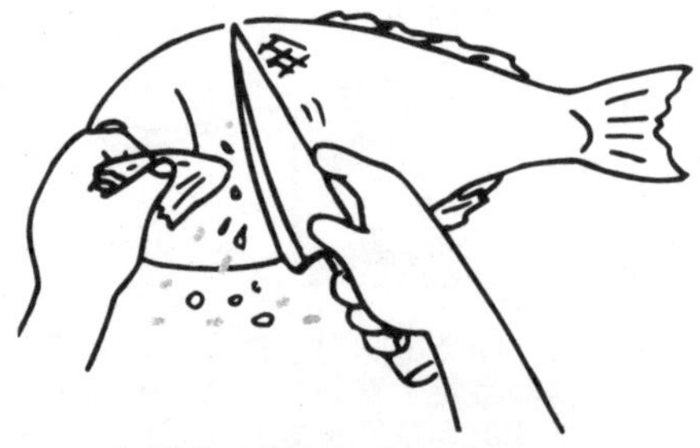

2 魚鰭的周圍很難使用刮除鱗片的器具，因此可用菜刀刮除鱗片。相反側的魚鰭周圍要使用刀尖，正中央要使用刀刃的中段，面前使用刀跟。

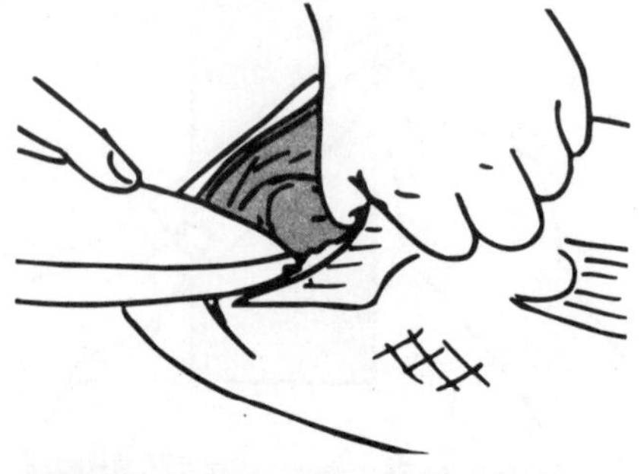

3 打開鰓蓋，插入菜刀，切除魚鰓，首先要切斷與下顎相連的部分。

4 其次要切斷與頭相連的部分，拉出魚鰓。相反側的魚鰓也以同樣的方式切除。

5 接著，進行切斷頭的作業。首先拉起胸鰭，用菜刀抵住中骨往下切。

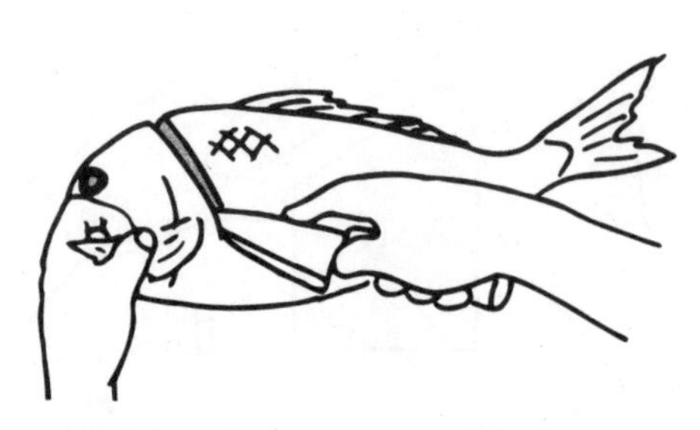

6 將魚翻面，進行與5同樣的作業，切斷中骨，切掉魚頭。

7 菜刀沿著腹部切向肛門。

8 拉出內臟，用清水沖洗腹部，然後用紙巾擦掉水分。

切入

9 先用菜刀切入魚尾根部，從背鰭上劃入。沿著中骨慢慢的朝頭的方向切。

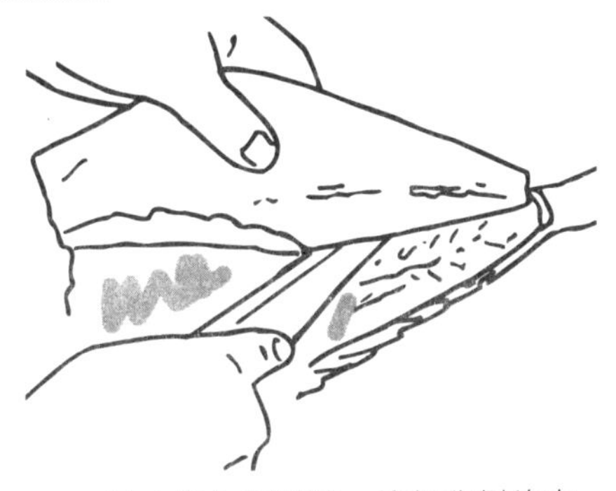

10 連中骨也切到時，抬起背側的肉，繼續切，讓腹骨離開腹部的魚肉。

11 相反側的肉，則是中骨在下、尾端朝右來進行作業。菜刀從尾鰭上方進入，將側腹的肉、魚骨分開。中骨部分很難切，最好抬起側腹的肉來切。

12 切好了三片魚。

斜　切

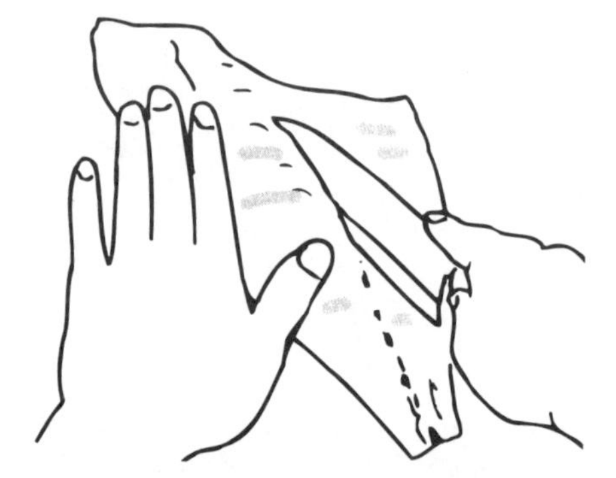

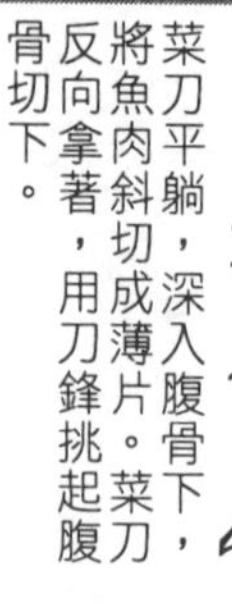

菜刀平躺，深入腹骨下，將魚肉斜切成薄片。菜刀反向拿著，用刀鋒挑起腹骨切下。

1

2 切開側腹肉與背側肉。背部的血合肉（稍微發黑的肉）或小骨，則留在側腹的肉上。

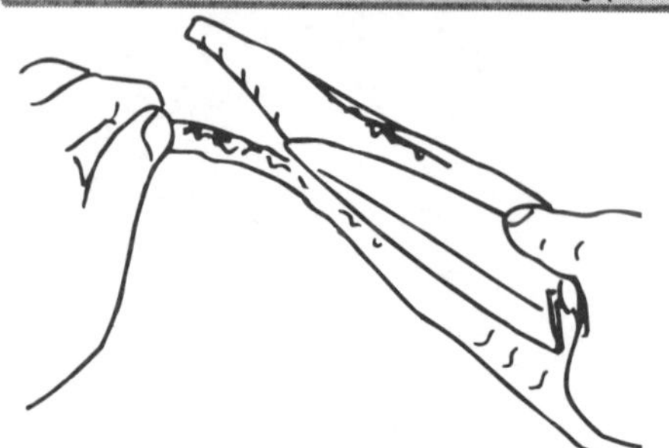

3 由側腹肉切下背上發黑的血合肉及小骨的部分。

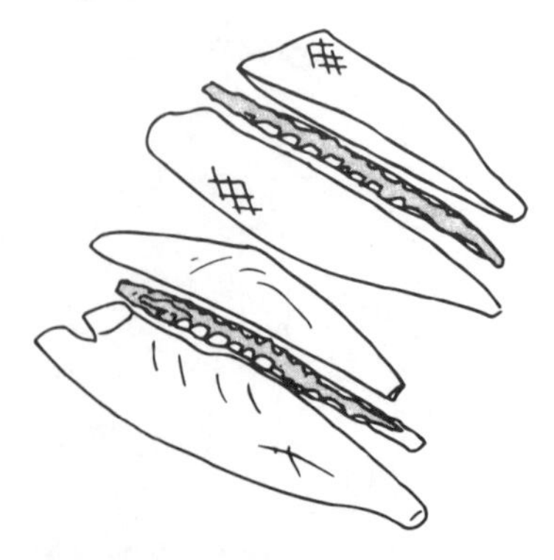

4 剩下的一半身體也以同樣的方式斜切成 4 片。

去　皮

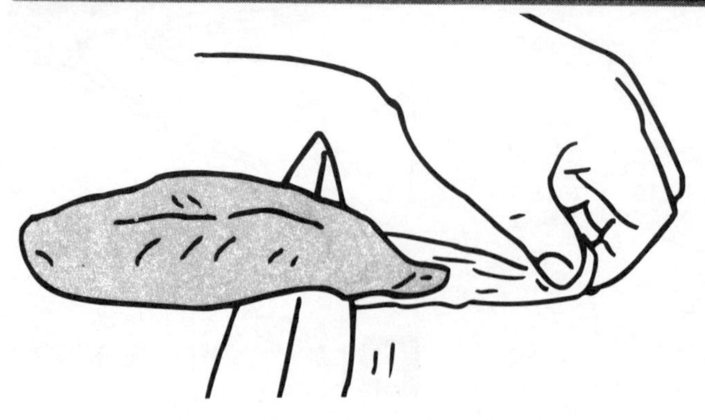

皮面朝下，尾端朝右。用左手抓住尾端的皮，菜刀深入皮與肉之間，去除皮。一邊用菜刀切，一邊拉扯皮。

斜切薄片

皮面朝上，肉較薄處擺在面前。菜刀稍微平躺，左手輕輕扶住魚肉。活用菜刀的長度，以將菜刀拉向面前的方式斜切魚肉片。

平切

皮面朝上，將肉較薄的部分擺在面前。用菜刀的刀跟抵住魚肉，活用菜刀的長度，以將菜刀朝面前拉的方式來切。

剖開魚頭

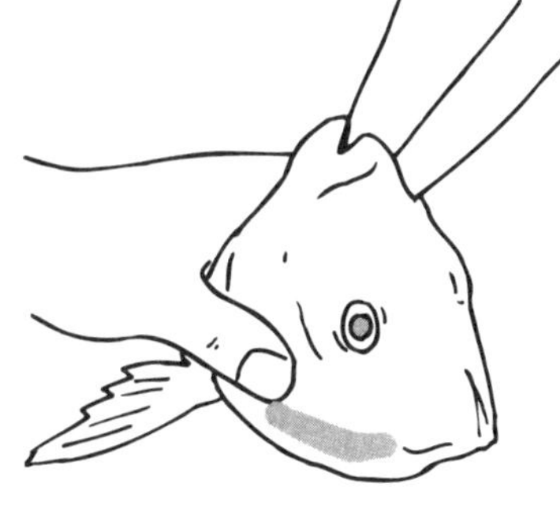

1 將魚頭豎立，用左手緊緊按住。菜刀伸入上顎的正中央(二顆前齒之間)。

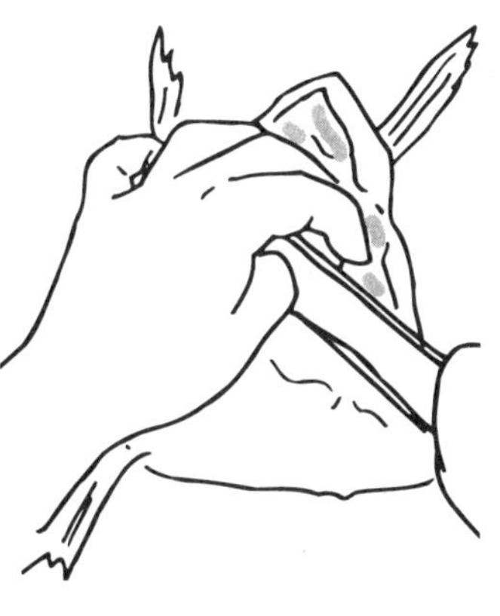

2 眼睛部分較硬。用左手打開切口，同時菜刀往下壓，切開魚頭。魚頭較小時，以左手按住刀鋒，切斷魚頭。

3 下顎也要切開，分為兩半。

4 切掉鰓蓋邊緣的部分，然後切成易吃的大小。頭的部分較硬，因此要找尋菜刀容易切入的位置。

切鰹魚

如果雕魚能夠切成三片，那麼應用範圍就很廣泛了。鰹魚也是一樣。鰹魚沒有鱗片，可是胸鰭到背部卻有硬皮。首先要將硬皮去除，然後再切開。此外，背鰭的硬骨嵌入肉內，必須加以去除。

鰹魚有很多血合肉。血合肉相當腥臭，而且容易受損，所以要好好的去除。

1 去除從胸鰭到背部的硬皮。將菜刀平躺，從尾端朝頭的方向去除。

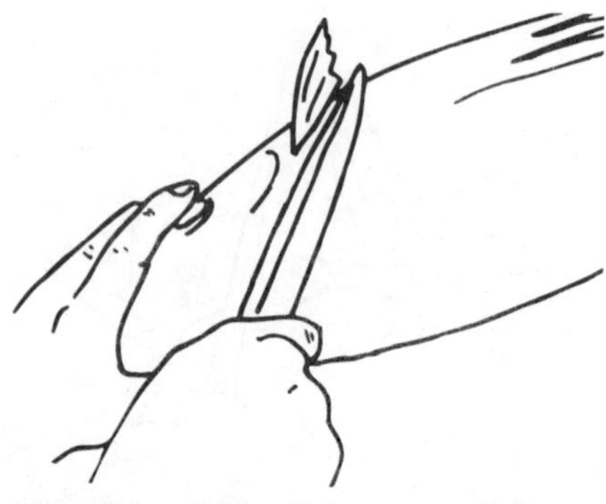

2 菜刀伸入胸鰭下，斜向對準頭的方向一直切到中骨為止。相反側也採取同樣的切法。

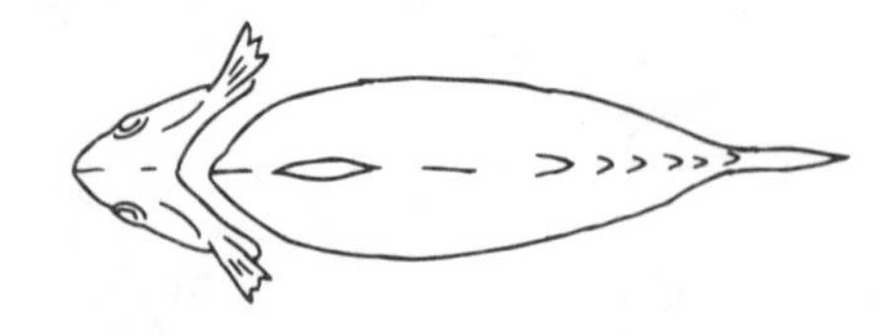

3 菜刀從背側進入，切掉中骨。切斷面呈「く」字形。這時不要破壞內臟。

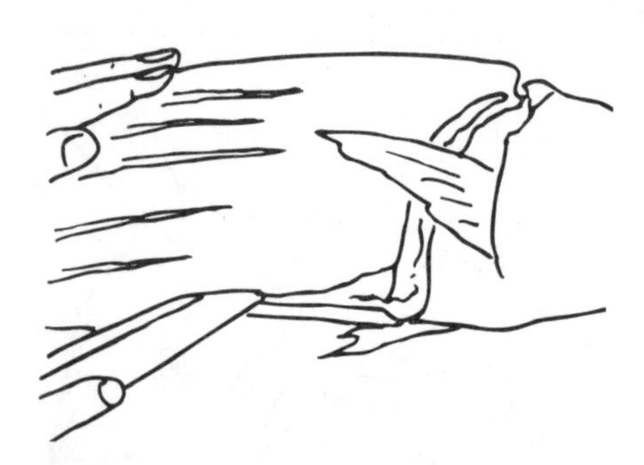

4 菜刀切入腹部，一直切到肛門為止，劃開腹部。

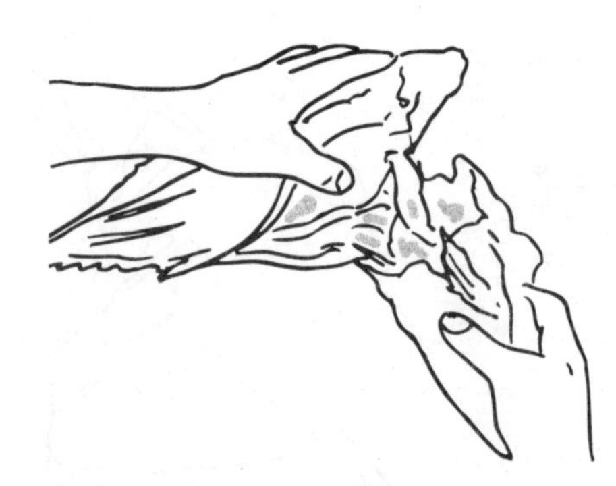

5 抓住頭和身體，拉出內臟，用水沖洗乾淨，用紙巾擦掉水分。

6 菜刀進入背鰭的兩側，切掉背鰭，成 V 字形。

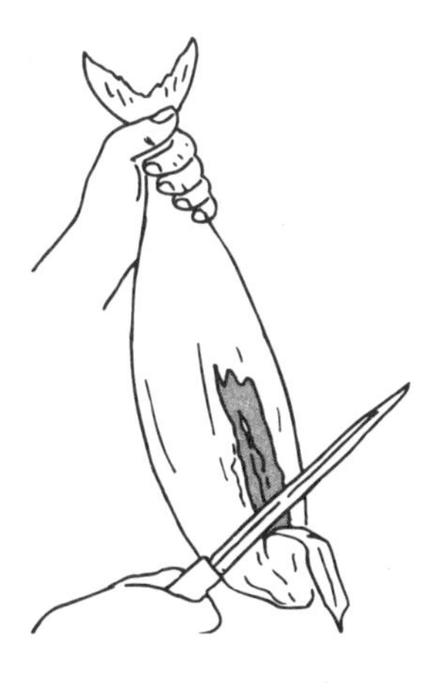

7 左手抓住魚，切掉背鰭。因為已經有V字形的切割角度，所以能夠輕易的切除鰹魚肉，比較軟，就算魚肉有些受損也無妨。

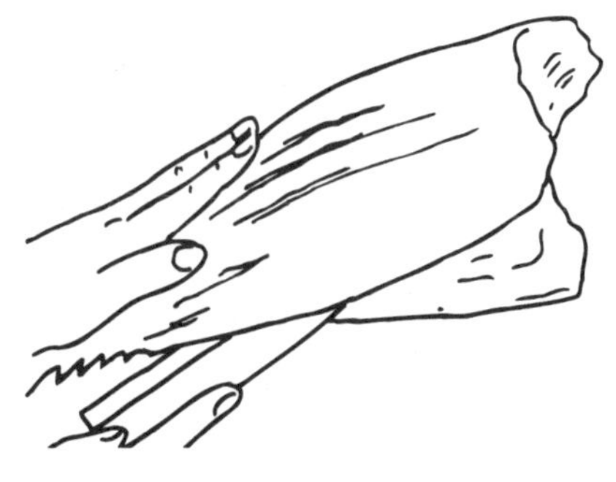

8 從頭沿著側腹的方向用菜刀劃過，沿著中骨切向尾端。

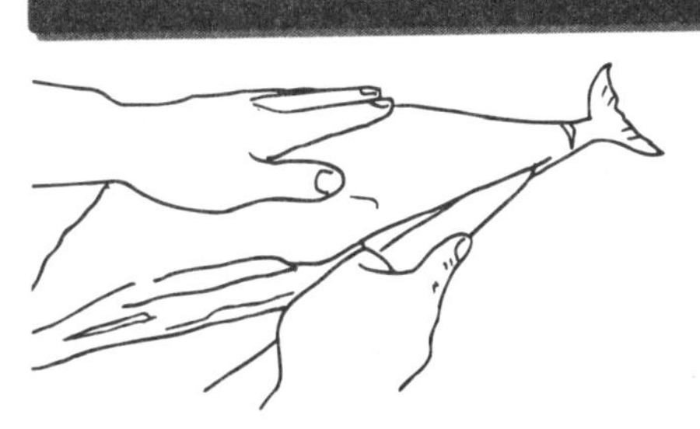

9 將魚翻面朝尾巴根部劃上一刀，從背側插入菜刀，沿著中骨移動菜刀。無法一次全部切下來時，就再次的插入菜刀，切開魚肉。

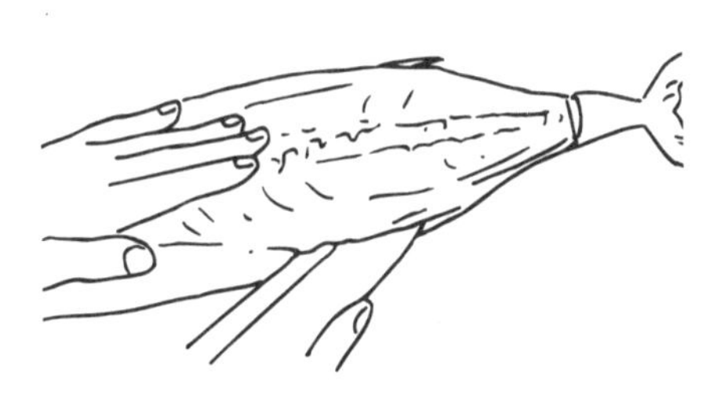

10 魚不要翻面，菜刀伸入背骨下，一直切到頭的方向。側腹也以同樣的方式，菜刀伸入腹骨下，將魚切成 3 片。

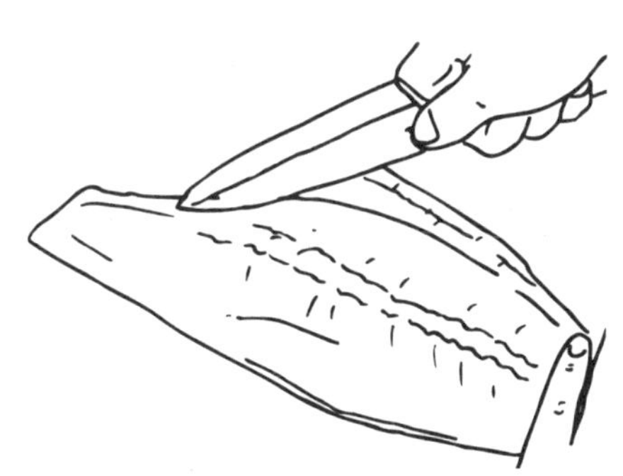

11 切成 3 片之後，去除肉的腹骨，然後和切棘鬣魚同樣的將魚肉切片。切開腹骨時，則將菜刀反過來拿。

切比目魚

棘鬣魚和鰹魚等切成三片後再斜切成四片。而比目魚和鰈魚等因為比較平坦，所以沿著身體中央的側線劃一刀後即可切下魚肉，亦即切成五片。

比目魚或鰈魚的身上有細小的鱗片附著，因此要用刮除鱗片器來處理，非常麻煩。一般來說，為了避免損傷肉，而會將菜刀伸入皮和鱗片之間，以帶狀的方式去除鱗片。但是需要鋒利的菜刀及專業技術，所以最好還是使用刮除鱗片器來刮除。

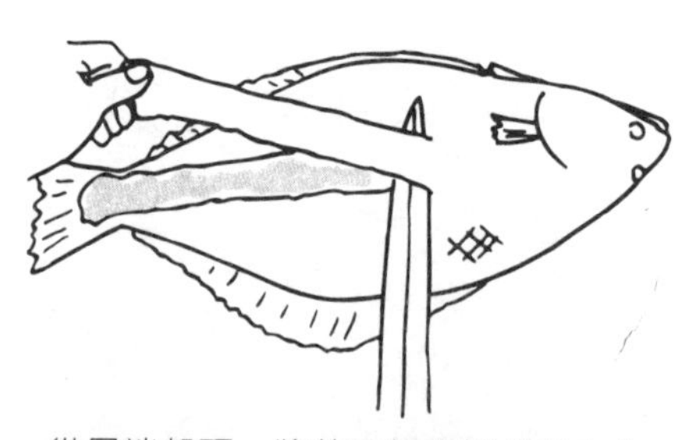

1 從尾端朝頭，將菜刀伸入鱗片和皮之間，以帶狀的方式去除鱗片。相反側的白色鱗片也要去除。這適合具有專業技術的人來進行。

2 若未擁有專業技術，用刮除鱗片器小幅度移動，去除鱗片。白色魚肉也以同樣的方式去除鱗片。

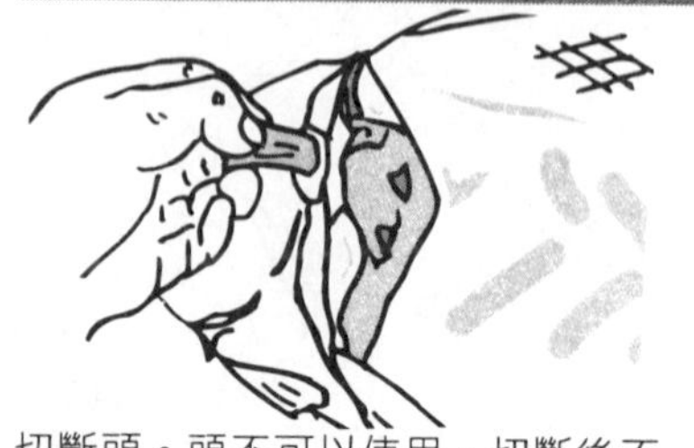

切斷頭。頭不可以使用，切斷後不要讓它留在魚身上。菜刀以く字形

3 的角度插入，在切斷頭的同時一起去除內臟。注意不要破壞魚。

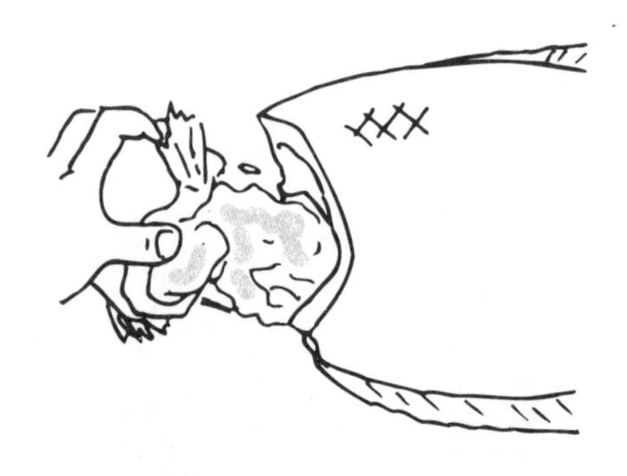

4 相反側也以同樣方式插入菜刀，內臟和頭一起切除。如果失敗，則手指伸入，拉出內臟即可。

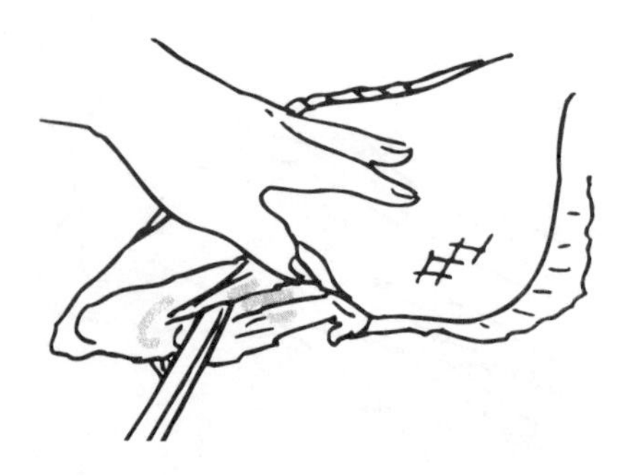

5 用菜刀切入中骨部分的血合肉，去除血。腹部用水沖洗，用紙巾擦掉水分。

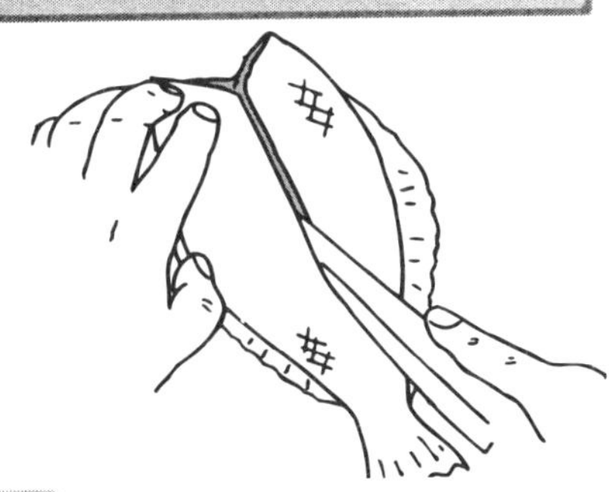

6 黑色側的頭到尾的部分，以身體的中央線（側線）為準切開。

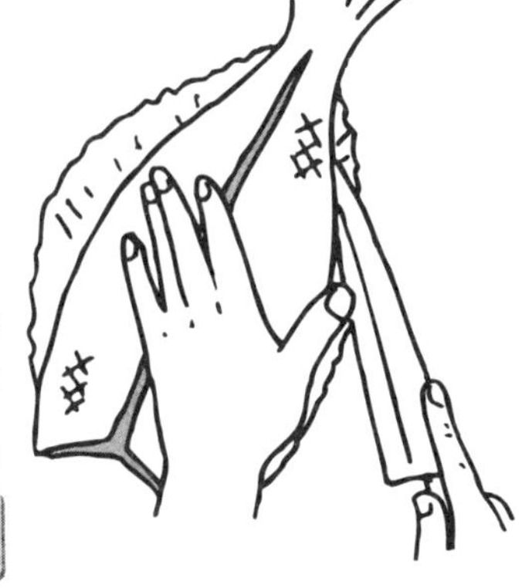

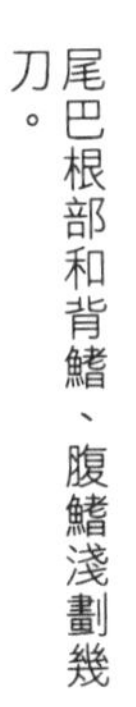

7 尾巴根部和背鰭、腹鰭淺劃幾刀。

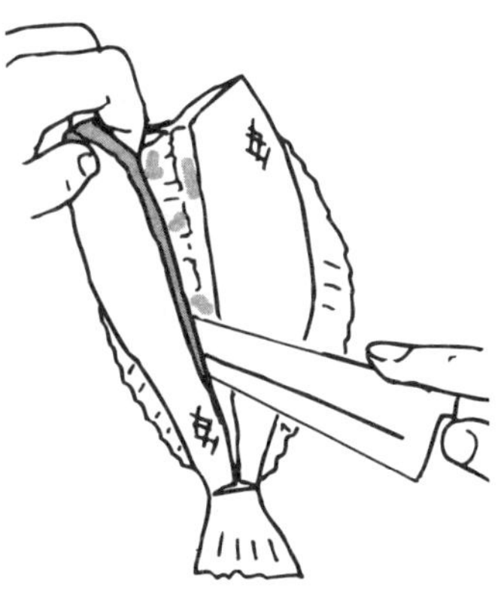

8 菜刀切入身體中央起側腹肉，同時朝尾端用手指拉刀將魚肉和魚骨分開。菜刀用菜刀由頭部移動到尾端，切下魚肉。

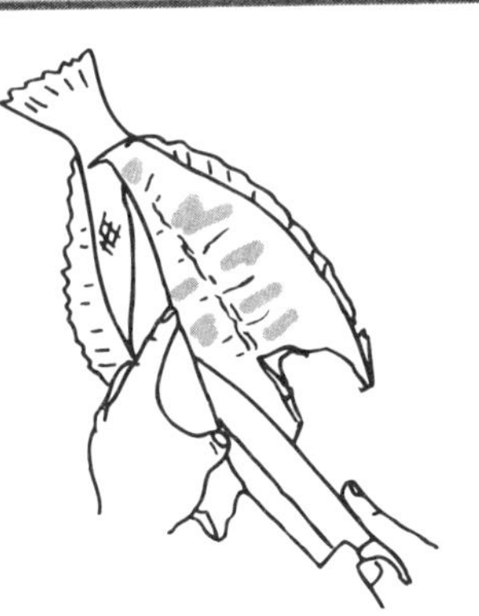

9 改變魚的方向，從尾端朝頭部，以同樣的方式切下魚肉。

10 內側也以同樣的要領切下魚肉，切成 5 片魚。

11 以和切棘鬣魚同樣的要領去除腹骨，拉起皮，將魚肉斜切。

切龍蝦

做龍蝦生魚片時，要使用活的龍蝦。

就算你覺得「做好的龍蝦到昨天為止還是活的，所以很新鮮」，但最好還是加熱來吃。

做成生魚片之後的蝦殼，可以用來做造型或是熬高湯，可以用來煮味噌湯。腦漿旁邊的黑色砂囊是不可以吃的，一定要去除。

如果知道應該從龍蝦的哪個部分切入，要剖開龍蝦並不是難事。但是因為殼比較硬，所以要小心謹慎進行作業。

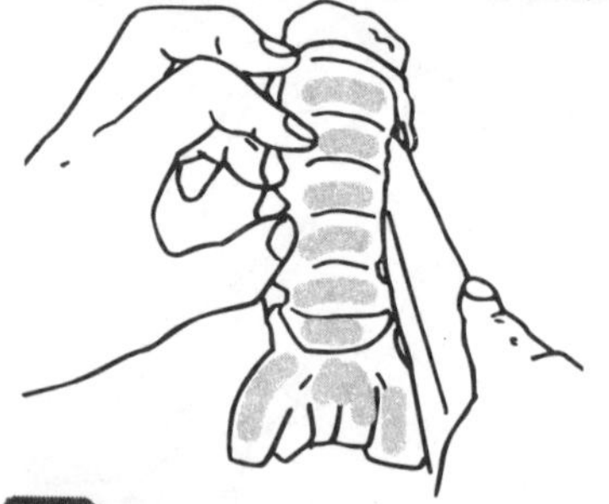

3 側腹朝上，背殼和腹部的接縫處劃一刀。

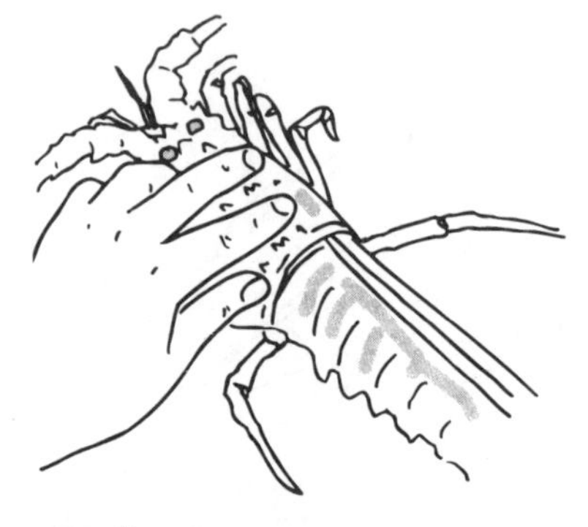

1 菜刀伸入頭和身體之間，一點一點的切下頭和身體相連的部分，整個繞一圈。

4 另一側也以同樣的方式劃開。

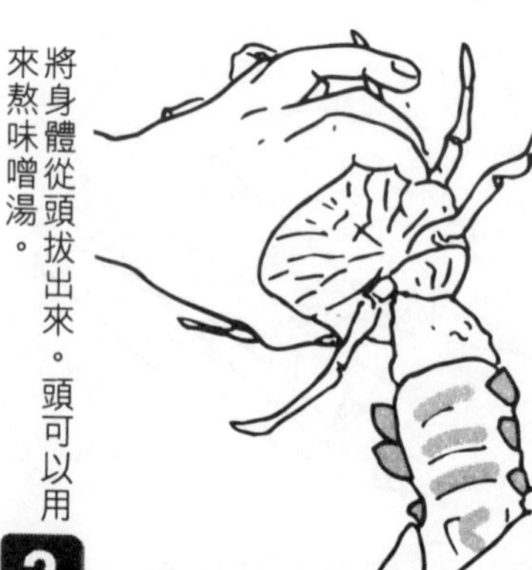

2 將身體從頭拔出來。頭可以用來熬味噌湯。

5 撕開腹部的皮。如果肉黏得太緊，就用刀尖去除。

龍蝦味噌湯

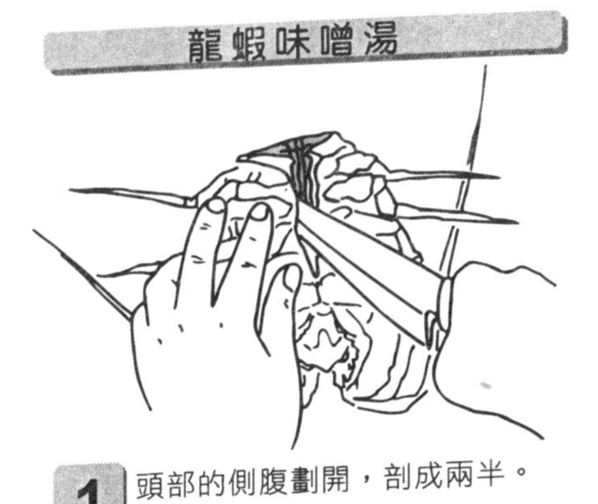

1 頭部的側腹劃開，剖成兩半。

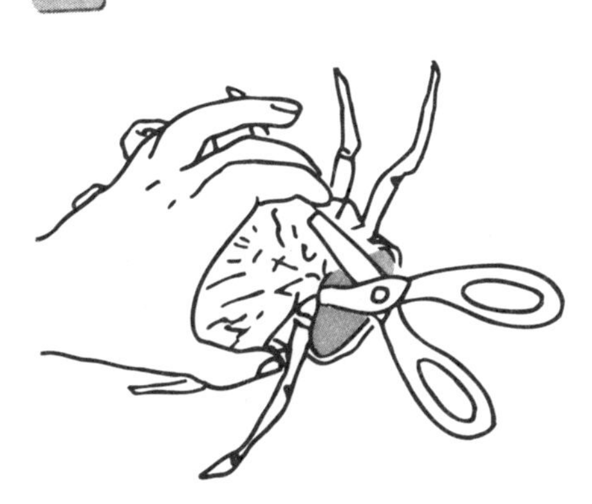

2 龍蝦頭部的殼非常硬，因此可以用調理剪刀剪開側腹的正中央。

3 去除腦漿旁邊的砂囊之後，放入高湯中。煮滾後加入味噌，攪拌後就是美味的龍蝦味噌湯。

6 拉掉腹部的皮。

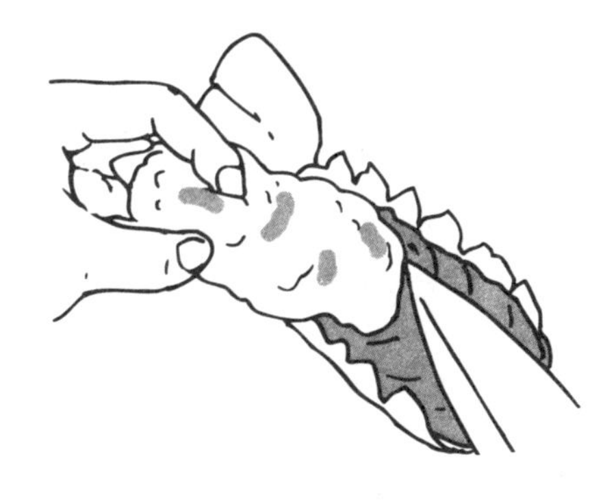

7 抬起蝦肉，用刀尖去除黏住殼的部分。

8 去除殼的肉要去除泥腸，切成易吃的大小，泡在冰水中，讓肉堅實。去除水分之後盛盤。

國家圖書館出版品預行編目資料

住宅修補DIY／吉田徹著；李久霖譯
－初版－臺北市，大展，民92
面；21公分－（休閒娛樂；22）
譯自：満点父さんの補修・修理ガイド
ISBN 978-957-468-256-0（平裝）
1.房屋—維護與修理 2.家庭用具—維護與修理
3.家政—手冊，便覽等
422.9 92015137

MANTEN TOSAN NO HOSHU・SHURI GAIDO

Originally published in Japan by IKEDA SHOTEN PUBLISHING CO., LTD.
Chinese translation rights arranged with IKEDA SHOTEN PUBLISHING CO., LTD.
through KEIO CULTURAL ENTERPRISE CO., LTD.

住宅修補DIY ISBN 978-957-468-256-0

編著者／吉田徹
譯者／李久霖
發行人／蔡森明
出版者／大展出版社有限公司
社址／台北市北投區（石牌）致遠一路2段12巷1號
電話／(02) 28236031・28236033・28233123
傳真／(02) 28272069
郵政劃撥／01669551
網址／www.dah-jaan.com.tw
E-mail／service@dah-jaan.com.tw
登記證／局版臺業字第2171號
承印者／國順文具印刷行
裝訂／建鑫印刷裝訂有限公司
排版者／千兵企業有限公司
初版1刷／2003年（民92年）11月
初版2刷／2007年（民96年）9月 定價／200元

大展好書　好書大展

品嘗好書　冠群可期